“大国三农”系列规划教材

普通高等教育“十四五”规划教材

彩图动物组织学与胚胎学实验指导

第3版

马云飞 主　编

滕可导 主　审

中国农业大学出版社

·北京·

图书在版编目（CIP）数据

彩图动物组织学与胚胎学实验指导 / 马云飞主编 . --3 版 . -- 北京：中国农业大学出版社，2022.4

ISBN 978-7-5655-2742-5

Ⅰ. ①彩… Ⅱ. ①马… Ⅲ. ①动物组织学—实验—高等学校—教材②动物胚胎学—实验—高等学校—教材 Ⅳ. ① Q95-33

中国版本图书馆 CIP 数据核字（2022）第 040237 号

书　　名　**彩图动物组织学与胚胎学实验指导　第 3 版**

作　　者　**马云飞　主编**

策划编辑　梁爱荣　　**责任编辑**　梁爱荣

封面设计　郑　川

出版发行　中国农业大学出版社

社　　址　北京市海淀区圆明园西路 2 号　　**邮政编码**　100193

电　　话　发行部 010-62731190,3489　　读者服务部 010-62732336

编辑部 010-62732617,2618　　出　版　部 010-62733440

网　　址　http://www.caupress.cn　　**E-mail**　cbsszs@cau.edu.cn

经　　销　新华书店

印　　刷　涿州市星河印刷有限公司

版　　次　2022 年 4 月第 3 版　　2022 年 4 月第 1 次印刷

规　　格　170 mm × 228 mm　　16 开本　　14.5 印张　　265 千字

定　　价　69.00 元

第3版编委会

主　编：马云飞（中国农业大学）

副主编：韩德平（中国农业大学）

　　　　杨　平（南京农业大学）

　　　　胡传活（广西大学）

　　　　匡　宇（中国农业大学）

参　编：石　娇（沈阳农业大学）

　　　　黄丽波（山东农业大学）

　　　　白志坤（东北农业大学）

　　　　李海军（内蒙古农业大学）

　　　　崔亚利（河北农业大学）

　　　　徐春生（石河子大学）

　　　　殷玉鹏（西北农林科技大学）

　　　　张虹亮（湖南农业大学）

　　　　段慧琴（北京农学院）

　　　　李　珣（广西大学）

　　　　吴高峰（沈阳农业大学）

　　　　张　涛（北京农学院）

　　　　常建宇（中国农业大学）

　　　　邓自腾（中国农业大学）

　　　　兰　静（中国农业大学）

主　审：滕可导（中国农业大学）

第2版编委会

主　编：滕可导（中国农业大学）
副主编：马云飞（中国农业大学）
　　　　刘凤华（北京农学院）
参　编：胡传活（广西大学）
　　　　张　涛（北京农学院）
　　　　李海军（内蒙古农业大学）
　　　　赵素芬（中国农业大学）
　　　　石　娇（沈阳农业大学）
　　　　何俊峰（甘肃农业大学）
　　　　王水莲（湖南农业大学）
　　　　张　晖（江西农业大学）
　　　　康静静（河南牧业经济学院）
　　　　殷玉鹏（西北农林科技大学）

第1版编委会

主　编：滕可导（中国农业大学）

副主编：张　晗（河北大学）

参　编：李莲军（云南农业大学）

穆　祥（北京农学院）

王　磊（中国农业大学）

张　爽（中国农业大学）

张　涛（北京农学院）

王安如（中国农业大学）

俞英昉（中国农业大学）

第3版前言

《彩图动物组织学与胚胎学实验指导》第3版教材采用清晰的实物彩图，结合详细的标注，更新了一部分教学图片，适当增加了一些不同动物的组织结构图。新版教材进一步提高图片质量，最大限度展现彩色显微摄影的高清效果，增加反映组织学与胚胎学研究新成果的实验内容。教材在附录“组织学技术基础知识”部分亦补充一些常用的组织学染色方法，如甲苯胺蓝染色及尼氏染色等方法，同时融入编者的实验实践体会。新版教材对章节顺序做了调整，以便与理论课堂所讲授内容相对应。

全书共分17章及绪论和附录，相比第2版，文字部分修改比例为20%~30%。新版教材创新特色明显，构建新形态教材，即纸质教材加数字化资源，通过扫描二维码登录在线视频课程，拓展学习空间，附录中的部分切片技术及染色程序以示教录像的形式展示，使其操作过程形象直观。此外，对第2版中个别的文字或符号错误做了修改和调整。

第3版的编者由第2版的13人扩充到20人，吸纳了更多动物组织学与胚胎学教学一线的年富力强的教师和相关研究方向的青年科研工作者。本书由中国农业大学马云飞全面负责修订工作，进行统稿和校对。在本书的数字化资源建设部分，中国农业大学动物医学院研究生邓自腾、兰静、王秋珍、李丹、付婧洁等同学参与制作实验操作视频及部分图片采集工作。中国农业大学滕可导教授对本书进行了精心审阅。本书的编写获得了中国农业大学本科教学改革教材建设项目资金的资助。在此谨向各位编委、主审及支持本书编写的单位和个人表示衷心感谢!

本书实用性强，既可作为动物组织学与胚胎学课程的实验指导教材，又可作为畜牧兽医专业师生以及相关科研人员或基层畜牧兽医工作者的参考用书。

马云飞

2022年2月

第2版前言

第2版教材与第1版相比修改篇幅不大，主要是增加了几幅用组织化学、免疫组化和原位杂交术显示的组织学彩图，并在附录中举例说明了用上述几种组织学研究方法研究组织结构的原理、方法、步骤、注意事项等。这些新增加的内容全部出自本教材编写者最新的研究成果。新修订的教材力求反映现代组织学实验的新面貌。此外，对第1版教材中一些不太清晰的彩图和不太满意的电镜照片做了更换，个别的文字错误做了修改。希望新版教材能在组织学实验教学中发挥更好的作用。

滕可导

2014年5月

第1版前言

家畜组织学与胚胎学是畜牧兽医学基础课，家畜组织学与胚胎学实验是课程的重要组成部分。仔细地观察家畜各系统中主要器官、组织的微细结构，并在此基础上进行理解和记忆是学好该基础课所必须采用的方法。因此，编写一本高质量的实验指导很有必要。

《彩图家畜组织学与胚胎学实验指导》是在中国农业大学使用多年的原校内教材《图解家畜组织学与胚胎学实验指导》和《组织学技术基础知识》的基础上加以充实和更新编写而成的。新的实验指导将原实验指导中的黑白线条图全部换成了彩色原图，其中绝大部分彩图来自教学实验所用的标本，在图片标注上吸取了国内外同类教材插图的精华，力求精美。全书共分16章及绪论和附录，含插图245幅。希望《彩图家畜组织学与胚胎学实验指导》能在教学中发挥积极的作用。

尽管本教材在编写上有一些创新和改进，但由于水平有限，错误之处在所难免，恳请各位同仁和读者不吝指正。

滕可导

二〇〇八年五月于北京

目　录

绪　论

实验目的：了解组织学实验的基本要求。
掌握普通生物显微镜的使用方法。
了解石蜡切片的制作过程。

实验内容：实验须知与注意事项；光学显微镜的构造及使用；组织学标本简介。

一、实验须知与注意事项

（一）实验须知

（1）家畜组织学与胚胎学实验是家畜组织学与胚胎学课程的重要组成部分。通过实验课观察标本的显微结构和超微结构，能使学生进一步理解和巩固课堂所学的知识。

（2）实验前应预习实验指导并复习课堂所学相关章节，明确实验目的，熟悉实验内容。观察标本之前应了解标本的制作材料、制作方法和染色方法。按照知识要点仔细观察，并依据所观察标本的结构认真绘图，切忌对照图谱临摹。绘图要求和范例（图绪-1）如下：

绘图要如实反映标本的组织、细胞等的形态结构，如各部分细胞的大小、形状、着色情况以及细胞的数量、标本的特殊结构等。

图注应准确、美观。应使用黑色或蓝色签字笔、钢笔或圆珠笔进行标注。标注字应使用规范的学术名称，标注线应平直，线与线平行且间距尽量一致，标注线外侧对齐，以使标注字齐整。

（3）观察切片标本应了解切片的解剖部位和切面方向。因为切片标本仅是器官细胞某一个平面的图像，其形态结构因所在平面不同而异。因此观察时要勤于思考，联系理论知识，将平面图像与立体结构相结合，以便进一步理解、记忆和巩固组织胚胎学知识。

（4）装片、涂片、分离片、伸展片等标本通常比切片厚，且因制片方法所限易出现厚薄不均的现象。为了达到较好的观察效果，应注意选取标本中厚薄适当的部位，并注意区分不同平面中的不同结构。

（5）观察组织学标本时应先用肉眼观察其轮廓，镜检时先用低倍镜，后用高倍镜，循序渐进。要注意辨别正常组织结构与制片造成的人为干扰，如气泡、皱褶、裂痕等。

（6）显微镜的观察范围是有限的，放大倍数越高，视野越小。因此，当某一组织结构超出一个视野时，应结合组织的整体结构向适当的方向移动切片进行观察。

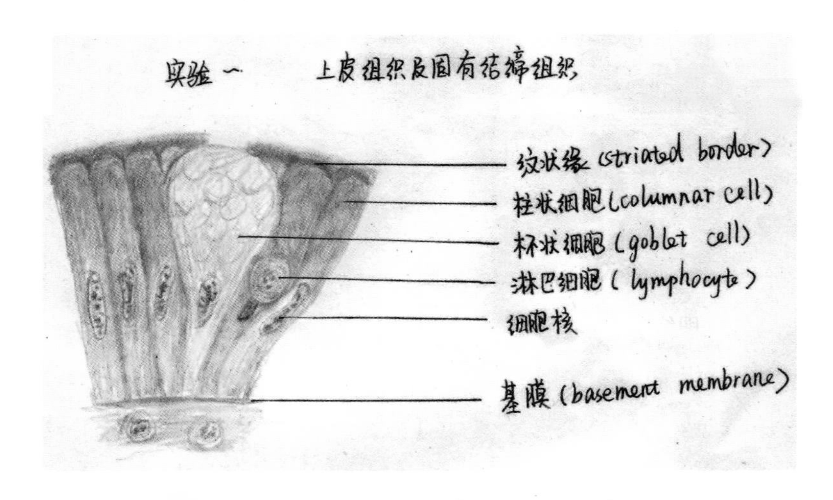

单层柱状上皮的局部（3号标本，×40）

图绪 -1　组织学标本绘图范例

（二）注意事项

（1）显微镜是实验的主要仪器，应注意爱护，不得随意拆卸。每次实验时对号取用，如发现使用故障，应立即报告老师进行维修或更换。

（2）要爱护标本，谨防打碎。实验时每人一套组织标本，对号取用，用完后按编号放回。如发现损坏或缺失等情况，应及时报告老师进行登记和补充。

（3）应认真、按时完成实验报告，并妥善保存，以便日后复习。

（4）保持实验室的安静、整洁，勿乱丢纸屑，当次实验结束后值日生应打扫实验室。

（5）实验缺勤，需事前请假，并预约时间补做。

二、光学显微镜的构造及使用

光学显微镜虽有多种型号，但基本构造大致相同，都包括机械部分和光学部分。下面以普通型复式显微镜（图绪-2）为例介绍其结构及使用方法。

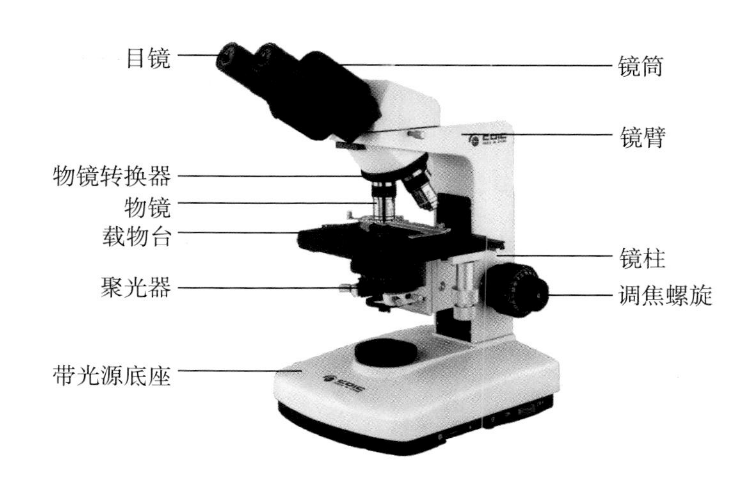

图绪-2　普通复式显微镜的结构（COIC-H6000i型）

（一）显微镜的结构

1. 机械部分

镜座和镜柱：支持和稳定整个镜体的主要部件，通常由铸铁制成。

镜臂：连在镜柱上端的弯曲部分。

载物台：放置标本的平台，载物台中央有圆孔，可使光源透过。载物台上附有一对压簧板或可使切片前后左右移动的推进尺。

镜筒：位于镜臂前上方，是成像光柱的通道，镜筒上端装接目镜，下端装物镜转换器。

物镜转换器：有3~4个物镜孔，装接物镜于转换器时，低倍、高倍至油镜依次以顺时针方向安装，便于使用。物镜孔的螺纹和口径是国际统一标准，可换用任何国家生产的接物镜。

调焦螺旋：分粗调螺旋和细调螺旋。旋转时，或调动镜筒，或调动载物台，以调节焦距使物像清晰。粗调螺旋调节范围较大，每转一周可使镜筒或载物台升降约10 mm。细调螺旋的调节范围较小，每转一周，镜筒或载物台仅升降0.1~0.2 mm。

2. 光学部分

接物镜(物镜):装于物镜转换器上,一般有4倍、10倍、40倍及油镜(90~100倍)等数种。10倍以下(含)为低倍镜,40倍左右为高倍镜。通常使用的是单消色差(achromatic)物镜,即只校正了一种颜色,通常是黄绿色的球面差。接物镜的外筒壁上除标有Achromatic外,还有焦距和数值孔径(NA)等数值。NA值越大,分辨力越高。接物镜的作用是分辨标本的细节,产生有效的初级图像。因此,接物镜质量的好坏是决定图像优劣的首要因素。

接目镜(目镜):装于镜筒上端。接目镜外筒壁标有放大倍数,还有表示透镜光学校正程度的符号,如P或Plan表示平场,即视野弯曲已被校正。在复式显微镜中,目镜的作用是放大由物镜所产生的初级图像,并使其在显微镜中复制成一个可见的虚像。因此,目镜虽然不能提高分辨率,但有缺陷的目镜却使图像的质量降低。图像的放大倍数=目镜放大倍数 × 物镜放大倍数。

聚光器:装于载物台下方,可聚集光源发出的光,并通过载物台的中央孔透过标本。聚光器也有调节螺旋,可使其在一定范围内升降,从而调节光线进入物镜的聚散程度。实验观察时应调节聚光器的高度,使光线透过标本后所形成的光斑正好充满物镜,以充分发挥物镜的分辨力。聚光器多配有可变光阑,可开大或缩小以调节进入聚光器透镜光束的数目。光线的聚散和光束的数目共同决定进入物镜的光强。适当的视野照明有助于增强图像的对比度。有些聚光器还配有滤光片支持框,可以向内外移动,以便放置滤光片。

底座:内置220 V电源,6 V光源,亮度可连续调节。

(二)显微镜的使用及注意事项

1. 搬运和放置　搬运时,右手持镜臂,左手托镜座,保持镜体垂直。放置时,显微镜靠近身体胸前略偏左,以便右手记录或绘图。显微镜距离桌沿不得少于3 cm,以免碰落损坏。

2. 调节照明　转动物镜转换器,使低倍镜对准聚光器,两眼睁开,注视目镜。打开可变光阑,先将亮度调节钮关至最小,然后打开电源开关,适当调节亮度。上升聚光器,使光线进入接物镜。要求视野全部照明,并且亮度均匀,光强适宜。调节照明时,应根据光源光线的强弱、标本的具体情况和所用物镜的倍数,灵活运用聚光器和可变光阑。如观察未经染色或染色较浅的标本时,要降低聚光器并缩小可变光阑,以增加标本的明暗对比;用高倍镜和油镜时,要升高聚光器并开大可变光阑,使视野明亮。

3. 放置标本　将标本的盖片面向上,放置于载物台上,用压簧板或推进尺固定。应注意用过厚盖片封盖的标本，不能用高倍镜或油镜观察。这是因为物镜的放大倍数越大，工作距离越小，过厚的盖片无法使高倍镜对被检标本聚焦。放反了的标本，实际上是将较厚的载片变成了盖片，也无法聚焦。因此，粗心大意时会压碎标本，甚至损坏镜头。

4. 调焦　将标本移至物镜下方，一边从目镜中观察，一边转动粗调螺旋，直至找到观察目标并将物像调至清晰。低倍镜观察视野较大，便于全面了解标本的情况。如需观察标本中某部分的细节，可将这部分移至视野中央，再换高倍镜观察。通常显微镜如已调好低倍镜的焦距，换高倍镜后只需用细调螺旋调焦即可。

5. 油镜的使用　需用油镜观察的标本，应先经低倍镜、高倍镜找到要观察的物像，并将其移至高倍镜视野中央。然后降低载物台或旋高镜筒，把高倍镜转离标本，于标本的观察部位滴上一小滴香柏油，转换油镜。从显微镜侧面边看物镜镜头，边升高载物台或向下调节镜筒，使镜头浸入油内紧贴玻片。最后，从目镜观察，转动粗调螺旋使油镜离开玻片，出现物像，再调节细调螺旋使物像清晰。由高倍镜换油镜后，应升高聚光器并开大可变光阑，使视野明亮。观察完毕，移开镜头，用蘸有乙醚－乙醇（7∶3）混合液的擦镜纸擦净镜头和标本。

6. 保养和收藏　显微镜是结构精密的仪器，在使用时必须小心爱护。显微镜的任何零件不得随意拆卸，也不要任意取下目镜，谨防灰尘落入镜筒。显微镜光学玻璃有污垢时，可用擦镜纸或绸布轻轻擦拭，勿用手指、粗纸或手帕，以免损坏镜面。显微镜的机械部分可用纱布擦拭。显微镜使用完毕后，应降下载物台或镜筒，将物镜转成八字形垂于镜筒下。收藏显微镜应避免潮湿和灰尘，避免与化学试剂或药品接触。最好是收藏在镜箱中，通常还需在镜箱内放置防潮硅胶，并定时更换以保持干燥，以防止显微镜的光学部分长霉和金属部分生锈。

三、组织学标本简介

研究生物组织时，为了正确、清晰地显示其结构，先要制备适合显微镜下观察的标本。不同的组织材料或不同的研究目的，其标本的制作方法也不尽相同。对易于分离的组织可将其涂抹或平铺于载玻片上。多数组织则要经一定处理后再用刀具切成薄片，简称切片。动物细胞的直径约 10 μm，为了能看清组织结构，不致因细胞的重叠而影响辨别，组织切片的厚度一般在 5 μm 左右。切片使用的仪器称为切片机。为使组织保持一定的硬度，便于切片，常在切片之前使组织内渗入某些支持物。根据所用支持物的不同，可分为石蜡切片、火棉胶切片、冰冻切片以及半薄切片和振动切片等。其中最常用的是石蜡切片和冰冻切片。

未染色的标本中，细胞各部分结构的折光率很低，难以分辨。通过染色可使各部分结构变得清晰可见。为了区分组织中的不同成分，有多种染色方法，其中最常用的是苏木精 - 伊红染色，简称 HE 染色。这种染色方法可将细胞核等嗜碱性成分染成蓝色或紫色，细胞质等嗜酸性成分染成红色，形成鲜明的对比。

组织学标本的制作过程比较复杂，以石蜡切片 HE 染色标本为例，就需经过取材、固定、冲洗、脱水、透明、浸蜡、包埋、切片、贴片、烘片、复水、染色、封片等十几个步骤（图绪-3）。通过观看组织学标本的制作录像和参观组织切片室，可了解组织学标本的制作程序和各步骤的作用。组织学标本制作是一项专业技术，若要了解其中的细节或学习制作组织学标本，可参考附录“组织学技术基础知识”。

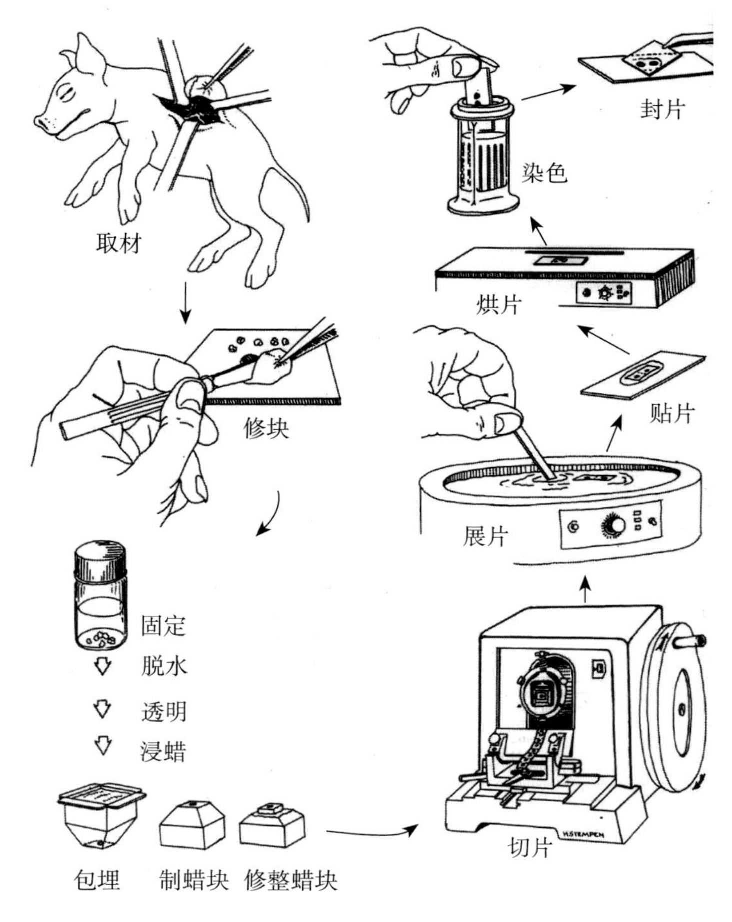

图绪-3　石蜡切片的主要制作步骤

第一章　细　胞

细胞（cell）是生物体形态结构和生命活动的基本单位。动物细胞的形态多种多样，但基本结构相同。光镜下，都由细胞膜（cell membrane）、细胞质（cytoplasm）和细胞核（nucleus）3部分组成；电镜下，根据各种超微结构有无生物膜包裹，可分为膜性结构（membranous structure）和非膜性结构（non-membranous structure）。

实验目的：通过光镜观察认识多种形态的细胞和细胞核。
认识各种细胞器的超微结构。
了解细胞有丝分裂各时期的主要特征。

实验内容：细胞与细胞核的形态；细胞的超微结构；细胞的有丝分裂。

一、细胞与细胞核的形态

（一）圆形细胞及圆形核

标本　卵巢切片（图1-1），重点观察初级卵母细胞。

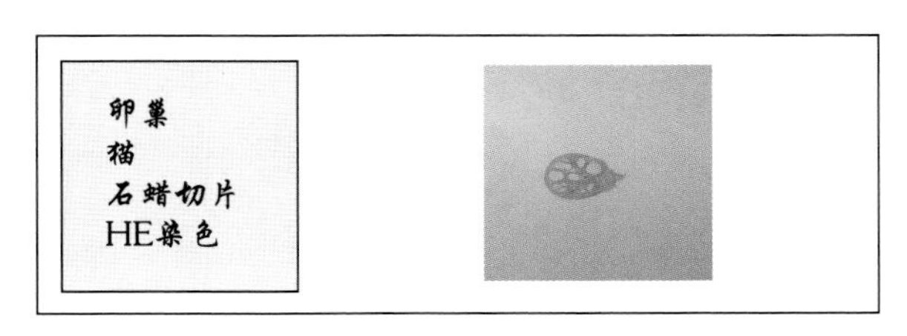

图1-1　卵巢切片

肉眼观察　位于卵巢外周的部分是卵巢的皮质，在皮质中可见着色较浅呈泡状的结构散布在卵巢皮质中，即原始卵泡或初级卵泡。

低倍镜观察　选择一个结构较完整的原始卵泡或初级卵泡置于视野中央。

高倍镜观察　如图1-2所示，初级卵泡（primary follicle，PF）中体积较大的细胞是初级卵母细胞（primary oocyte，PO）。初级卵母细胞呈圆形，细胞质（cytoplasm，Cp）嗜酸性，在卵母细胞中可见圆形的细胞核（nucleus，Nu），细胞核内可见清晰的核仁（nucleolus，No）。在偏离初级卵母细胞中央的切面上见不到细胞核（*）。

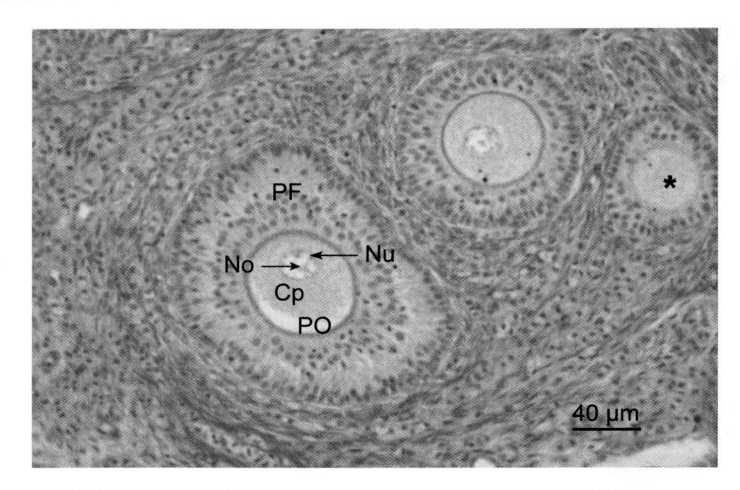

PF：初级卵泡；PO：初级卵母细胞；Cp：细胞质；Nu：细胞核；No：核仁；
*：在偏离初级卵母细胞中央的切面上见不到细胞核。

图 1–2　初级卵泡中的初级卵母细胞

作业：绘一个初级卵母细胞。标注细胞质、细胞核、核仁。

（二）柱状细胞及椭圆形核

标本　十二指肠横切片（图 1–3），重点观察黏膜上皮。

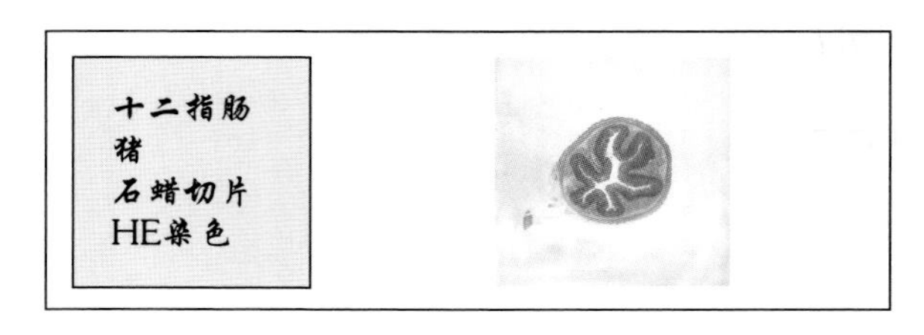

图 1–3　十二指肠横切片

肉眼观察　肠管中空的部分是肠腔。自肠腔由内向外，管壁最内层呈蓝色的是黏膜，黏膜外呈淡红色的是黏膜下层，黏膜下层外呈深红色的是肌层，肌层外薄层淡红色的组织是浆膜。本实验观察的是黏膜。

低倍镜观察　找到肠壁的黏膜，选取结构清晰的部分置于视野中央。由于切面倾斜或切片太厚，可能会看到重叠的细胞或细胞形态模糊不清。若视野中的图像随微调旋钮的旋动而晃动即为细胞重叠，有时可见到多层上皮细胞核，这是由于切面与单层柱状上皮基底面不垂直所致。

高倍镜观察　如图 1–4 所示，黏膜上皮细胞呈高柱状单行排列，即柱状细胞（columnar cell，CC），细胞核（Nu）呈椭圆形，位于细胞近基部，柱状细胞游离缘染色较深的带状结构称为纹状缘（striated border，SB）。

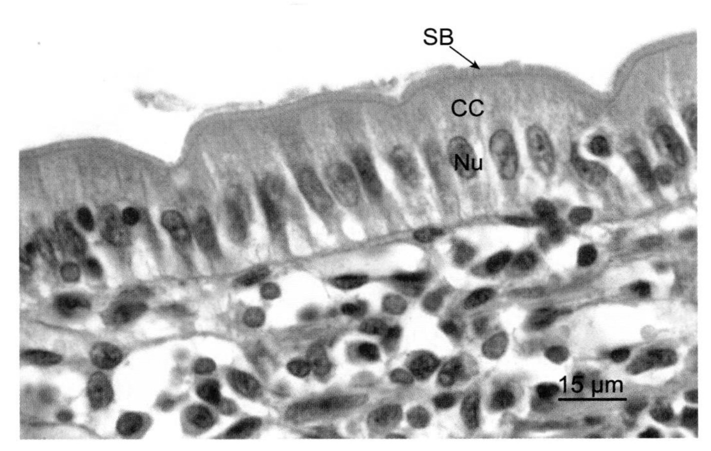

CC：柱状细胞；Nu：细胞核；SB：纹状缘。

图 1–4　十二指肠黏膜单层柱状上皮

作业：绘 3~5 个相邻的柱状细胞。标注细胞质、细胞核、纹状缘。

（三）梭形细胞及棒状核

标本　平滑肌分离装片（图 1–5）。

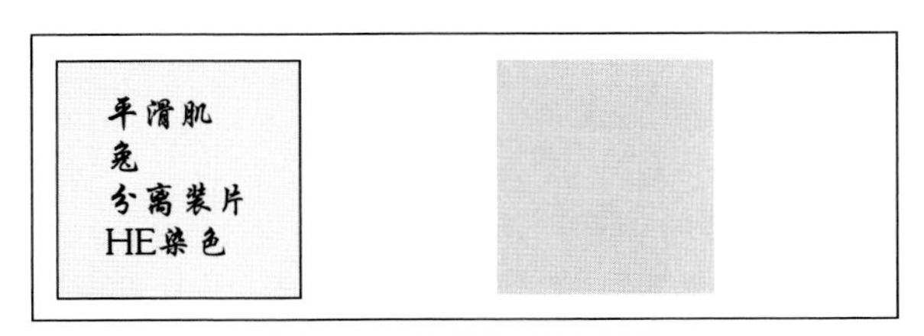

图 1–5　平滑肌分离装片

肉眼及低倍镜观察　确定组织材料在载玻片中的部位，寻找分离的平滑肌细胞。平滑肌细胞很小，需仔细寻找。

高倍镜观察　如图 1–6 所示，平滑肌细胞呈长梭形，细胞核（Nu）呈棒状位于细胞中央。视野中有时可见处于收缩状态的平滑肌细胞(*),扭曲呈螺旋状。

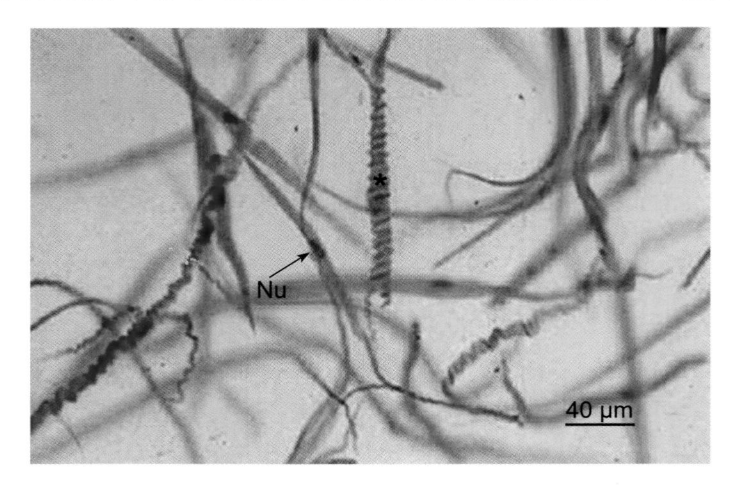

Nu：细胞核； * :收缩时的平滑肌细胞。

图 1–6 分离的平滑肌纤维

作业：绘 2~3 个平滑肌细胞。标注细胞质、细胞核。

（四）圆形细胞及豆形核、马蹄形核或分叶核

标本　驴血涂片（图 1–7），重点观察各类白细胞及其细胞核的形状。

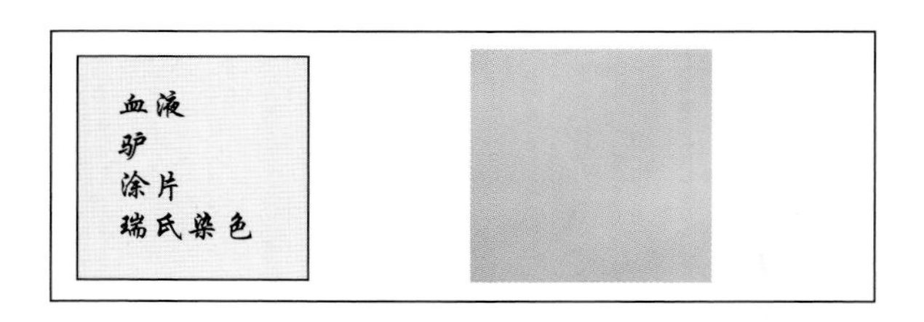

图 1–7 驴血涂片

肉眼观察　将血膜厚薄适当处置于显微镜下。

低倍镜观察　将无细胞重叠、血细胞分布均匀处置于视野中央。

高倍镜观察　如图 1–8 所示，视野中有细胞核的细胞即为白细胞，白细胞种类很多，均呈圆形。重点观察淋巴细胞（lymphocyte，L）及其豆形核、单核细胞（monocyte，M）及其马蹄形核和中性粒细胞（neutrophilic granulocyte，NG）及其分叶核。

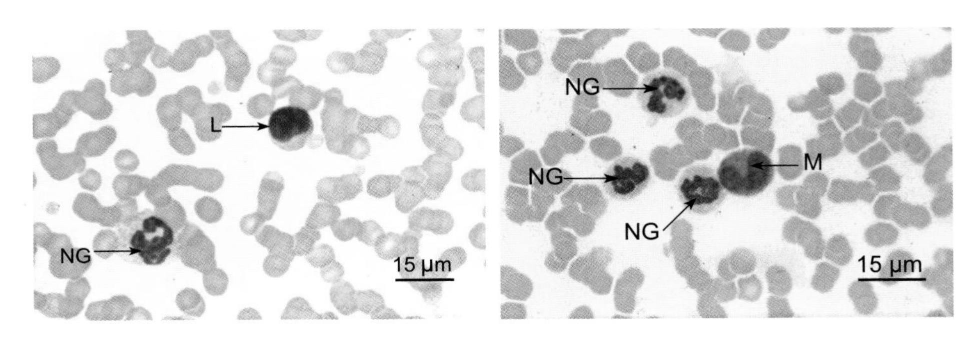

L：淋巴细胞；M：单核细胞；NG：中性粒细胞。

图 1-8　驴血涂片（高倍镜）

作业：分别绘 1 个淋巴细胞、1 个单核细胞和 1 个中性粒细胞。标注淋巴细胞、单核细胞、中性粒细胞。

二、细胞的超微结构

用于生物学研究的电子显微镜主要有两种类型：一种是透射电子显微镜，另一种是扫描电子显微镜。透射电镜是通过穿透物体的电子束来成像的，被观察的标本通常制成超薄切片。观察透射电镜的图像和观察光镜切片一样，应随时考虑切面与整体的关系。扫描电镜是通过收集从物体表面反射回来的电子来成像的，用于显示物体表面结构的空间关系，图像具有立体感。观察扫描电镜的图像有助于理解物体的整体形态。电镜下所观察到的结构称为超微结构（ultrastructure），具体的超微结构详见电镜照片的图注（图 1-9）。

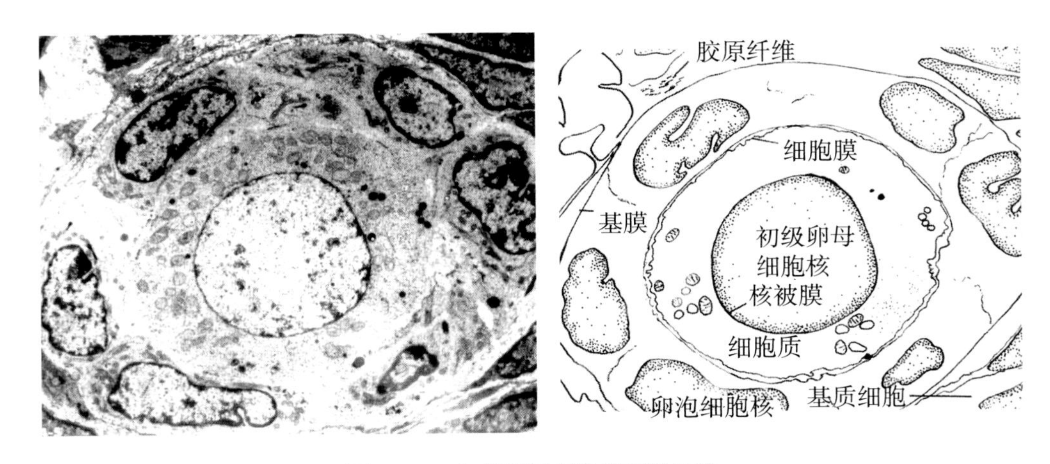

图 1-9A　初级卵母细胞的超微结构

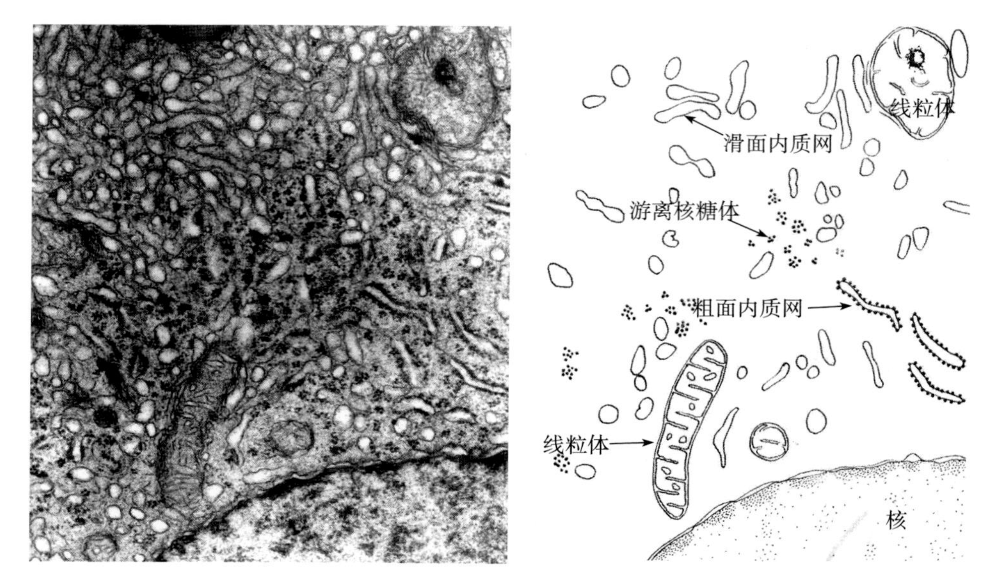

图 1–9B　黄体细胞的超微结构

注意观察：细胞膜(cell membrane)、细胞核（Nu）、线粒体（mitochondrion）、核糖体（ribosome）、高尔基体（glogisome）、粗面内质网（rough surfaced endoplasmic reticulum）、滑面内质网（smooth surfaced endoplasmic reticulum）、溶酶体（lysosome）、微体（microbody）或过氧化物酶体（peroxisome）、中心体（cetrosome）及中心粒（centrioble）、微丝（microfilament）、微管（microtubules）、糖原颗粒（glycogen granule）、脂粒（fatty granule）、色素颗粒（pigment granule）。

三、细胞的增殖

（一）细胞的有丝分裂（示教）

标本　马蛔虫子宫切片（图 1–10），重点观察虫卵的有丝分裂时相。

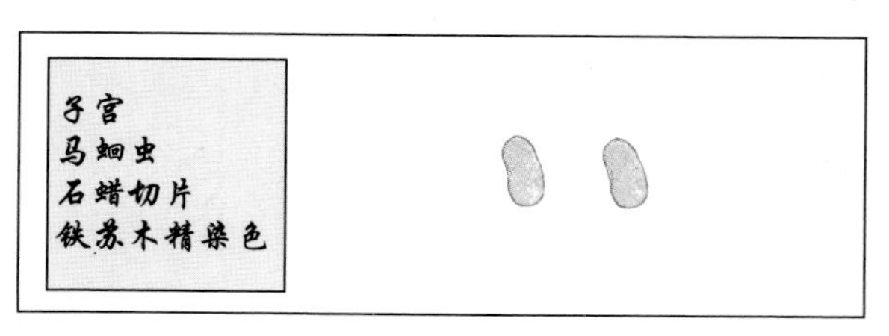

图 1–10　马蛔虫子宫切片

肉眼及低倍镜观察 如图 1–11 所示，马蛔虫子宫内可见很多虫卵，卵外包被卵膜（egg membrance，EM）。

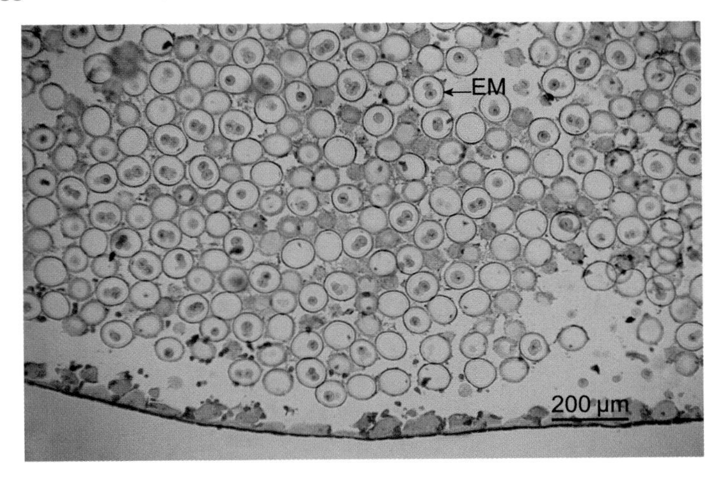

EM：卵膜。

图 1–11 马蛔虫子宫切片（低倍镜）

高倍镜观察 如图 1–12 所示，马蛔虫卵处于不同的有丝分裂阶段。观察卵和染色体（或染色质）的形态，辨认处于有丝分裂前期（prophase，Pp）、中期（metaphase，Mp）、后期（anaphase，Ap）和末期（telophase，Tp）的卵细胞。

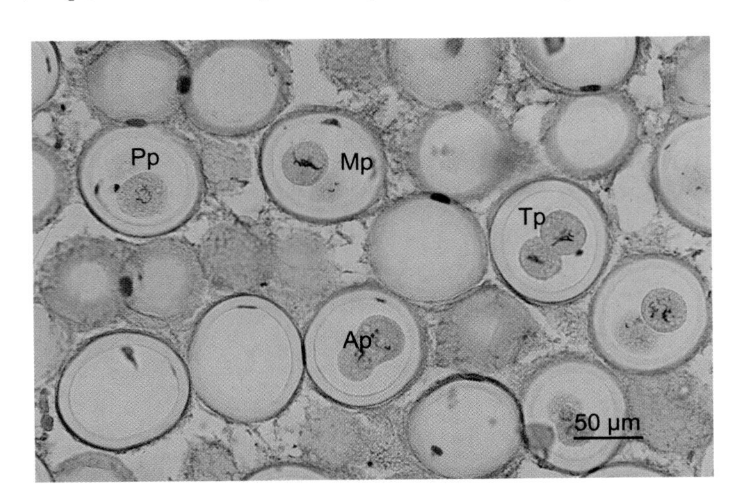

Pp：前期；Mp：中期；Ap：后期；Tp：末期。

图 1–12 细胞的有丝分裂（马蛔虫卵）

作业：分别绘有丝分裂各时相的卵细胞。标注细胞质、染色体（或染色质）。

（二）增殖细胞（示教）

显微镜观察，如图 1–13 所示，增殖细胞（proliferation period cell, PPC）的细胞类型主要是黏膜上皮，增殖细胞在肠腺底部数量较多。

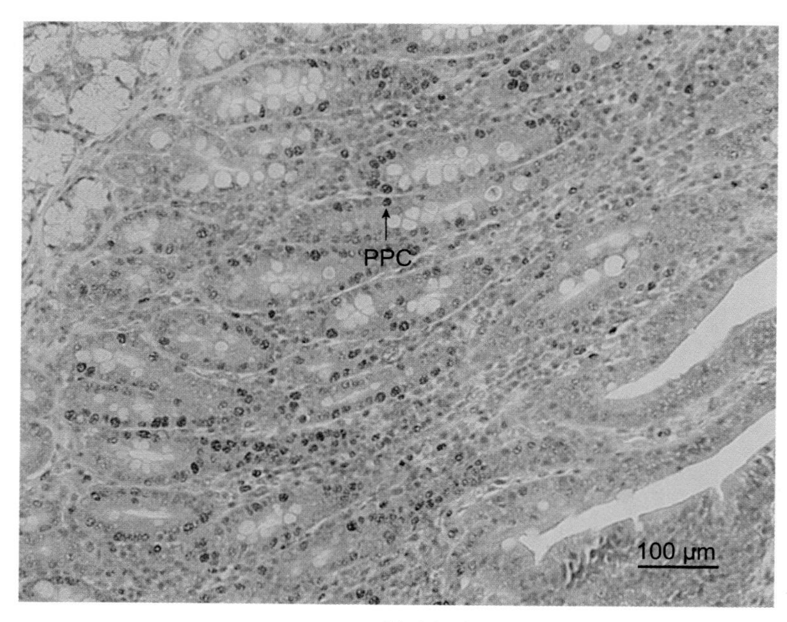

PPC：增殖细胞

图 1–13 增殖细胞（PCNA 免疫组化染色）

第二章　上皮组织

上皮组织（epithelial tissue）由大量形态较规则、排列紧密的上皮细胞和少量细胞间质组成。上皮细胞具有明显的极性，即细胞的不同表面在结构和功能上具有明显的差别。朝向体表或有腔器官腔面的一侧，称游离面；与游离面相对，朝向深部结缔组织的一侧，称基底面；上皮细胞之间的连接面为侧面。极性在单层上皮细胞表现得最典型。

实验目的：掌握各种上皮组织的结构。
了解上皮表面的特殊结构。
实验内容：单层扁平上皮；单层立方上皮；单层柱状上皮；假复层纤毛柱状上皮；复层扁平上皮；变移上皮；腺上皮；上皮细胞表面的特殊结构。

一、单层扁平上皮

（一）单层扁平上皮表面观

标本　肠系膜铺片（图 2–1），重点观察肠系膜间皮。

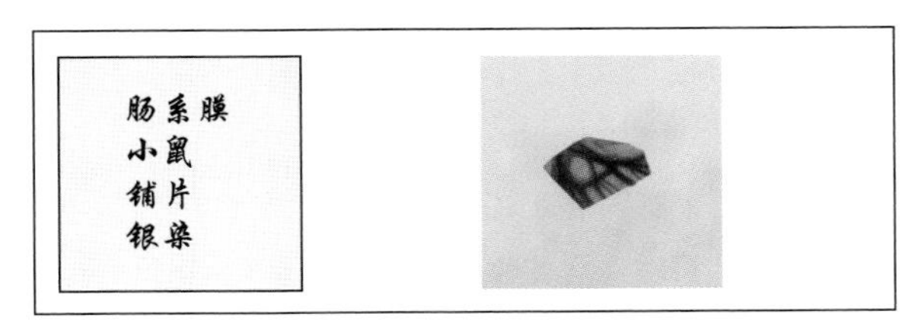

图 2–1　肠系膜铺片

低倍镜观察　选取标本中最薄的部分置于视野中央。

高倍镜观察　肠系膜由上、下两层间皮和中间的结缔组织构成，观察时需仔细对焦区分表面的单层扁平上皮和中间的薄层结缔组织。如图 2–2 所示，肠系膜间皮由单层扁平细胞构成，相邻细胞互相嵌合，银染可显示细胞间界限

（intercellular limit，IcL），细胞中央可见细胞核。

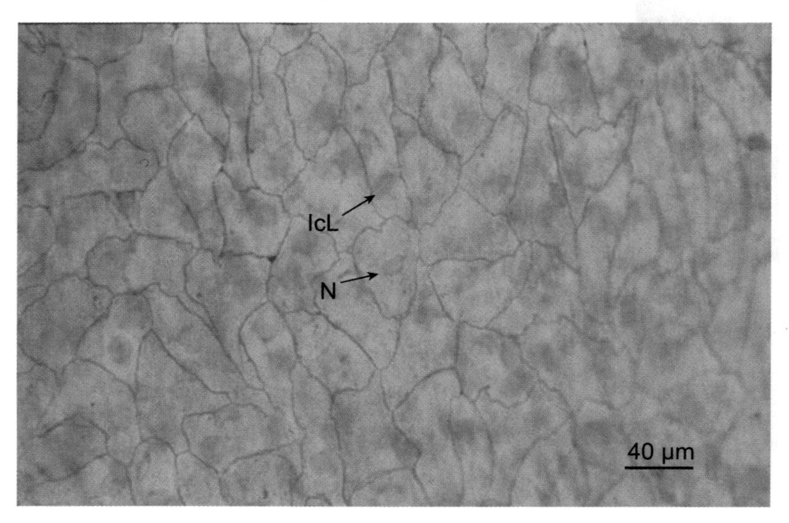

IcL：细胞间界线；N：细胞核。

图 2–2　单层扁平上皮表面观（肠系膜间皮）

作业：绘肠系膜铺片中 3~5 个相邻的单层扁平上皮。标注扁平上皮细胞、细胞核、细胞间界线。

（二）单层扁平上皮侧面观

标本　十二指肠切片（图 2–3），重点观察浆膜。

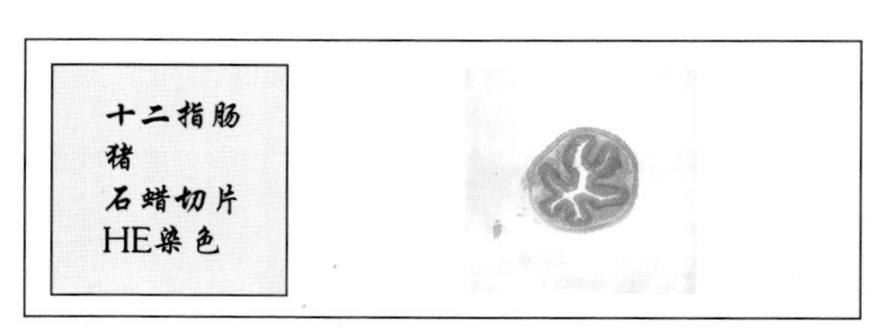

图 2–3　十二指肠切片

肉眼观察　肠管中空的部分是肠腔。自肠腔由内向外，管壁最内层呈蓝色的是黏膜，黏膜外呈淡红色的是黏膜下层，黏膜下层外呈深红色的是肌层，肌层外薄层淡红色的组织是浆膜。本实验观察的是浆膜。

低倍镜观察　找到肠壁的浆膜，选取结构清晰的部分置于视野中央。

高倍镜观察　如图 2–4 所示，浆膜的外表面由单层扁平细胞构成，通常只能分辨出单层扁平上皮的细胞核。

N：细胞核。

图 2–4　单层扁平上皮侧面观（小肠间皮）

二、单层立方上皮

标本　甲状腺切片（图 2–5），重点观察甲状腺滤泡。

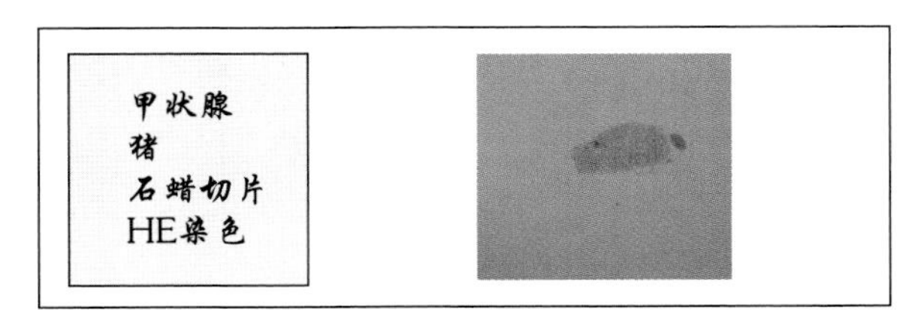

图 2–5　甲状腺切片

肉眼观察　左侧较大的为甲状腺，旁边的为甲状旁腺。

低倍镜观察　甲状腺由很多圆形的滤泡构成，称为甲状腺滤泡。

高倍镜观察　如图 2–6 所示，甲状腺滤泡由单层立方细胞（cuboid cell，CC）围成。

作业：绘 1~2 个甲状腺滤泡。标注立方上皮细胞、细胞核。

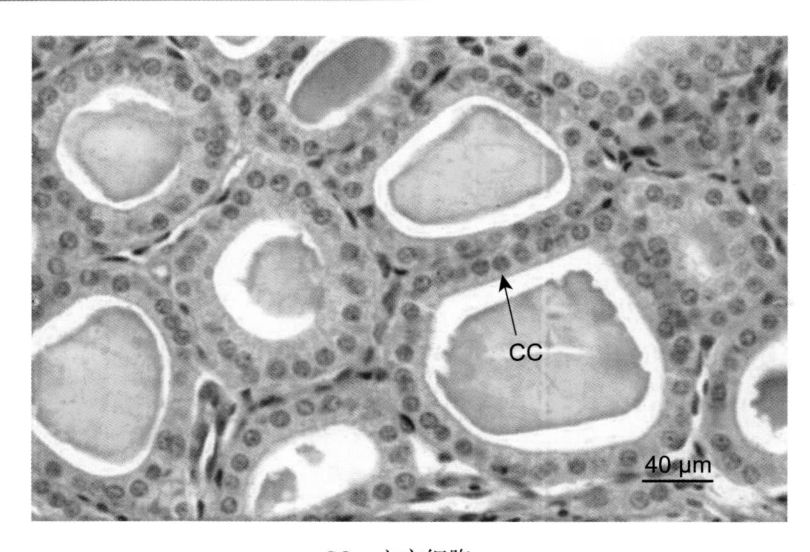

CC：立方细胞。

图 2–6　单层立方上皮（甲状腺）

三、单层柱状上皮

标本　十二指肠切片（图 2–7），重点观察黏膜上皮。

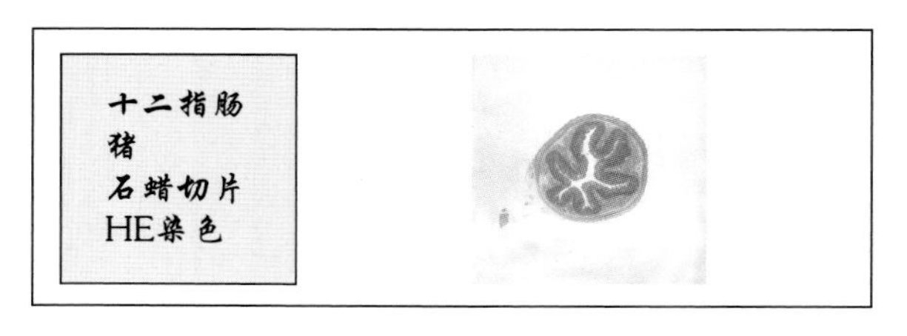

图 2–7　十二指肠切片

肉眼观察　肠管中空的部分是肠腔。自肠腔由内向外，管壁最内层呈蓝色的是黏膜，黏膜外呈淡红色的是黏膜下层，黏膜下层外呈深红色的是肌层，肌层外薄层淡红色的组织是浆膜。本实验观察的是黏膜。

低倍镜观察　找到肠壁的黏膜，选取结构清晰的部分置于视野中央。

高倍镜观察　如图 2–8 所示，黏膜表面为单层柱状上皮，由柱状细胞、杯状细胞、淋巴细胞等组成。柱状细胞（columnar cell，CC）的游离面有纹状缘（striated border，SB），基底面借基膜（basement membrane，BM）与结缔组织相连，柱状细胞之间散布少量的杯状细胞（goblet cell，GC）和淋巴细胞（lymphocyte，LC）。杯状细胞形似高脚酒杯，底部狭窄，含深染的核，顶部膨大，充满黏原颗粒。切片上的杯状细胞多数呈囊泡状，见不到狭窄部，这是因为被正切的杯状细胞较少。

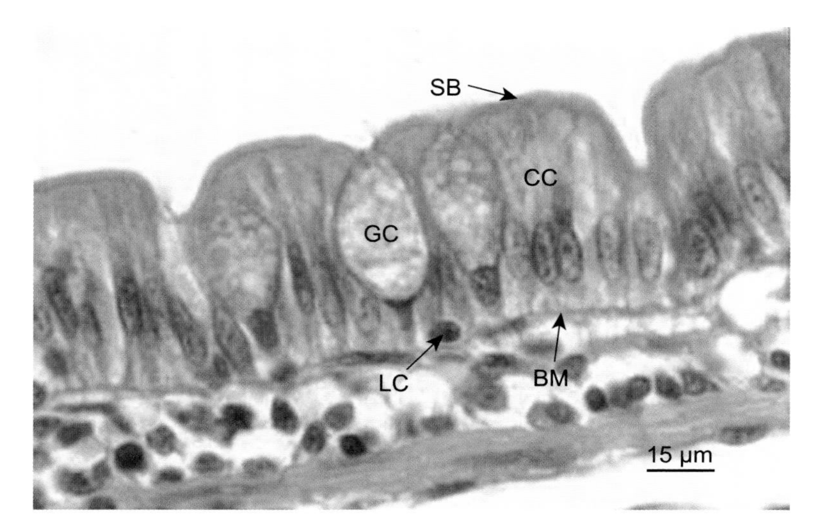

CC：柱状细胞；SB：纹状缘；BM：基膜；GC：杯状细胞；LC：淋巴细胞。

图 2–8　单层柱状上皮（十二指肠）

作业：绘单层柱状上皮的局部。标注柱状细胞、细胞核、纹状缘、基膜、杯状细胞、淋巴细胞。

四、假复层纤毛柱状上皮

标本　气管切片（图 2–9），重点观察黏膜上皮。

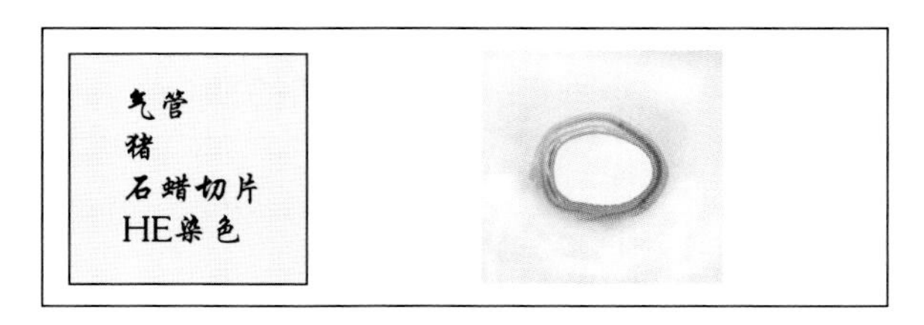

图 2–9　气管切片

肉眼观察　气管的腔面为黏膜层。

低倍镜观察　找到气管的黏膜，将其置于视野中央。

高倍镜观察　如图 2–10 所示，气管黏膜上皮为假复层纤毛柱状上皮，由柱状细胞（CC）、杯状细胞（GC）、梭形细胞（spindle cell，SC）、锥形细胞（coniform cell，CC）等组成。其中，柱状细胞数量最多，顶端伸至黏膜表面，游离面有一层排列整齐的纤毛（cilium，C），杯状细胞散布于柱状细胞之间，梭形细胞和锥形细胞分布于黏膜的中部和底部。黏膜上皮和其深层的结缔组织交界处可见明显的基膜（BM）。

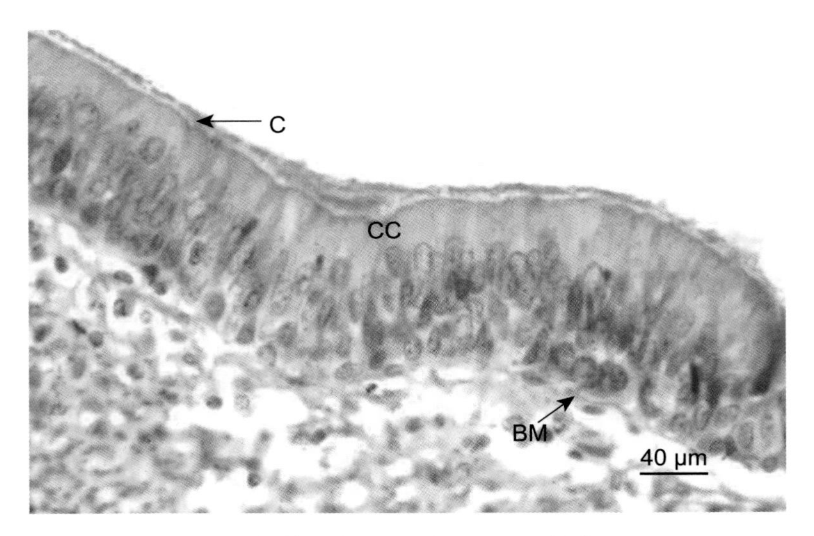

CC：柱状细胞；C：纤毛；BM：基膜。

图 2-10　假复层纤毛柱状上皮（气管）

作业：绘假复层纤毛柱状上皮的局部。标注柱状细胞、杯状细胞、纤毛、基膜。

五、复层扁平上皮

通常选用皮肤的切片（图 2-11），重点观察表皮。

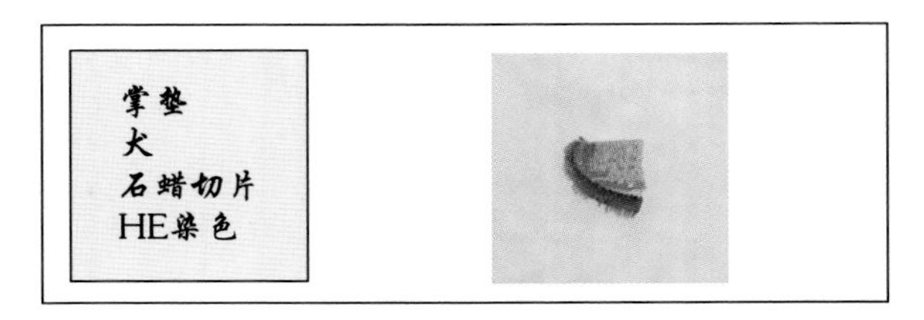

图 2-11　掌垫切片

高倍镜观察　如图 2-12 所示，皮肤的表皮由复层扁平上皮构成。从垂直于基膜的切面来看，深层是基底层（stratum basale，SB），多数细胞呈矮柱状，圆形核，排列整齐；浅层的细胞呈梭形或扁平，核深染呈扁圆形；角质层（stratum corneum，SC）位于表皮的最表层，由已经死亡的多层扁平角化的细胞组成，细胞核、细胞器均已消失，细胞轮廓不清，嗜酸性，呈均质红色。表皮中央的细胞为多边形或椭圆形，核圆形或椭圆形。

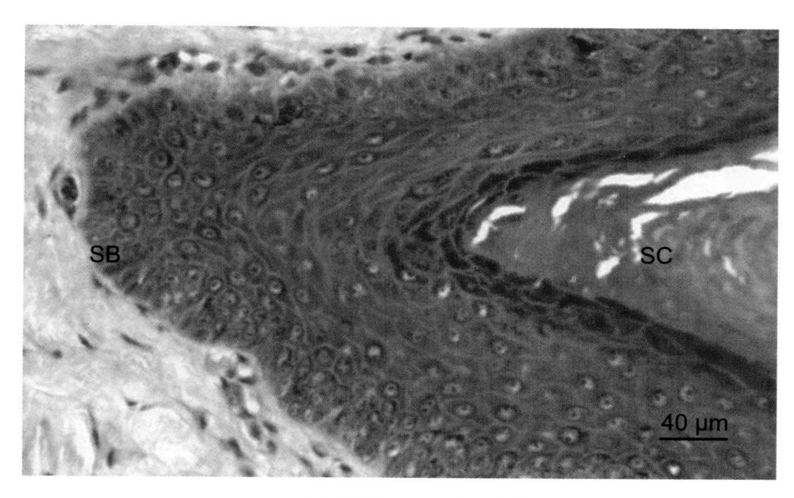

SB：基底层；SC：角质层。

图 2–12　复层扁平上皮（皮肤）

作业：绘复层扁平上皮的局部。标注基底层和角质层。

六、变移上皮

标本　膀胱切片（图 2–13），重点观察黏膜上皮。

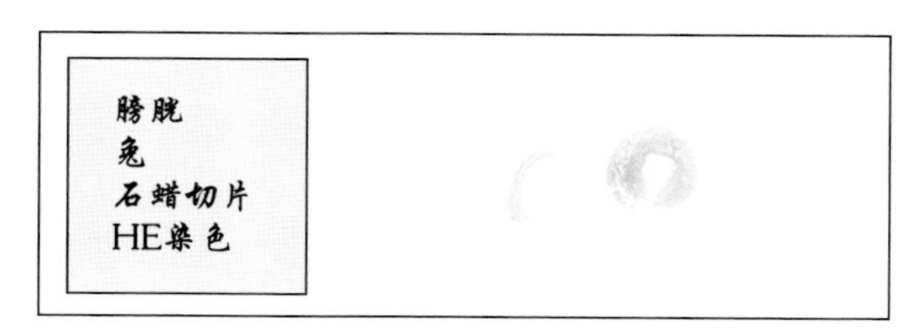

图 2–13　膀胱切片

肉眼观察　如图 2–14 所示，左边为扩张的膀胱，右边为收缩的膀胱。

低倍镜观察　找到膀胱的黏膜，将其置于视野中央。

高倍镜观察　变移上皮的细胞层数和细胞形态可随膀胱的扩张和收缩而改

变，可分为表层细胞（superficial cells，SC）、中间层细胞（medial cells，MC）和基底细胞（basal cells，BC）。如图 2-14A 所示，膀胱扩张时，上皮较薄，细胞层数较少，表层细胞呈扁梭形，细胞质浓密，游离面隆起，称为盖细胞（tectorial cell，TC）；如图 2-14B 所示，膀胱收缩时，上皮较厚，细胞层数较多，细胞多近立方形。

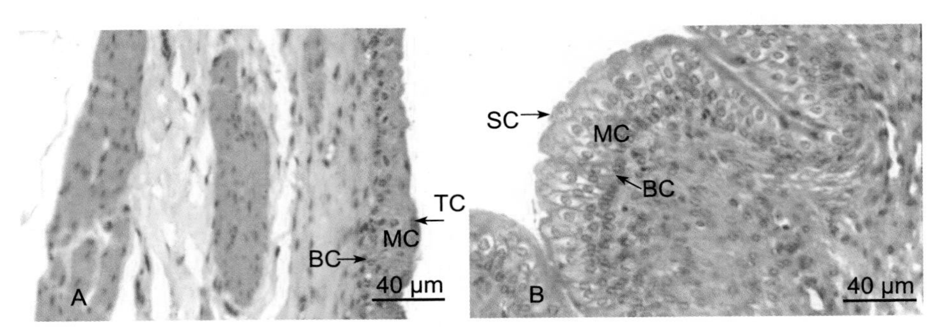

A：扩张的膀胱；B：收缩的膀胱。

TC：盖细胞；SC：表层细胞；MC：中间层细胞；BC：基底细胞。

图 2-14　变移上皮

作业：分别绘扩张和收缩的膀胱上皮局部。标注表层细胞、中间层细胞、基底细胞、盖细胞。

七、腺上皮

标本　十二指肠切片（图 2-15），重点观察黏膜固有层。

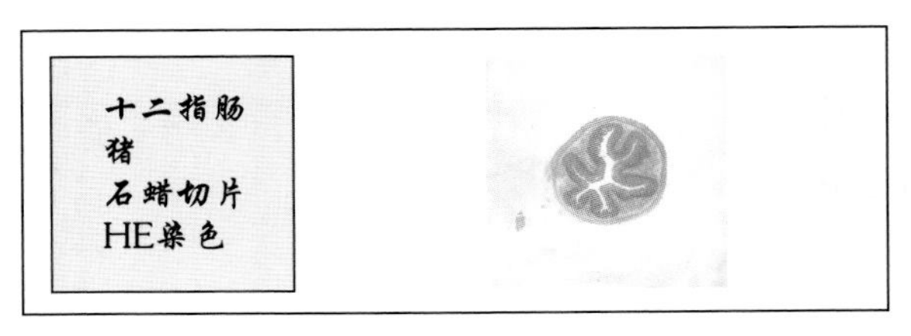

图 2-15　十二指肠切片

肉眼及低倍镜观察　肠管中空的部分是肠腔。自肠腔由内向外，管壁最内层呈蓝色的是黏膜，黏膜外呈淡红色的是黏膜下层，黏膜下层外呈深红色的是肌层，肌层外薄层淡红色的组织是浆膜。本实验观察的是黏膜。

高倍镜观察　如图 2-16 所示，肠黏膜表面的单层柱状上皮下陷至固有层结缔组织中，形成垂直于肠壁的直行盲管，即单管状腺，称肠腺（intestinal gland，IG）。肠腺上皮与绒毛上皮相延续，主要由柱状细胞（CC）和杯状细胞（GC）组成，有些动物（如马、牛、羊等）肠腺底部可见潘氏细胞（Paneth cell，PC）。

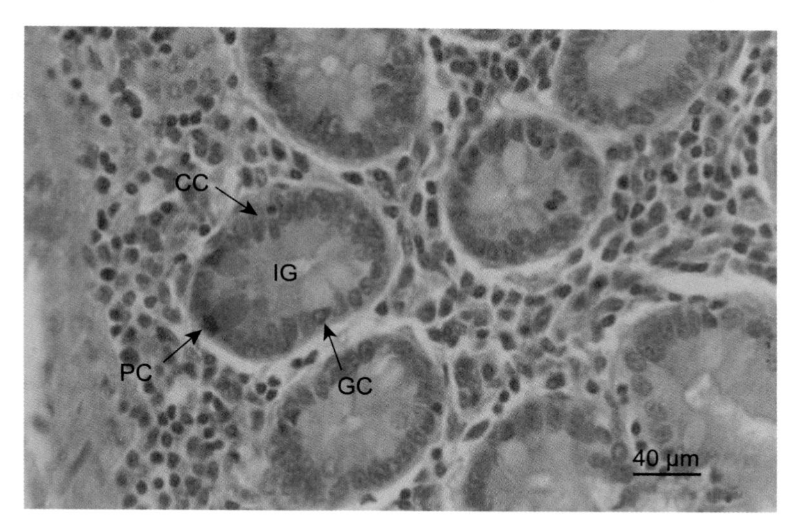

IG：肠腺；CC：柱状细胞；GC：杯状细胞；PC：潘氏细胞。

图 2–16　肠腺上皮（十二指肠）

作业：绘肠腺的局部。标注柱状细胞、杯状细胞。

八、上皮细胞表面的特殊结构

注意观察　上皮细胞游离面的特殊结构（图 2–17），微绒毛（microvillus)、纤毛（cilium）；上皮细胞侧面的特殊结构（图 2–18），紧密连接（tight junction）、黏合小带（zonula adherens）、黏合斑（macula adherens）或桥粒(desmosome)、缝隙连接（gap junctian）；上皮细胞基底面的特殊结构（图 2–19），基膜（BM）、半桥粒（hemidesmosome）。

作业：（1）说明微绒毛和纤毛的区别。

（2）光镜下能否见到细胞间连接？试举例说明。

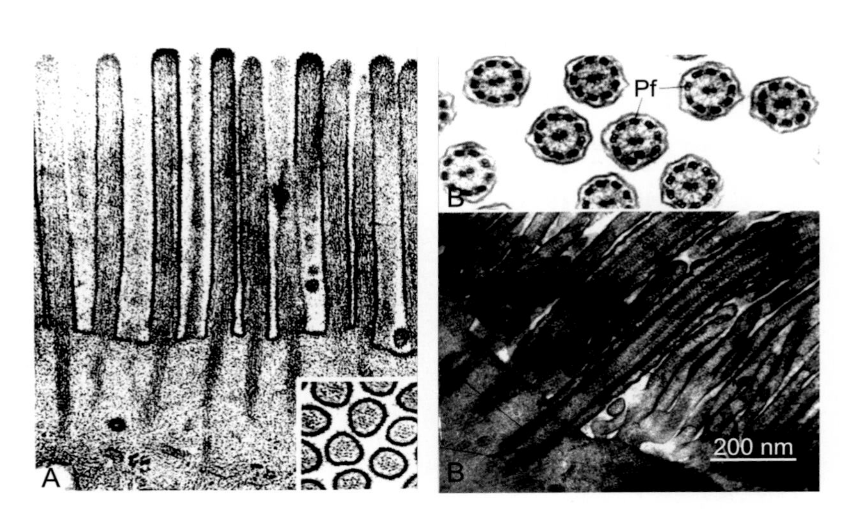

A：微绒毛（小肠柱状细胞）；B：纤毛（上：细支气管上皮横切；下：支气管上皮纵切）。

图 2–17　上皮细胞游离面的特殊结构电镜照片

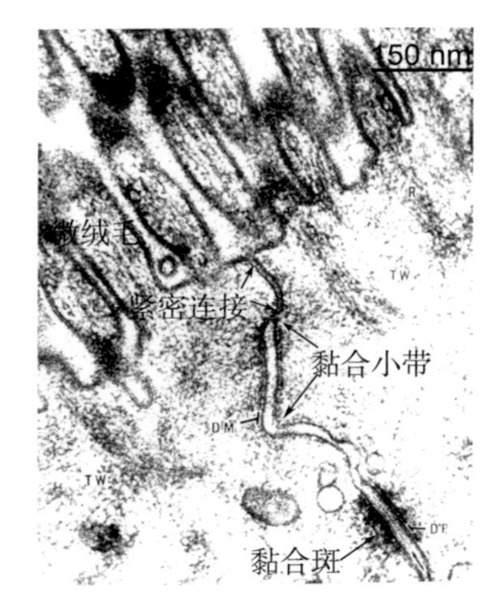

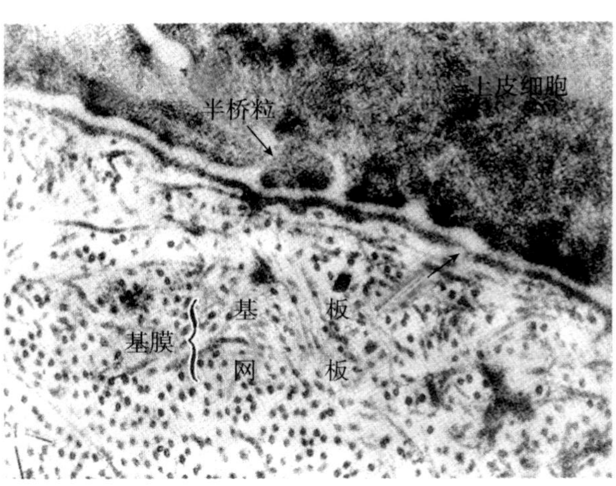

图 2–18　上皮细胞侧面的连接结构（小肠上皮细胞间的连接复合体）电镜照片

图 2–19　上皮基底面电镜照片

第三章　结缔组织

结缔组织（connective tissue）由少量细胞和大量细胞间质（intercellular substance）构成。结缔组织的细胞间质包括无定形基质、丝状纤维和不断循环更新的组织液。细胞散布于细胞间质内，细胞无极性。结缔组织在体内分布广泛，具有连接、支持、营养、运输、保护等多种功能。

> 实验目的：掌握各种结缔组织的形态结构特征。
>
> 实验内容：疏松结缔组织；致密结缔组织；脂肪组织；网状组织；透明软骨；弹性软骨；纤维软骨；骨组织；血液。

一、疏松结缔组织

标本　肠系膜铺片（图 3–1），重点观察疏松结缔组织。

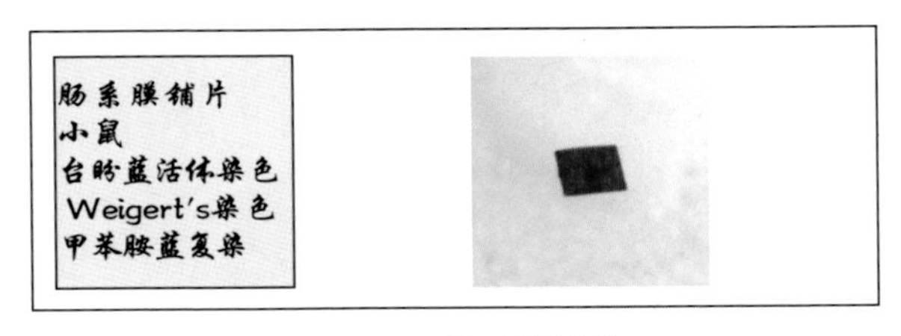

图 3–1　肠系膜铺片

低倍镜观察　选择标本中较薄的区域，将其置于视野中央。

高倍镜观察　如图 3–2 所示，辨认疏松结缔组织中各种类型的纤维和细胞。

1. 纤维

胶原纤维束（collagnous fiber bundle，CFB）：着色很浅，成束分布，呈波浪状。

弹性纤维（elastic fiber，EF）：紫黑色，纤维较细。

2. 细胞

成纤维细胞（fibroblast，Fb）：结缔组织中数量最多的细胞，胞体较大，多呈扁平或梭形，胞质着色很淡，胞核较大，椭圆形，常可见 1~2 个核仁。

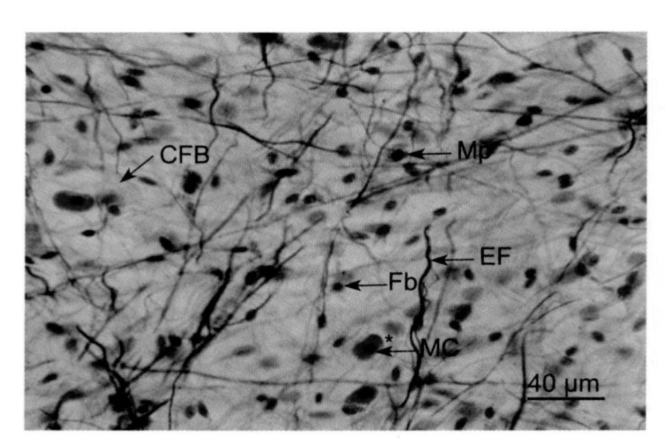

CFB：胶原纤维束；EF：弹性纤维；Fb：成纤维细胞；Mp：巨噬细胞；
MC：肥大细胞；＊：单层扁平上皮细胞的胞核。

图 3–2　疏松结缔组织（肠系膜）

巨噬细胞（macrophage，Mp）：又称组织细胞（histiocyte），形态多样，因其功能状态不同而变化，一般为圆形或椭圆形，经台盼蓝活体染色后其胞质内可见蓝色颗粒。体内的巨噬细胞约有 50% 位于肝，用免疫组化可以显示（图 3–3）。

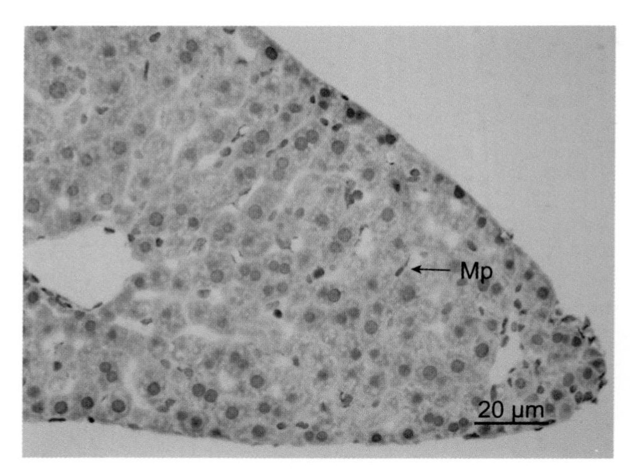

Mp：巨噬细胞。

图 3–3　巨噬细胞（大鼠肝，免疫组化）

肥大细胞（mast cell，MC）：胞体较大，呈卵圆形，胞核小而圆，居中，深染。经甲苯胺蓝染色后可见胞质中充满异染性颗粒（图 3–4）。肥大细胞常沿小血管或小淋巴管分布。

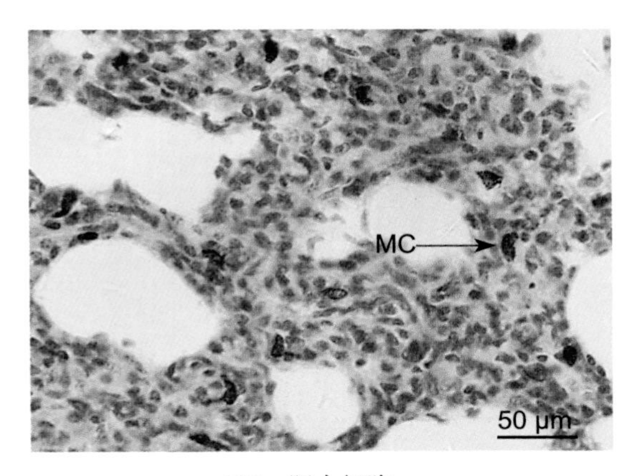

MC：肥大细胞。

图 3–4　肥大细胞（牛肺，甲苯胺蓝染色）

浆细胞（plasma cell，PC）：胞体呈椭圆形，核圆形，多偏居细胞一侧，异染色质呈块状聚集在核膜内侧，沿核膜内面呈辐射状排列，似车轮状。胞质丰富，弱嗜碱性，核旁有一浅染区。浆细胞在一般的结缔组织内很少，而在病原微生物易入侵的部位，如消化管（图 3–5）、呼吸道的结缔组织及慢性炎症部位较多。

此外，肠系膜铺片中常隐约可见一些着色很浅的椭圆形结构，这是覆盖在肠系膜表面的单层扁平上皮细胞的胞核（＊）。

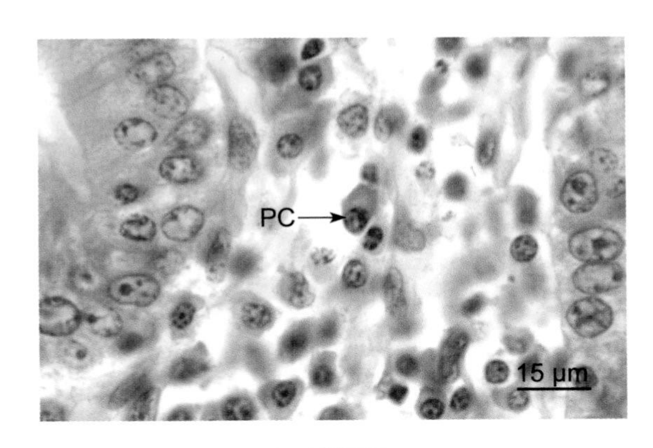

PC：浆细胞。

图 3–5　浆细胞（小肠）

作业：绘部分疏松结缔组织。标注胶原纤维束、弹性纤维、成纤维细胞、巨噬细胞、肥大细胞。

二、致密结缔组织

标本　肌腱横切。

显微镜观察　如图 3–6 所示，大量的胶原纤维排列成束，纤维束之间为腱细胞（tendon cell，TC），胞核扁圆形。

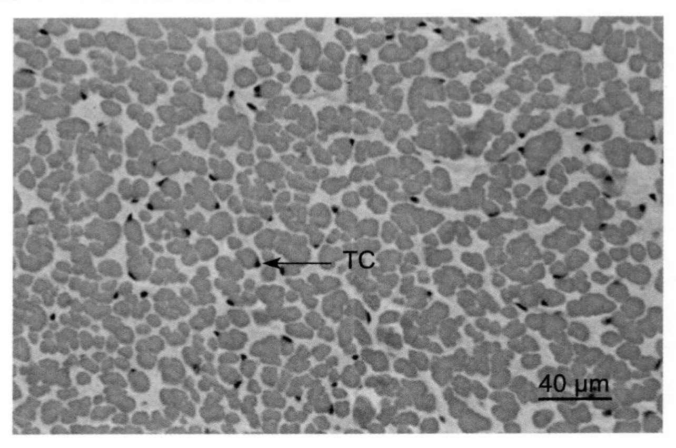

TC：腱细胞。

图 3–6　致密结缔组织（肌腱）

三、脂肪组织

标本　皮肤切片。

显微镜观察　如图 3–7 所示，脂肪组织中可见许多脂肪细胞（fat cell，FC）聚集在一起，被疏松结缔组织分隔成脂肪小叶。脂肪细胞呈圆形，脂滴溶解成一大空泡，胞核扁圆形，被推挤到细胞一侧，连同胞质呈新月形。

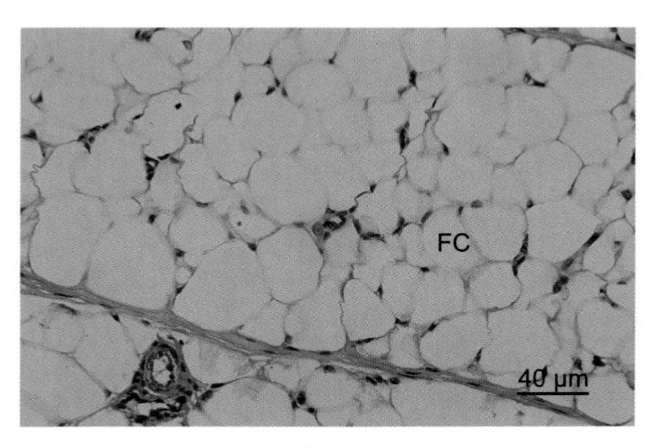

FC：脂肪细胞。

图 3–7　脂肪组织（皮肤）

四、网状组织

标本　淋巴结切片（浸银）。

显微镜观察　淋巴结髓质中可见黑色的网状纤维（reticular fiber，RF）分支交错，连接成网，并深陷于网状细胞的胞体和突起内，成为网状细胞依附的支架（图 3–8）。

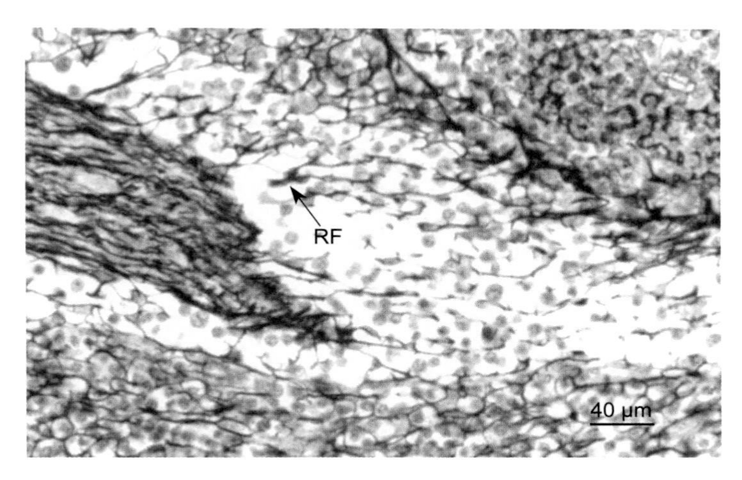

RF：网状纤维。

图 3–8　网状组织（淋巴结，浸银）

五、透明软骨

标本　剑状软骨切片（图 3–9）。

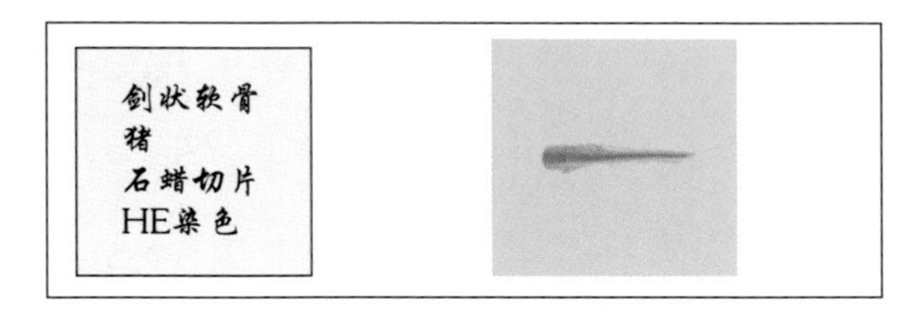

图 3–9　剑状软骨切片（胸骨）

低倍镜观察　如图 3–10 所示，软骨表面由致密结缔组织构成的软骨膜（perichondrium，P）所覆盖。软骨膜分为两层，外层胶原纤维多，内层细胞多。软骨膜内侧与软骨基质（cartilage matrix，CM）相融合。

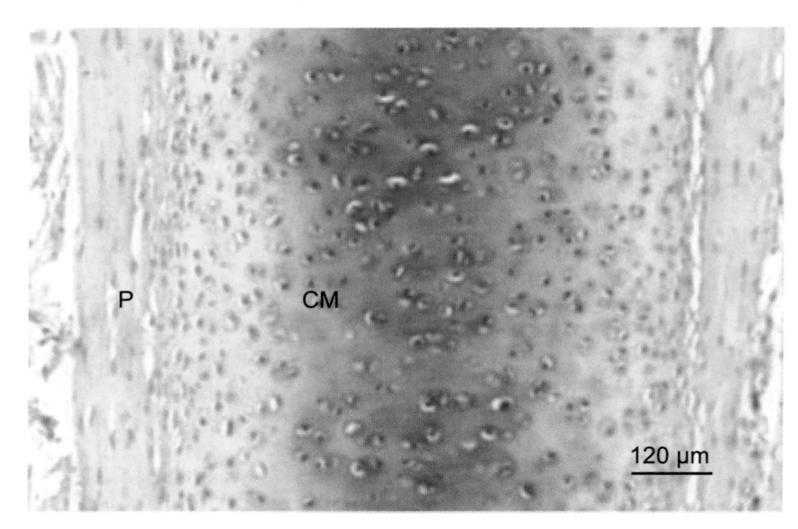

P：软骨膜；CM：软骨基质。

图 3–10　透明软骨

高倍镜观察　如图 3–11 所示，软骨边缘的基质呈粉红色，由边缘至中央，软骨基质嗜碱性逐渐增强，由粉红色逐渐变为蓝色。软骨细胞（cartilage cells，C）是软骨中唯一的细胞类型，包埋在软骨基质中，所在的腔隙称软骨陷窝（cartilage lacuna，CL）。生活状态下，软骨细胞充满整个软骨陷窝，制片时由于细胞收缩

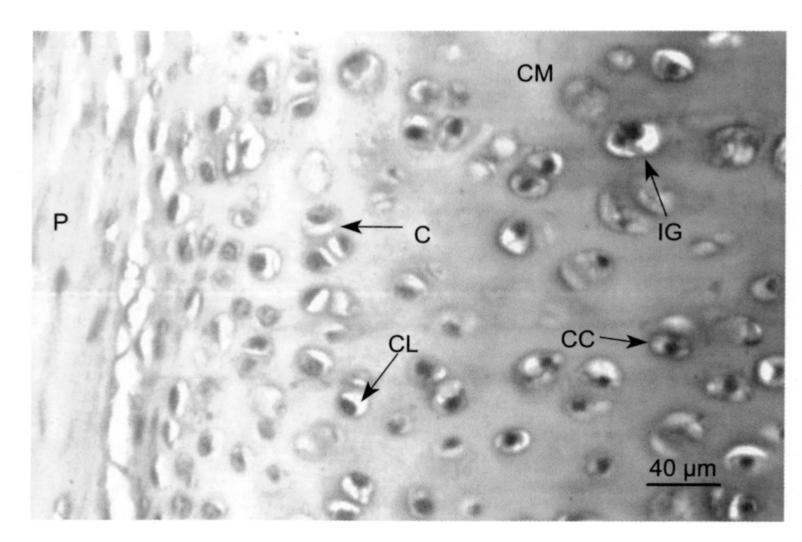

P：软骨膜；CM：软骨基质；C：软骨细胞；CL：软骨陷窝；CC：软骨囊；IG：同源细胞群。

图 3–11　软骨组织和软骨膜

而产生空隙。软骨陷窝周围的软骨基质呈强嗜碱性，形似囊状包围软骨细胞，称软骨囊（cartilage capsule，CC）。软骨细胞的大小、形状和分布有一定的规律。在软骨周边部分为幼稚软骨细胞，较小，呈扁圆形，常单个分布。越靠近软骨中央，细胞越成熟，体积逐渐增大，变成圆形或椭圆形，多为 2~8 个聚集在一起，它们由一个软骨细胞分裂而来，形成同源细胞群（isogenous group，IG），其中每个细胞位于一个软骨陷窝内。

作业：绘透明软骨局部。标注软骨膜、软骨基质、软骨细胞、软骨陷窝、软骨囊、同源细胞群。

六、弹性软骨

标本　耳廓切片（Weigert′s 染色，HE 复染）。

显微镜观察　如图 3–12 所示，弹性软骨的基本结构与透明软骨相似，但弹性软骨的基质中含大量紫黑色的弹性纤维。弹性纤维从各方向贯穿软骨并交织成网，软骨囊附近更为密集，软骨周围纤维少且细并直接延续为软骨膜的弹性纤维。

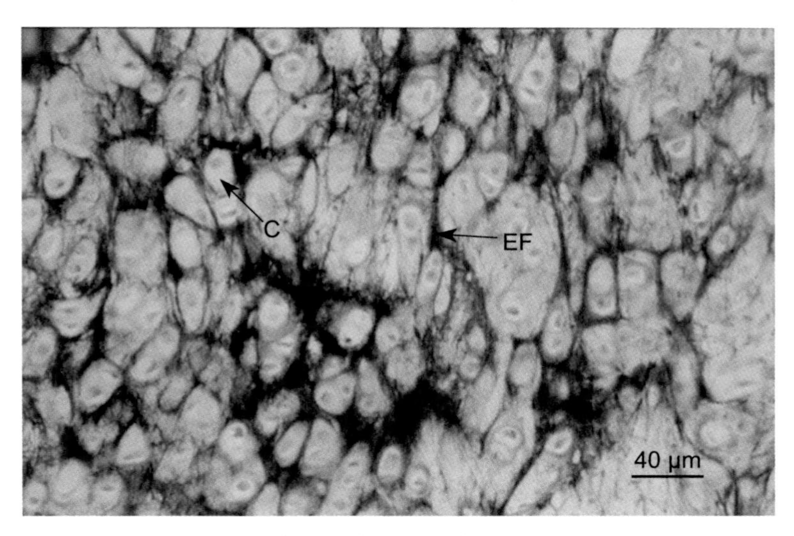

C：软骨细胞；EF：弹性纤维。

图 3–12　弹性软骨（耳廓）

七、纤维软骨

标本　椎间盘切片。

显微镜观察　如图 3–13 所示，纤维软骨的基质中含有大量平行或交叉排列的胶原纤维束，软骨细胞较小而少，成行分布于纤维束之间。纤维软骨一部分与致密结缔组织相延续，另一部分与透明软骨相延续，无明显的软骨膜。

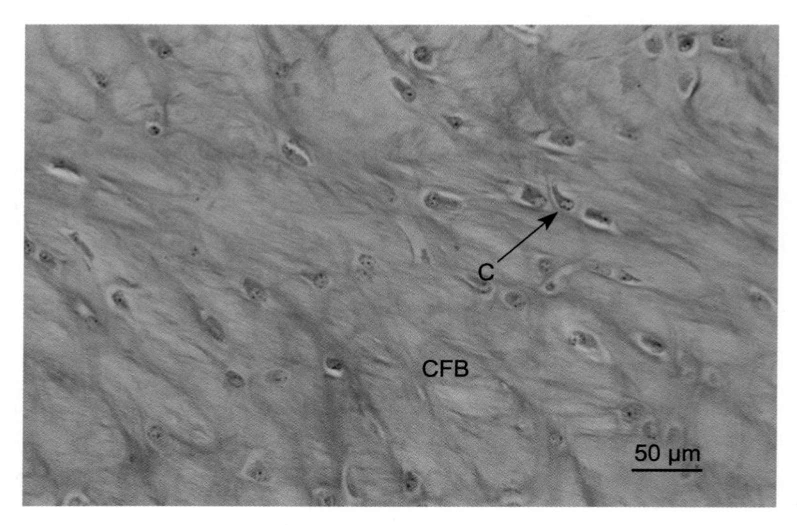

C：软骨细胞；CFB：胶原纤维束。

图 3-13　纤维软骨（椎间盘）

八、骨组织

标本　长骨骨干横截面磨片（图 3-14），骨磨片由朽骨制成，骨组织中的血管、神经、骨细胞、骨松质等均已破坏，重点观察骨密质的骨板及其中的腔隙。

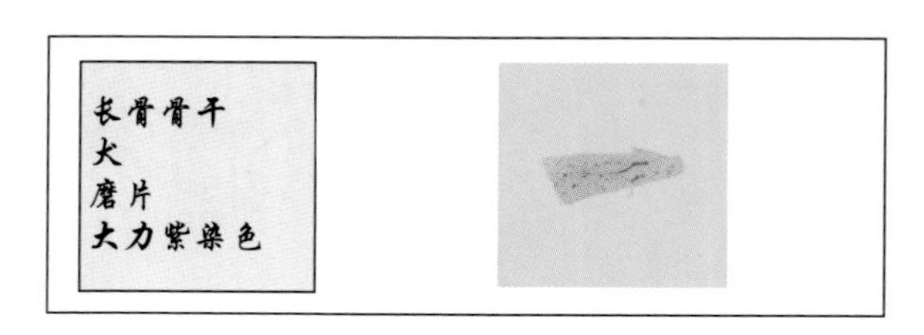

图 3-14　长骨骨干横截面磨片

肉眼观察　如图 3-14 所示，根据骨磨片两侧的弧度大小区分骨磨片的内侧（骨腔侧）和外侧。

低倍镜观察　如图 3-15 所示，骨干的内外表层为环骨板（circumferential lamella，CL），中间为骨单位（osteon，O）和间骨板（interstitial lamella，IL）。骨单位由呈同心圆排列的骨单位骨板围绕中央管（central canal，CC）构成。位

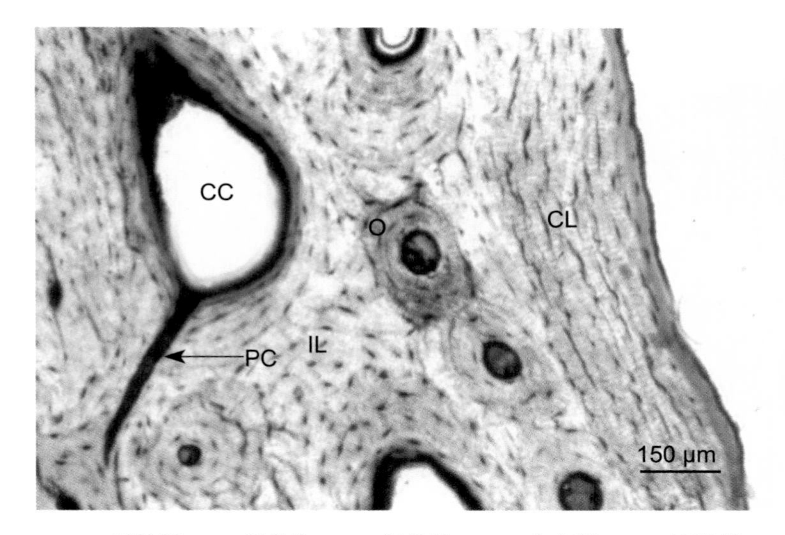

CL：环骨板；O：骨单位；IL：间骨板；CC：中央管；PC：穿通管。

图 3–15　骨磨片

于骨单位之间或骨单位与环骨板之间数量不等、形状不规则的平行骨板是间骨板。骨干中横向穿行的管道称为穿通管（perforating canal，PC），与骨干长轴几乎垂直。

高倍镜观察　选取骨磨片较透亮的部分观察骨单位的结构。如图 3–16 所示，骨单位骨板之间染料沉积较多呈梭形的结构是骨陷窝（bone lacuna，BL），骨陷

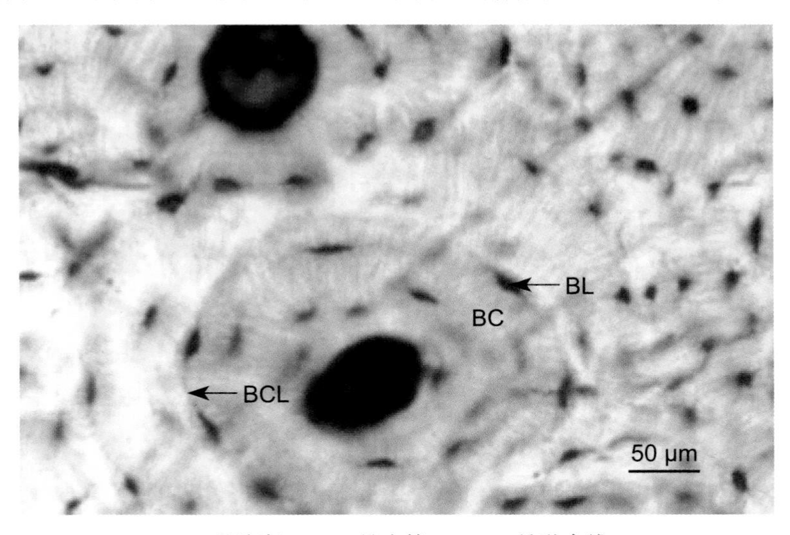

BL：骨陷窝；BC：骨小管；BCL：骨黏合线。

图 3–16　骨单位

窝向周边伸出骨小管（bone canaliculus，BC），骨单位最外侧有一条骨黏合线（bone cement line，BCL）。相邻骨板的形态不同，或宽或窄，或明或暗。

作业：（1）绘骨单位的局部。标注中央管、骨陷窝、骨小管。

（2）分析相邻骨板之间为什么会有不同的形态。

九、血液

（一）哺乳动物

标本　驴血涂片（图 3–17），代表成年哺乳动物的血液。

图 3–17　驴血涂片

肉眼及低倍镜观察　将血膜厚薄适当，无细胞重叠，血细胞分布均匀处置于视野中央。

高倍镜观察　如图 3–18 所示，辨认各种类型的血细胞。

1. 红细胞（red blood cell，RBC）　成熟的红细胞内无细胞核、细胞器，胞体呈双凹圆盘形。胞质内充满了血红蛋白，嗜酸性着色，中央染色较浅，周缘较深。

2. 中性粒细胞（neutrophilic granulocyte，NG）　白细胞中数量较多的一种，细胞呈球形。胞质着色浅淡，胞质内的颗粒细小，光镜下不明显。胞核深染，形态多样，多为杆状核或分叶核。

3. 嗜酸性粒细胞（eosinophilic granulocyte，EG）　细胞呈球形，胞体较大。胞质内充满粗大、均匀、呈橘红色并略带折光性的嗜酸性颗粒，胞核呈分叶状。

4. 嗜碱性粒细胞（basophilic granulocyte，BG）　数量最少，细胞呈球形。胞质内含有大小不等、分布不均、强嗜碱性着色的颗粒，覆盖在胞核上并将其掩盖，胞核呈分叶状、S 形或不规则形，着色较嗜碱性颗粒浅。因数量很少，血涂片中不易找到。

5. 淋巴细胞（lymphocyte，L）　白细胞中数量最多的细胞。胞体呈圆形或椭圆形、大小不等。胞核呈豆形，占细胞的大部分，一侧有小凹陷，染色质致密呈块状，胞质很少，染成蔚蓝色。

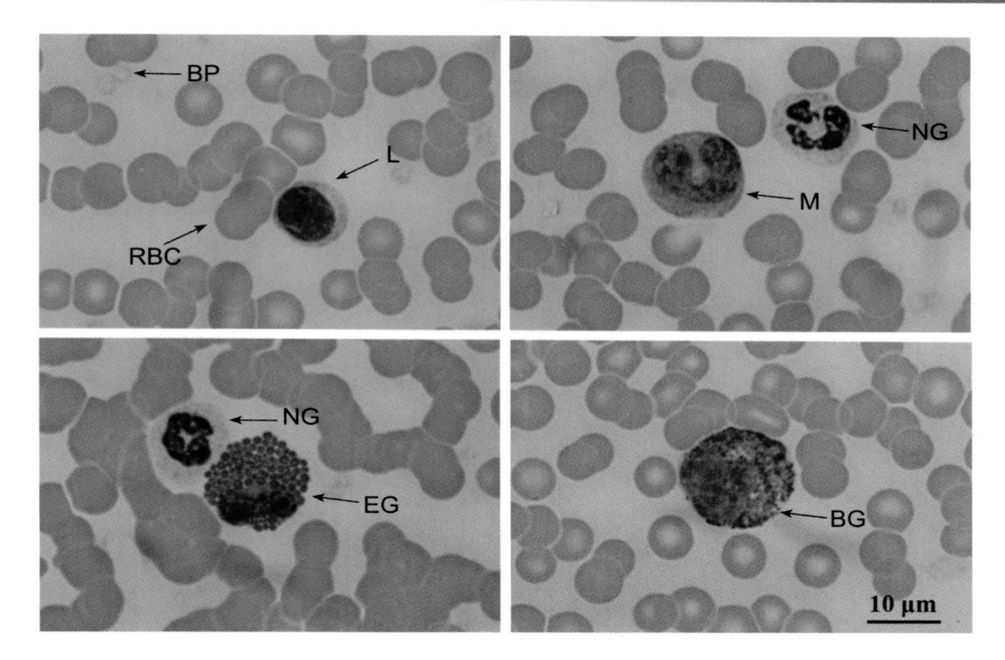

RBC：红细胞；NG：中性粒细胞；EG：嗜酸性粒细胞；BG：嗜碱性粒细胞；
L：淋巴细胞；M：单核细胞；BP：血小板。

图 3-18　驴血涂片（高倍）

6. 单核细胞（monocyte，M）　白细胞中体积最大的细胞。胞体呈圆形或椭圆形。胞核呈马蹄形，核常偏位，染色质着色较浅，胞质丰富，呈灰蓝色。

7. 血小板（blood platelet，BP）　骨髓中巨核细胞脱离下来的胞质小块，无细胞核，表面有完整的细胞膜。胞体很小，呈双凸扁盘状。中央部分有着蓝紫色的颗粒，周边部呈均质浅蓝色。血涂片中血小板常成簇成群分布。

观察时应注意，由于个体差异或制片原因，血涂片中的细胞不一定都与图谱中的典型细胞一致。辨认时应从细胞形态、数量、着色特征等多方面综合考虑。

（二）禽类

标本　鸡血涂片，代表禽类的血液。

显微镜观察　如图 3-19 所示，重点辨认禽类血细胞与成熟哺乳动物血细胞的区别。

1. 红细胞（red blood cell，RBC）　胞体呈椭圆形，有细胞核。

2. 中性粒细胞（neutrophilic granulocyte，NG）　胞质内的颗粒为粗大杆状，

呈红色，又称异嗜性粒细胞。

3. *凝血细胞*（thrombocyte，TC） 功能与哺乳动物的血小板相同，胞体呈椭圆形，比红细胞小，有核，胞质嗜碱性。

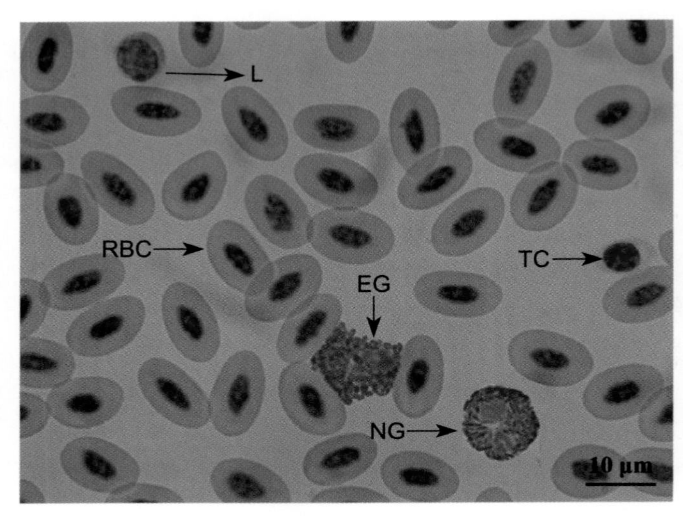

RBC：红细胞；EG：嗜酸性粒细胞；L：淋巴细胞；
NG：中性粒细胞（异嗜性粒细胞）；TC：凝血细胞。

图 3–19 鸡血涂片

作业：分别绘驴血涂片和鸡血涂片中各类血细胞，每种血细胞只绘 1 个。标注红细胞、中性粒细胞、嗜酸性粒细胞、嗜碱性粒细胞、淋巴细胞、单核细胞、血小板、凝血细胞。

第四章　肌组织

肌组织（muscular tissue）主要由肌细胞（muscle cell）构成，肌细胞间有少量结缔组织、血管、淋巴管及神经。肌细胞因呈细长纤细形，又称肌纤维（muscle fiber）。肌组织可分为骨骼肌（skeletal muscle）、心肌（cardiac muscle）和平滑肌（smooth muscle）3 种类型。

实验目的：掌握各类肌组织的形态结构。

实验内容：骨骼肌；心肌；平滑肌。

一、骨骼肌

（一）骨骼肌纵切

标本　骨骼肌纵切片（图 4–1）。

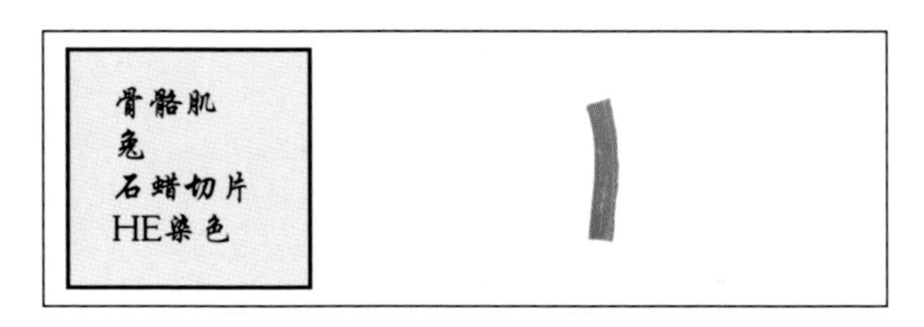

图 4–1　骨骼肌纵切片

肉眼及低倍镜观察　可见骨骼肌有明显的纵行纹理。

高倍镜观察　如图 4–2 所示，骨骼肌纤维有许多扁椭圆形的细胞核位于细胞周围近肌膜处。胞质中可见明暗相间的横纹。

油镜观察　如图 4–3 所示，明带（I band，I）中央深色的细线为 Z 线（Z line，Z），暗带（A band，A）中央一条较亮的窄带为 H 带（H band，H），H 带中央的 M 线（M line）通常不易分辨。

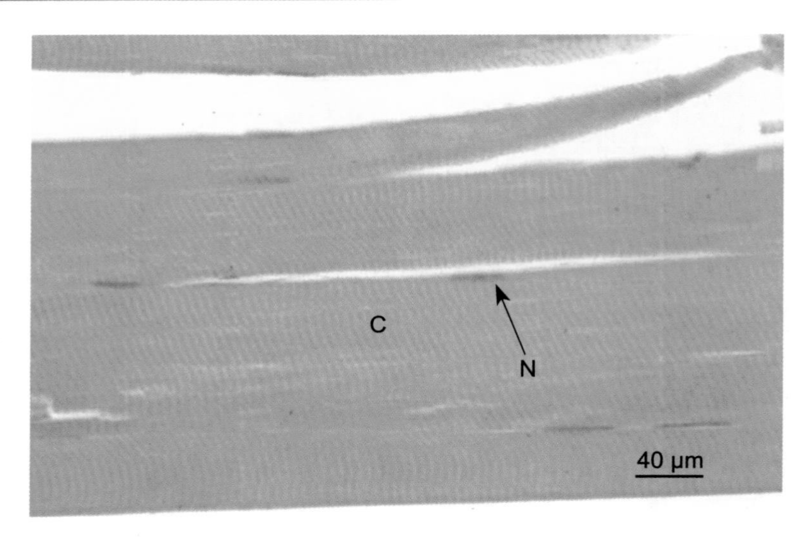

C：骨骼肌纤维；N：骨骼肌细胞核。

图 4-2　骨骼肌纵切（高倍）

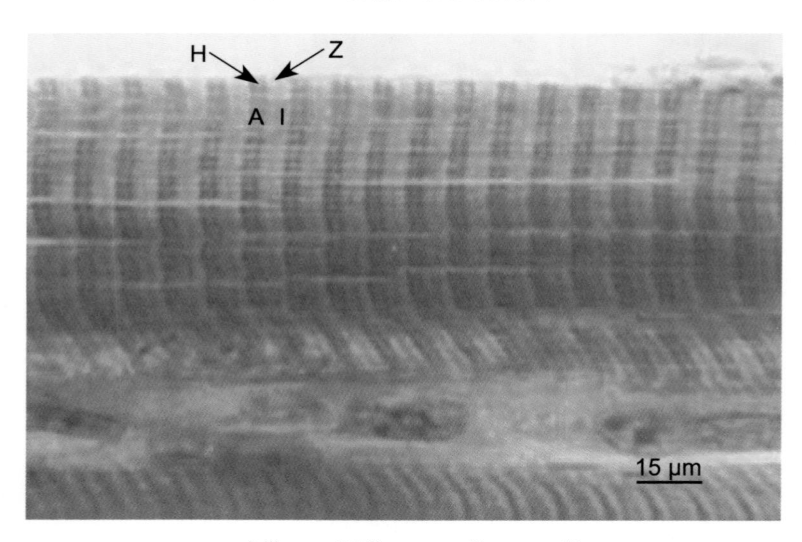

A：暗带；I：明带；H：H带；Z：Z线。

图 4-3　骨骼肌纵切（油镜）

（二）骨骼肌横切

显微镜观察　骨骼肌纤维集合成束，每条肌纤维由结缔组织构成的肌内膜（endomysium，EdM）包裹，每束肌纤维由结缔组织和血管构成的肌束膜（perimysium，PM）分隔，包在整块肌肉外面的结缔组织称为肌外膜（epimysium，

EpM），含营养血管和神经（图 4–4）。

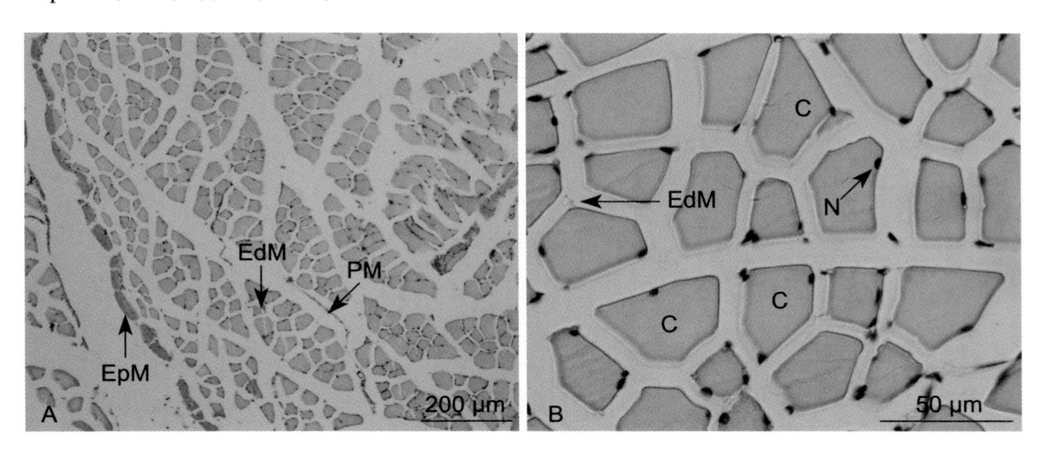

A. 低倍；B. 高倍
EpM：肌外膜；PM：肌束膜；EdM：肌内膜；
C：骨骼肌纤维；N：骨骼肌细胞核。

图 4–4　骨骼肌横切

作业：绘一条纵切的骨骼肌纤维局部。标注细胞核、明带、暗带。

二、心肌

标本　心壁（图 4–5），重点观察心肌。

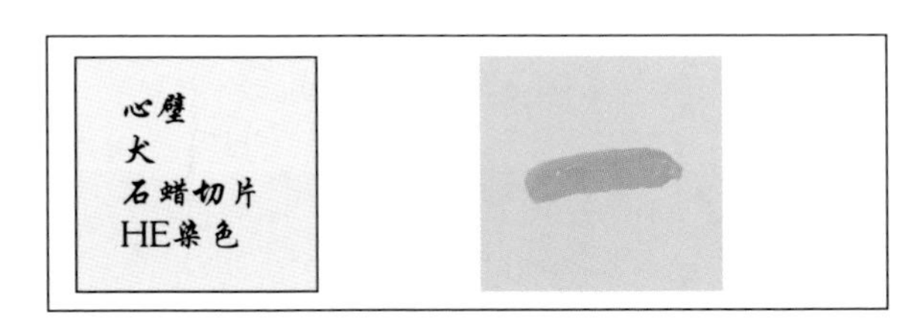

图 4–5　心壁

肉眼观察　如图 4–5 所示，心壁两侧分别是心内膜和心外膜，中间有明显纹理的部分是心肌膜。

低倍镜观察　在切片中可以同时观察到纵切、横切和斜切的心肌细胞（cardiac myocyte, CM），其又称心肌纤维。

高倍镜观察　如图 4–6 所示，纵切的心肌纤维呈短柱状，有分支，互联成网。心肌纤维彼此连接处深染的粗线为闰盘（intercalated disk，ID）。心肌纤维中央有 1~2 个卵圆形细胞核。心肌纤维也呈明暗相间的横纹，但横纹较细，不明显。横切的心肌纤维呈圆形，在肌纤维的周围有丰富的结缔组织和小血管。

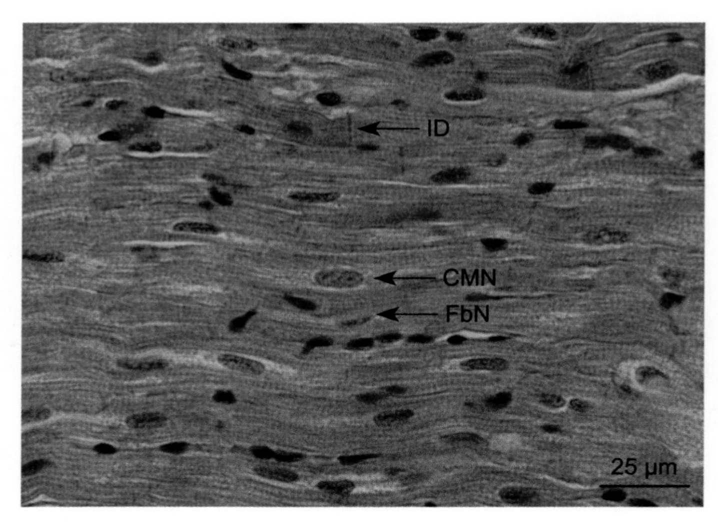

CMN：心肌细胞核；FbN：成纤维细胞核；ID：闰盘。

图 4–6　心肌

作业：（1）绘心肌的局部。标注心肌纤维、心肌细胞核、闰盘、结缔组织细 胞核、血管。

（2）比较心肌组织与骨骼肌组织结构的异同。

示教：心肌（苏木精染色）（图 4–7）

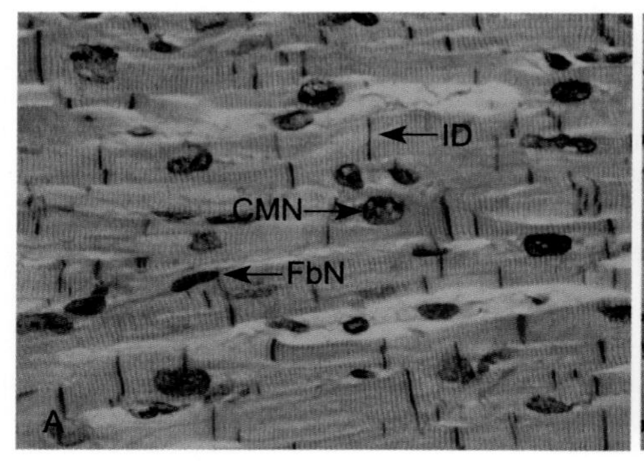

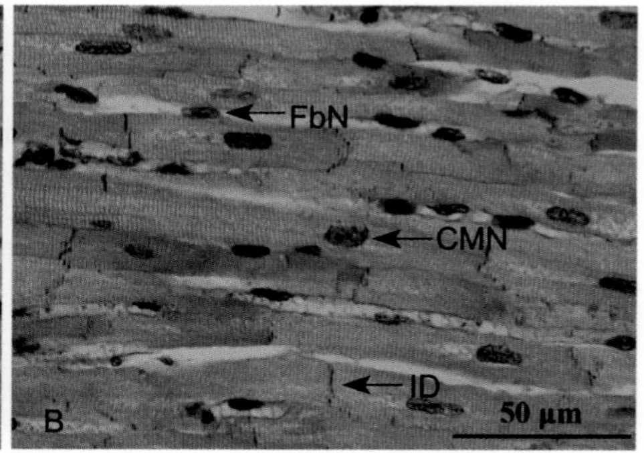

A. 人心肌，铁苏木精染色；B. 犬心肌，苏木精染色

CMN：心肌细胞核；FbN：成纤维细胞核；ID：闰盘。

图 4–7　心肌（示闰盘）

三、平滑肌

标本　十二指肠横切片（图 4–8），重点观察肌层。

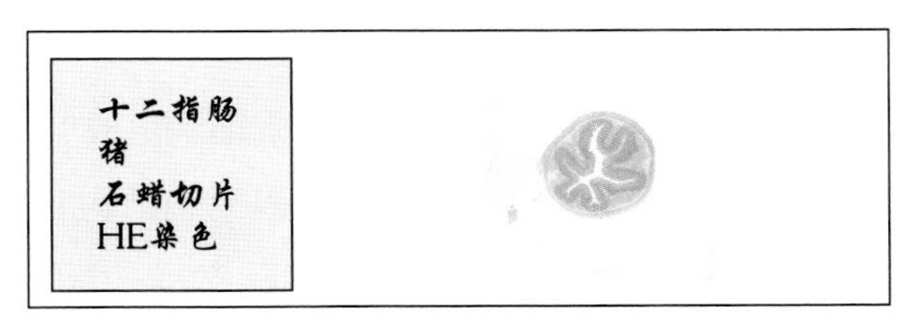

图 4–8　十二指肠横切片

肉眼观察　肠管中空的部分是肠腔。自肠腔由内向外，管壁最内层呈蓝色的是黏膜，黏膜外呈淡红色的是黏膜下层，黏膜下层外呈深红色的是肌层，肌层外薄层淡红色的组织是浆膜。本实验观察的是肌层。

低倍镜观察　肌层由内环行和外纵行的平滑肌纤维组成，两层平滑肌之间常有少量结缔组织（connective tissue, CT）和小血管作为分界。

高倍镜观察　如图 4–9 所示，环肌层（circular layer，CL）肌纤维被纵切，呈长梭形彼此交错排列成环形。纵肌层（longitudinal muscle，LM）肌纤维被横切，由于纵行的平滑肌纤维也是交错排列的，所以肠管横切面上的纵行肌纤维有不同的切面，过细胞中部的横切面较大，有核，偏离细胞中部的切面较小，无核。

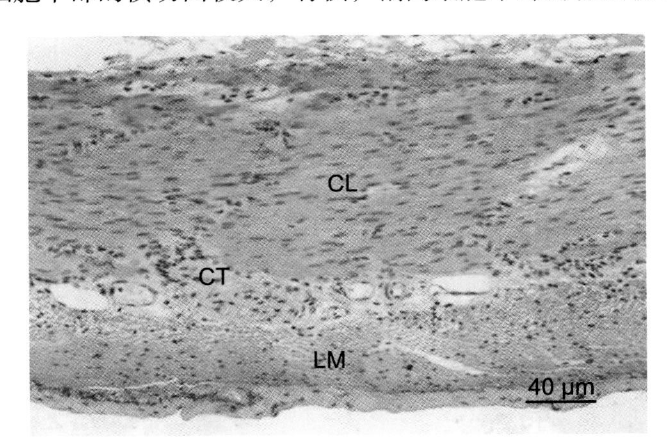

CL：环肌层；LM：纵肌层；CT：结缔组织。

图 4–9　平滑肌（十二指肠）

作业：绘一部分纵切的平滑肌纤维。标注平滑肌纤维、肌细胞核。

第五章　神经组织

神经组织（nervous tissue）由神经元和神经胶质细胞组成。神经元（neuron）具有接受刺激、整合信息和传导冲动的功能，是神经系统结构和功能的基本单位。神经胶质细胞（neuroglia cell）对神经元传导功能起支持、营养、保护、绝缘和修复等作用。

> 实验目的：掌握神经组织的形态结构。
> 实验内容：神经元；有髓神经纤维；神经末梢。

一、神经元

标本　脊髓横切片（图 5–1），重点观察腹角中运动神经元的形态结构。

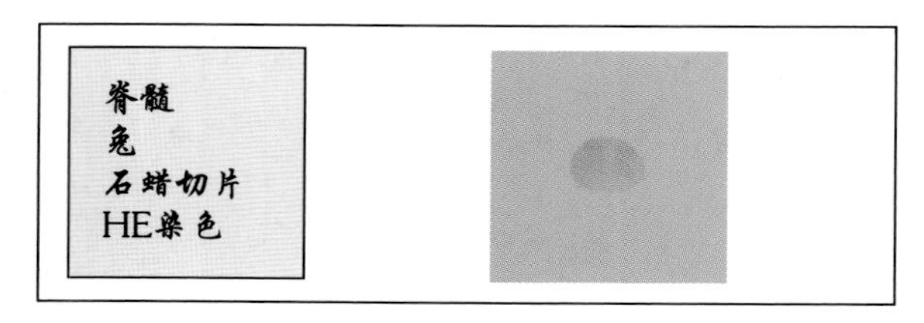

图 5–1　脊髓横切片

肉眼观察　区分脊髓中央蝴蝶形的灰质和周围的白质。

低倍镜观察　将脊髓腹角置于视野中央。

高倍镜观察　如图 5–2 所示，运动神经元的胞体较大，有多个突起，核大而圆，染色较淡，核仁染色较深。胞质内有许多蓝染的斑块，称尼氏体（Nissl body，NB）。突起分树突（dendron，D）和轴突（axon，A）。每个神经元只有一个轴突，因此在切片中不易看到。胞体发出轴突的部位常呈圆锥形，称轴丘（axon hillock，AH），此区无尼氏体，染色较淡。在切片中还可见许多细胞核，这些多是神经胶质细胞的细胞核。

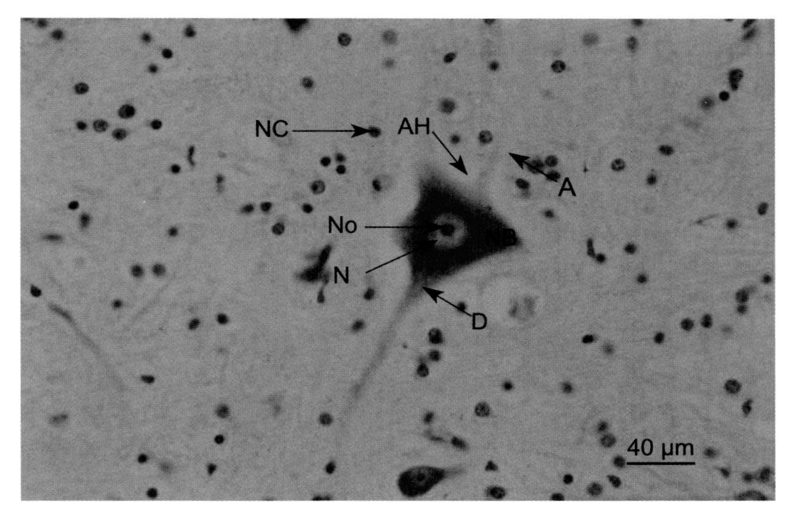

N：神经细胞核；No：神经元核仁；NB：尼氏体；D：树突；A：轴突；AH：轴丘；NC：神经胶质细胞核。

图 5-2　运动神经元（脊髓腹角）

作业：绘一个运动神经元。标注胞体、细胞核、核仁、尼氏体、树突、轴突、轴丘。

示教：神经原纤维

如图 5-3 所示，神经元胞体和突起内均有棕黑色的细丝，即神经原纤维（neurofibril，Nf），它们在胞体内交错排列成网，在突起内平行排列。若切片浸银适当，还可见胞体或树突上有许多黑色的小圈状和扣状结构，即为形成突触的部位（图 5-4）。

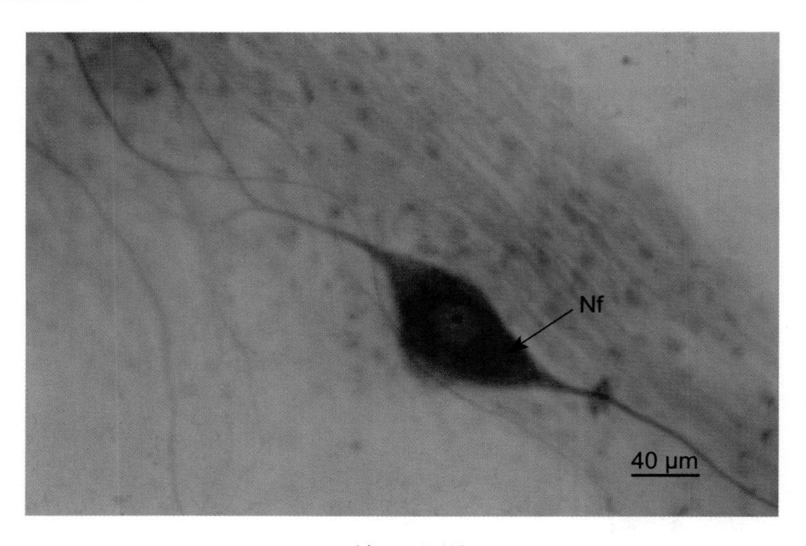

Nf：神经原纤维。

图 5-3　神经原纤维（银染）

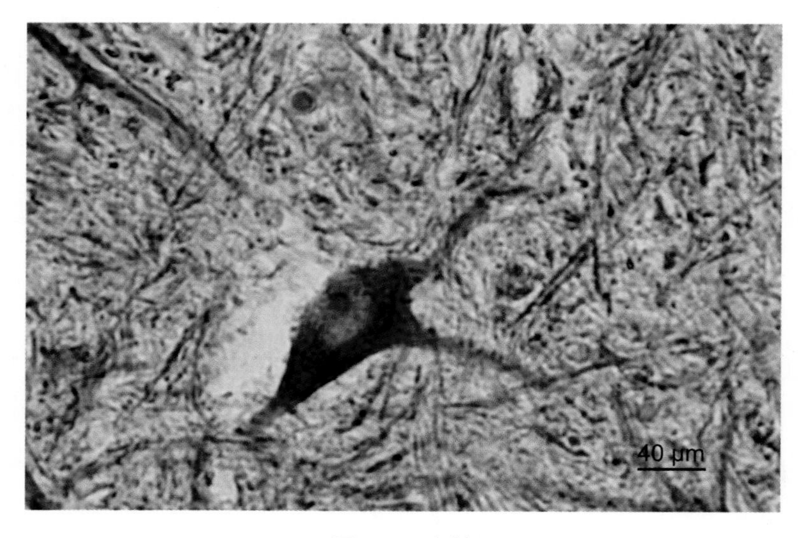

图 5-4　突触

示教：突触的超微结构

如图 5-5 箭头所示，化学突触由突触前膜（presynaptic membrane）、突触后膜（postsynaptic membrane）、突触间隙（synaptic cleft）和突触小泡（synaptic vesicle）构成。

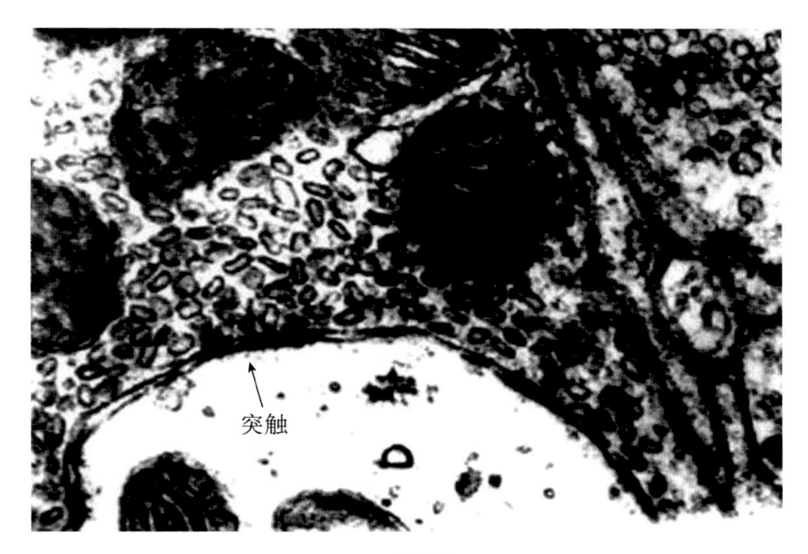

图 5-5　突触的超微结构

二、有髓神经纤维

（一）有髓神经纤维纵切

标本　坐骨神经纵切片（图 5-6）。

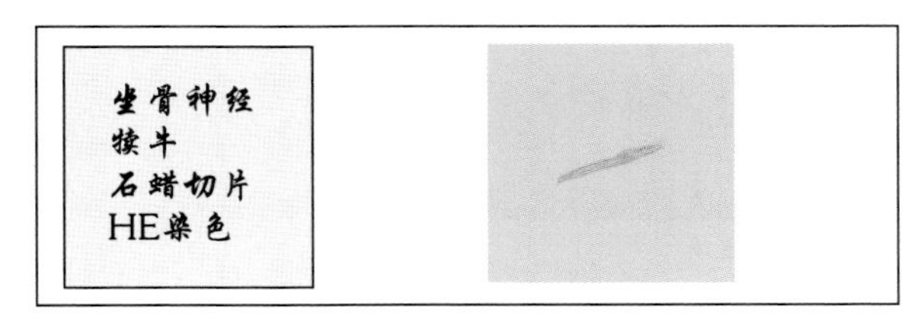

图 5-6　坐骨神经纵切片

低倍镜观察　神经纤维彼此较紧密地平行排列。

高倍镜观察　如图 5-7 所示，神经纤维的中央为轴索（neurite，N），呈紫红色，轴索外包髓鞘（myelin sheath，MS），在 HE 染色切片上呈空泡细丝状。髓鞘由神经膜细胞（neurolemmal cell）节段性包绕轴索而成，每一节有一个神经膜细胞，相邻节段间有一无髓鞘的狭窄处，称为神经纤维结（node of nerve fiber，NNF）或郎飞结（node of Ranvier）。神经膜细胞核呈扁椭圆形位于髓鞘边缘。在神经纤维之间有少量结缔组织和成纤维细胞。

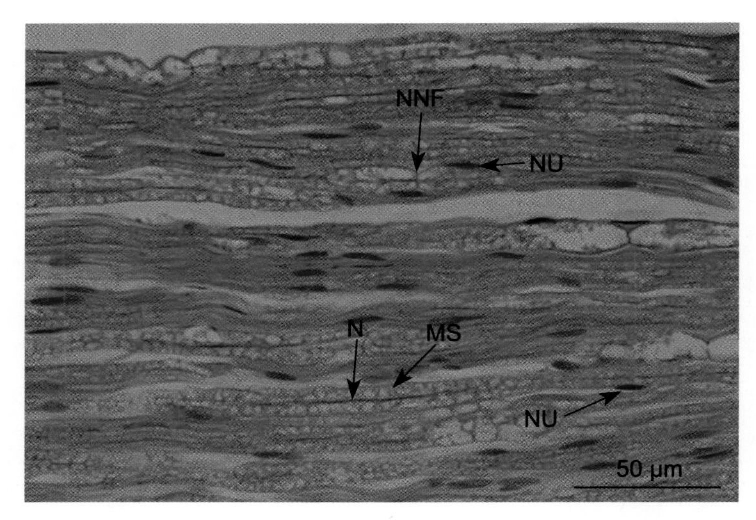

N：轴索；MS：髓鞘；NU：神经膜细胞核；NNF：神经纤维结。

图 5–7　有髓神经纤维纵切

作业：绘一根纵切的有髓神经纤维的局部。标注轴索、髓鞘、神经膜细胞核、郎飞结。

（二）有髓神经纤维横切和神经干

标本　坐骨神经横切片（图 5–8）。

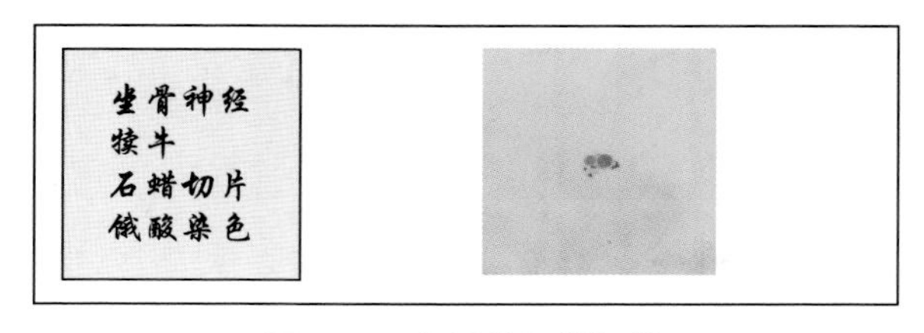

图 5–8　坐骨神经横切片

肉眼观察　如图 5–8 所示，坐骨神经横切面呈椭圆形或不规则形。

显微镜观察　如图 5–9 所示，在着色浅的背景上有许多大小不一的黑色小圈是神经纤维髓鞘的横切面。每根神经纤维的外表面均有神经内膜（endoneurium，EdN）包裹，神经纤维集合在一起形成神经纤维束，在神经纤维束的外表面有神经束膜（perineurium，PN）包裹，若干条神经纤维束聚集构成神经干，神经干外表面被覆致密的结缔组织膜，称神经外膜（epineurium，EpN），神经外膜的结缔组织中可见小血管、淋巴管、脂肪组织等。

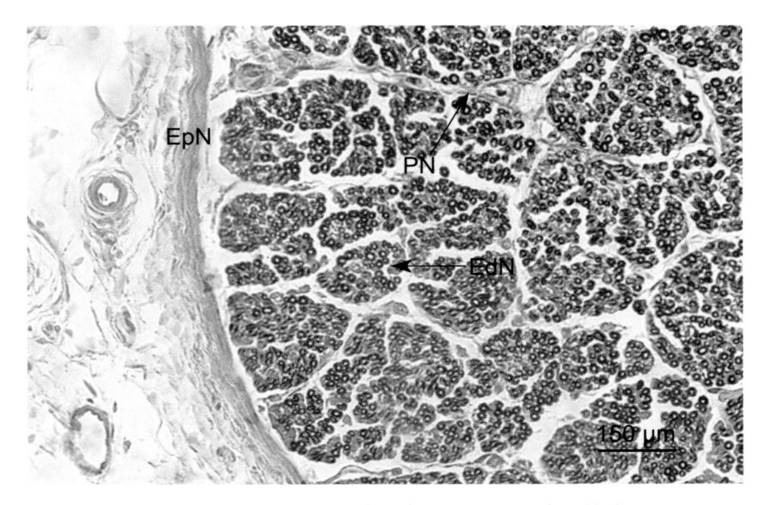

EdN：神经内膜；PN：神经束膜；EpN：神经外膜。

图 5-9　神经干横切

三、神经末梢

（一）游离神经末梢

标本　犬趾垫皮肤切片（亚甲基蓝染色）。

显微镜观察　如图 5-10 所示，感觉神经末梢在皮肤内失去髓鞘，游离于表皮和真皮内，形成游离神经末梢（free nerve ending，FNE）。

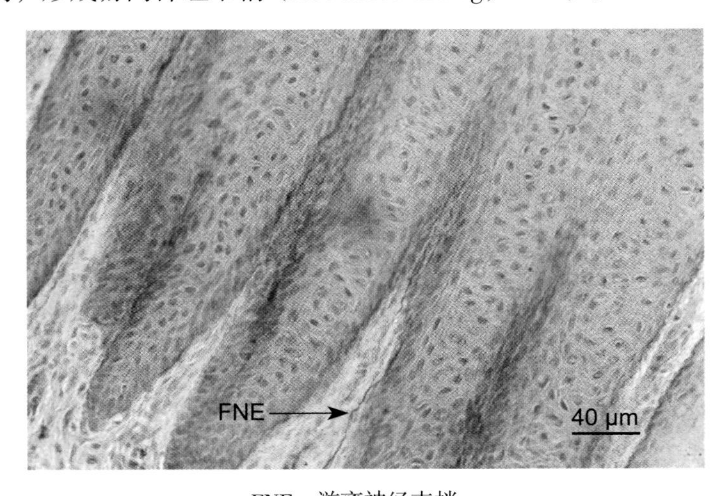

FNE：游离神经末梢。

图 5-10　游离神经末梢

（二）环层小体

标本　猫肠系膜环层小体整装片。

肉眼观察　环层小体为直径 1~4 mm 的椭圆形小体。

显微镜观察　如图 5–11 所示，无髓神经纤维伸入环层小体中央，环层小体末端略膨大，外包被囊。被囊由多层同心环板构成，每层环板均由少量的结缔组织纤维和一层扁平细胞组成。环层小体一端可见有髓神经纤维。

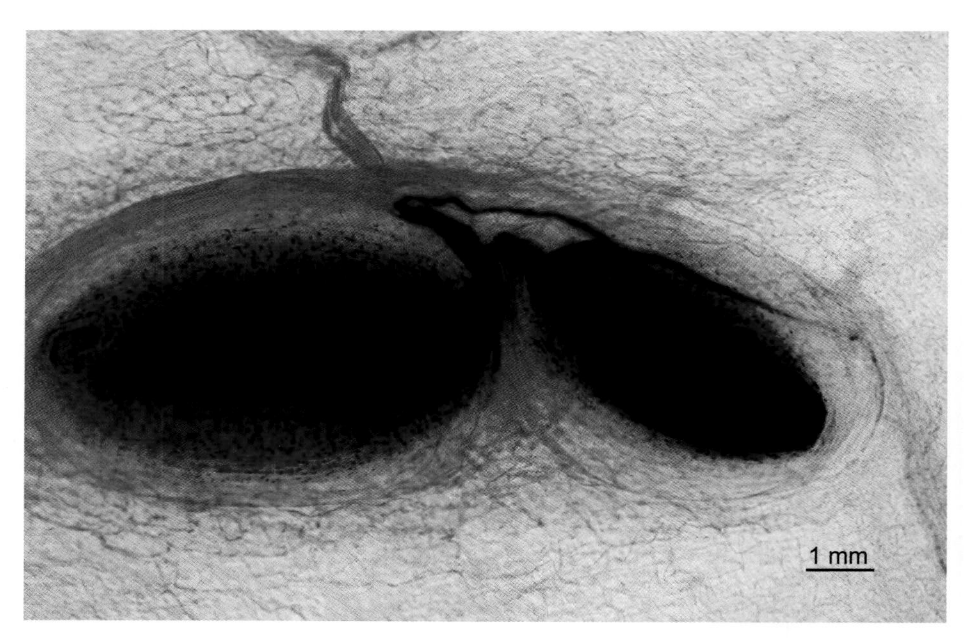

图 5–11　环层小体

（三）运动终板

标本　猪肋间肌挤压装片（氯化金镀染）。

显微镜观察　如图 5–12 所示，骨骼肌纤维(skeletal muscle fiber，SMF)呈红色，平行排列成束，其间分布深染的有髓神经纤维（ myelinated nerve fiber，MNF ）。神经纤维末端分支，形成葡萄状终末，并与骨骼肌纤维建立突触连接，呈板状隆起，即为运动终板（ motor end plate，MEP ）。

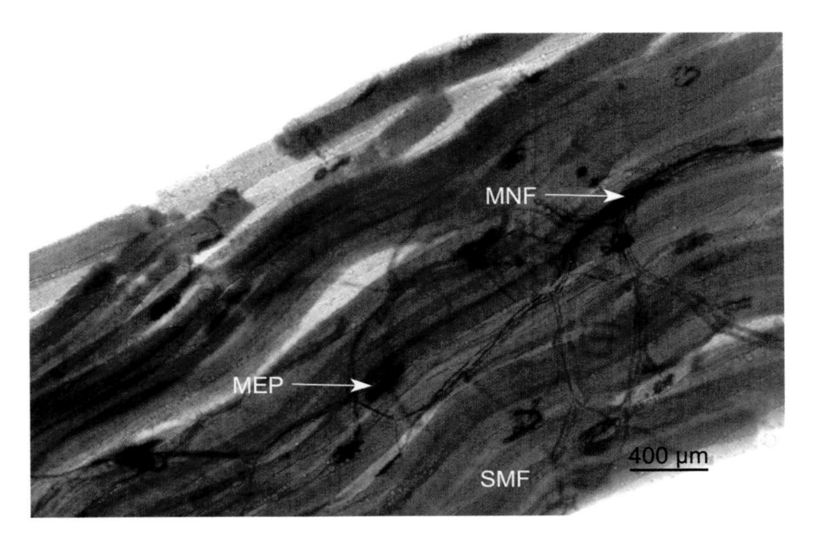

SMF：骨骼肌纤维；MNF：有髓神经纤维；MEP：运动终板。

图 5–12 运动终板

第六章　神经系统

神经系统（nervous system）主要由神经组织构成，分为中枢神经系统和周围神经系统。中枢神经系统包括脑和脊髓；周围神经系统包括脑神经节和脑神经，脊神经节和脊神经，植物性神经节和植物性神经。

实验目的：掌握神经系统的形态结构。

实验内容：脊髓；小脑；大脑；脑干核团；神经节。

一、脊髓

标本　脊髓横切片（图 6–1）。

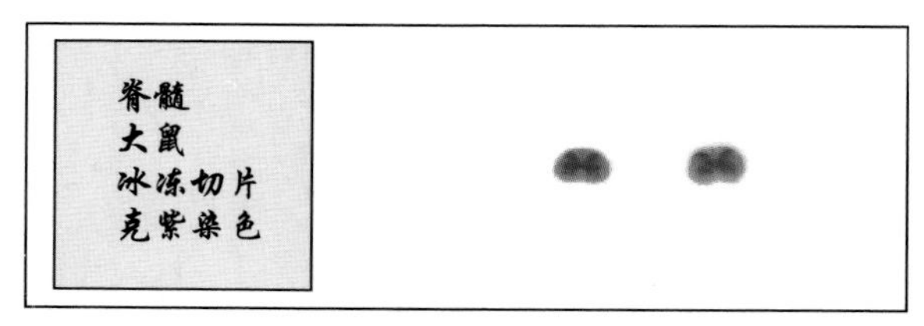

图 6–1　脊髓横切片

肉眼观察　如图 6–1 所示，脊髓（spinal cord）横截面略呈扁圆形，外包结缔组织软膜。背正中隔和腹正中裂将脊髓分为左、右两部分。脊髓中央呈蝴蝶形的结构为灰质（gray matter，GM），周围是白质（white matter，WM）。

低倍镜观察　如图 6–2 所示，重点观察灰质和白质的组织结构。

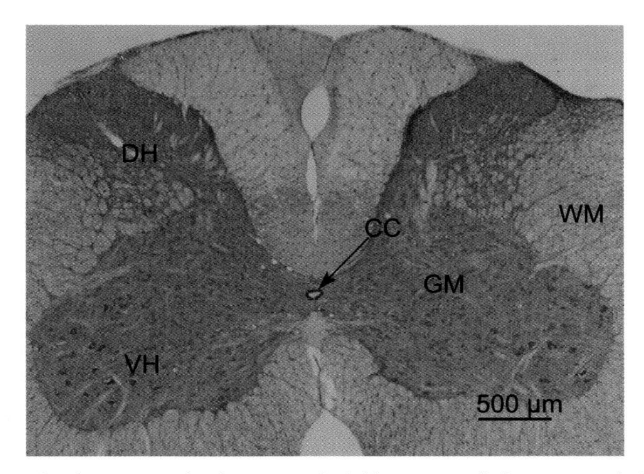

GM：灰质；WM：白质；CC：中央管；DH：背角；VH：腹角。

图 6–2　脊髓横切

1. *灰质*　主要由神经元胞体、树突、轴突近胞体部及神经胶质细胞和无髓神经纤维组成。灰质中央为中央管（central canal，CC），管腔内表面为室管膜上皮。两翼背侧窄小处为背角（dorsal horn，DH），神经元胞体较小，类型复杂，多为中间神经元。两翼腹侧宽大处为腹角 (ventral horn，VH)，神经元胞体大小不等，主要为运动神经元。背角与腹角之间突向白质的部分为侧角 (lateral horn)，主要见于胸、腰、荐段脊髓。侧角内有植物性神经的节前神经元，胞体小，亦为多极神经元。

2. *白质*　主要由神经纤维构成，其间可见少量神经胶质细胞核。

高倍镜观察　如图 6–3 所示，脊髓灰质的神经元多为多极神经元（multipolar neuron，MpN），胞质内含尼氏体而呈嗜碱性着色。神经元之间还可见神经胶质细胞核及血管等。

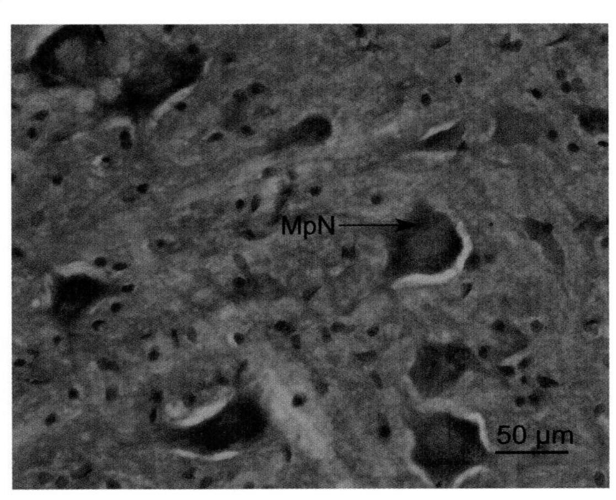

MpN：多极神经元。

图 6–3　脊髓灰质

作业：绘低倍镜下脊髓横截面组织结构的轮廓。标注白质、灰质、背角、腹角、中央管、神经元。

二、小脑

标本　小脑切片（图 6–4），重点观察小脑皮质各层的形态结构。

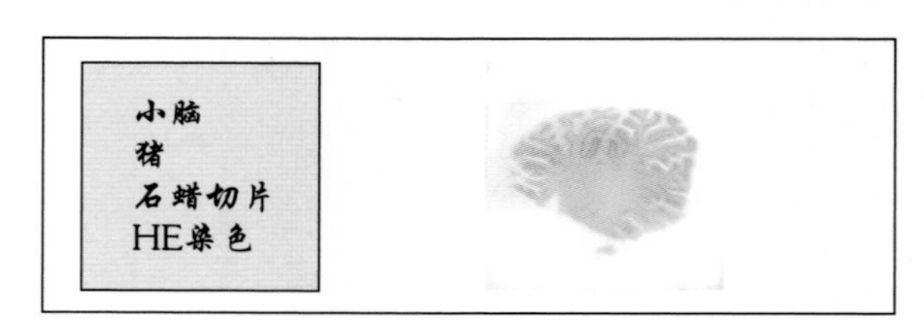

图 6–4　小脑切片

肉眼观察　如图 6–4 所示，小脑表层的裂隙为小脑沟，小脑沟间的隆起为小脑回。

低倍镜观察　如图 6–5 所示，小脑外覆软膜（piamater，Pm），周边是皮质（cortex，C）（灰质），中央是髓质（medulla，M）（白质）。切片中染色较深的部分为小脑皮质的颗粒层，颗粒层外侧染色较浅的部分为分子层，内侧染色较浅的部分为小脑髓质。

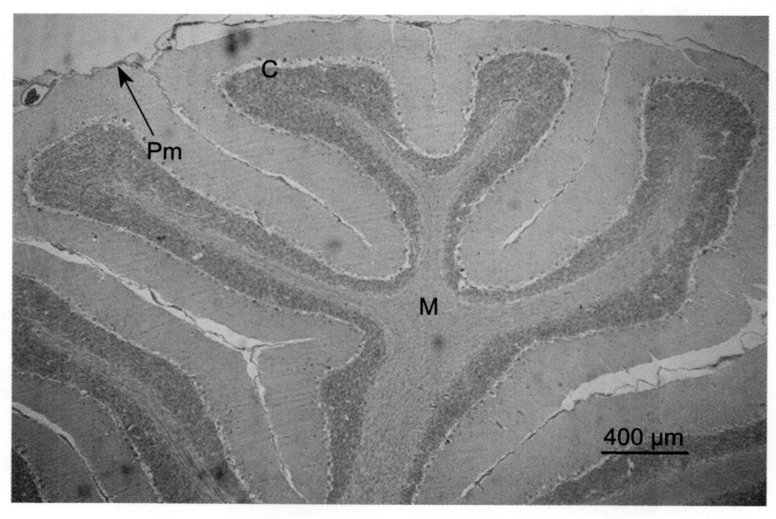

Pm：软膜；C：皮质；M：髓质。

图 6–5　小脑

高倍镜观察　重点观察小脑皮质的分层结构。如图 6-6 所示，小脑皮质由表及里呈现明显的 3 层结构：

1. 分子层（molecular layer，ML）　位于皮质的最表层，较厚，含大量神经纤维，神经元少而分散，嗜酸性浅染。浅层的细胞只能看到核，为星形细胞（stellate cell，SC）。深层的细胞可看到少量胞质，为篮状细胞（basket cell，BC）。

2. 浦肯野氏细胞层（Purkinje cell layer，PL）　位于分子层的深层，由胞体呈梨形的浦肯野氏细胞（Purkinje cell，PC）胞体单层规则排列而成。浦肯野氏细胞是小脑皮质中最大的神经元。

3. 颗粒层（granular layer，GL）　位于皮质的最深层，由大量密集排列的颗粒细胞（granular cell）和一些高尔基细胞（golgi cell）构成。

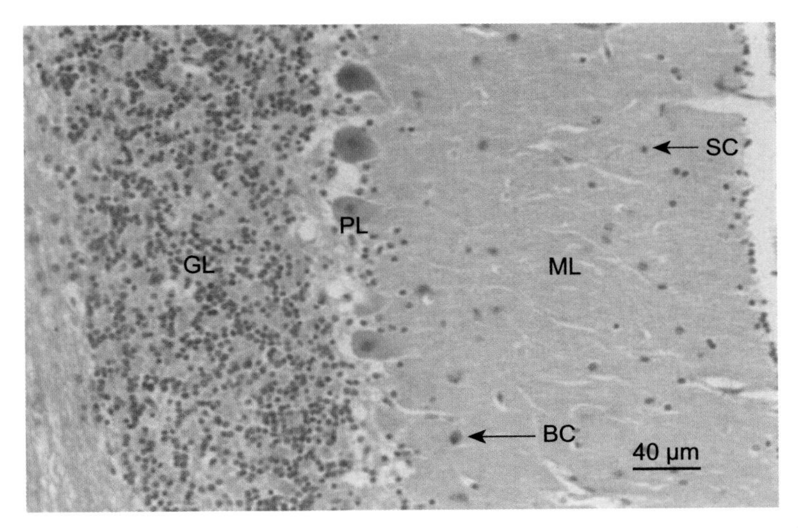

ML：分子层；PL：浦肯野氏细胞层；GL：颗粒层；SC：星形细胞；BC：篮状细胞。

图 6-6　小脑皮质

作业：绘低倍镜下小脑皮质的局部。标注分子层、浦肯野氏细胞层、颗粒层。

示教：小脑银染

如图 6-7 所示，银染可显示小脑神经元的突起及其间的联系。低倍镜下观察，皮质内的浦肯野氏细胞最为明显，胞体呈梨形，顶部向分子层发出 2~3 条主树突，主树突反复分支形成宽大的扇形。分子层浅层的星形细胞体积小，有数条短突起；分子层深层的篮状细胞突起较长，与小脑表面呈平行延伸，并与浦肯野氏细胞发生联系。髓质内可见星形胶质细胞和神经纤维。

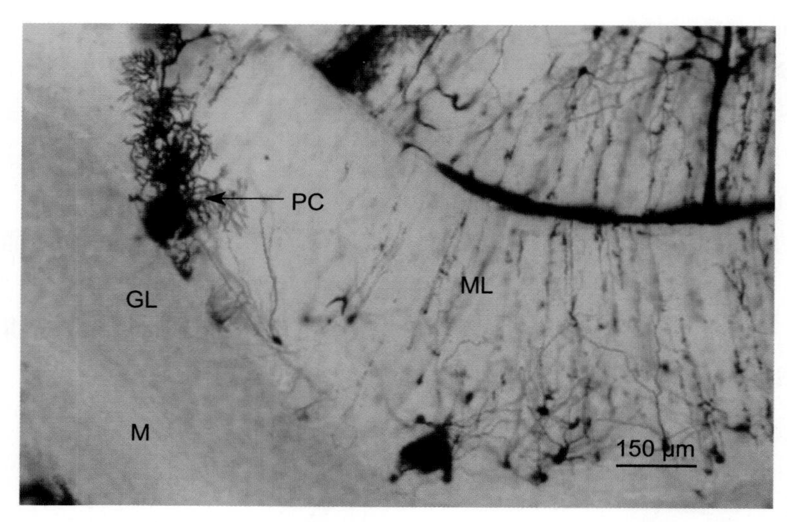

ML：分子层；PC：浦肯野氏细胞；GL：颗粒层；M：髓质。

图 6–7　小脑（银染）

三、大脑

标本　大脑切片（图 6–8），重点观察大脑皮质各层的形态结构。

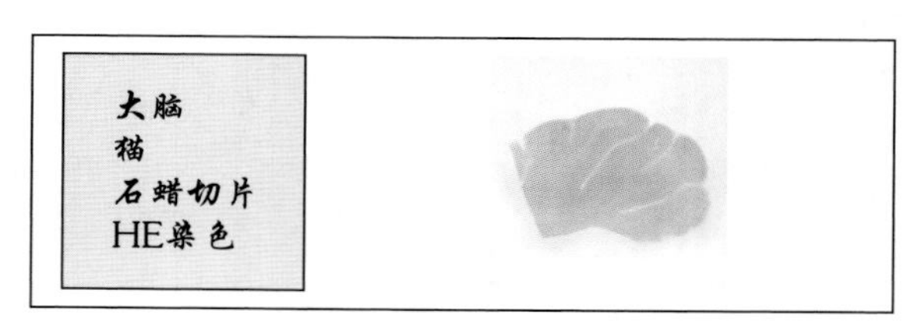

图 6–8　大脑切片

肉眼观察　大脑表面的裂隙为脑沟，其间的隆起为脑回。大脑外周为皮质，中央为髓质。

低倍镜观察　如图 6–9 所示，大脑皮质由表及里分为 6 层：

1. 分子层（molecular layer，ML）　位于皮质的最浅层。神经元较少，神经纤维较多，着色很浅。

2. 外颗粒层（external granular layer，EGL）　由许多星形细胞和少量小锥体细胞构成。细胞小而密集，染色较深。

3. 外锥体细胞层（external pyramidal layer，EPL）　细胞排列较外颗粒层稀疏。浅层为小型锥体细胞，深层为中型锥体细胞。

4. 内颗粒层（internal granular layer，IGL）　细胞密集，多数是星形细胞。

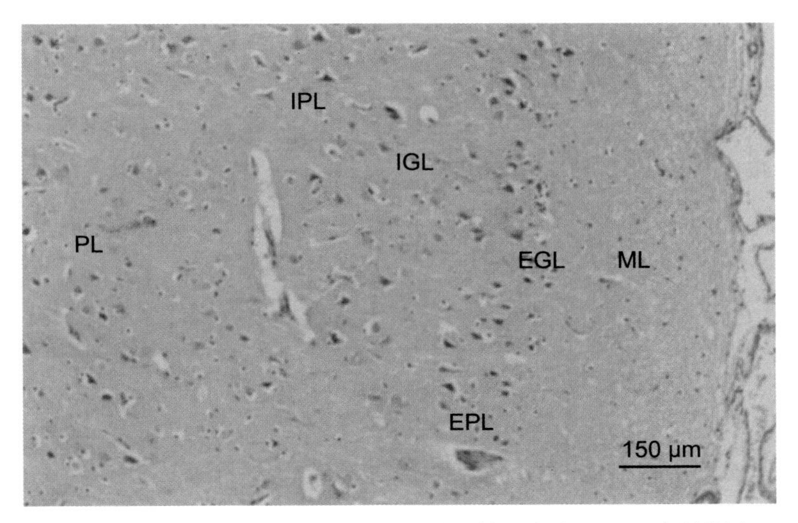

ML：分子层；EGL：外颗粒层；EPL：外锥体细胞层；IGL：内颗粒层；IPL：内锥体细胞层；PL：多形细胞层。

图 6–9　大脑皮质

5. 内锥体细胞层（internal pyramidal layer，IPL）　神经元较少，含大、中型锥体细胞，且以大锥体细胞为主。

6. 多形细胞层（polymorphic layer，PL）　位于皮质的最深层，紧靠髓质。细胞排列疏松，形态多样，有梭形、星形、卵圆形等。

作业：绘低倍镜下大脑皮质的局部。标注分子层、外颗粒层、外锥体细胞层、内颗粒层、内锥体细胞层、多形细胞层。

示教：大脑银染

如图 6–10 所示，银染可显示大脑皮质中锥体细胞的突起。锥体细胞胞体呈三角形，主树突由胞体顶端伸向分子层，胞体底端伸出一个细长而光滑的轴突。

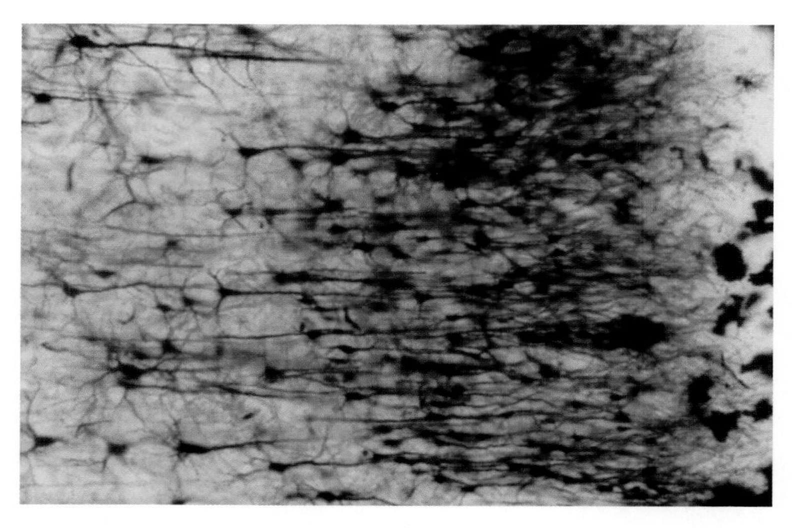

图 6-10　大脑皮质（银染）

示教：大脑皮质兴奋性神经元

如图 6-11 所示，原位杂交组织化学染色法显示大脑皮质中谷氨酸能神经元的胞体。谷氨酸是皮质主要的兴奋性神经递质，而囊泡谷氨酸转运体（vesicular glutamate transporters, VGLUTs）能特异地装载谷氨酸进入突触囊泡并促进谷氨酸释放进入突触间隙。VGLUTs 有 3 个成员，其中 VGLUT1 被广泛用于皮质谷氨酸能神经元高度特异性的标志物。图 6-11 用原位杂交显示 VGLUT1 mRNA 的表达，

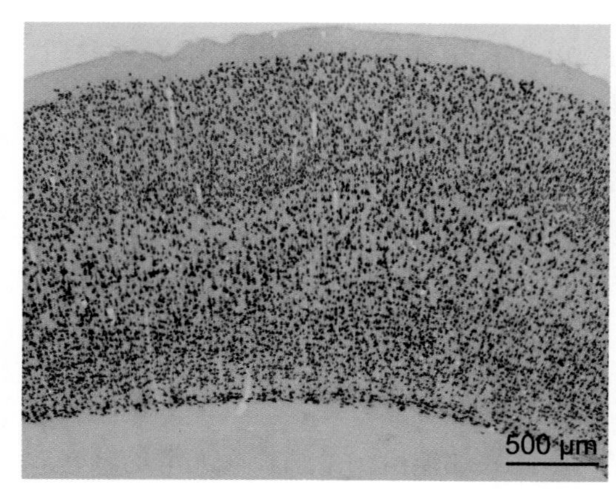

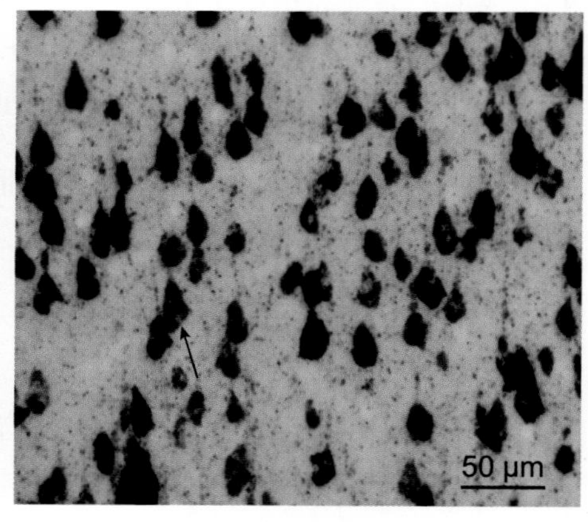

VGLUT1：囊泡谷氨酸转运体-1阳性神经元；右图为高倍镜观察。

图 6-11　大脑皮质兴奋性神经元（大鼠，原位杂交术）

用以指示大脑组织中谷氨酸能兴奋性神经元的分布，除分子层外，皮质各层均有VGLUT1 mRNA 阳性神经元的分布。

四、脑干核团

如图 6-12 所示，Nissl 染色法（克紫染色）显示下丘脑室旁核的细胞构筑。室旁核（paraventricular nucleus, PVN）是下丘脑内一个十分重要的核团。室旁核位于第三脑室（3rd ventricle，3V）两侧，呈翼形对称分布，主要由外侧的大细胞部和内侧的小细胞部及室周区组成。大细胞部染色较深，而小细胞部和室周区染色较浅。

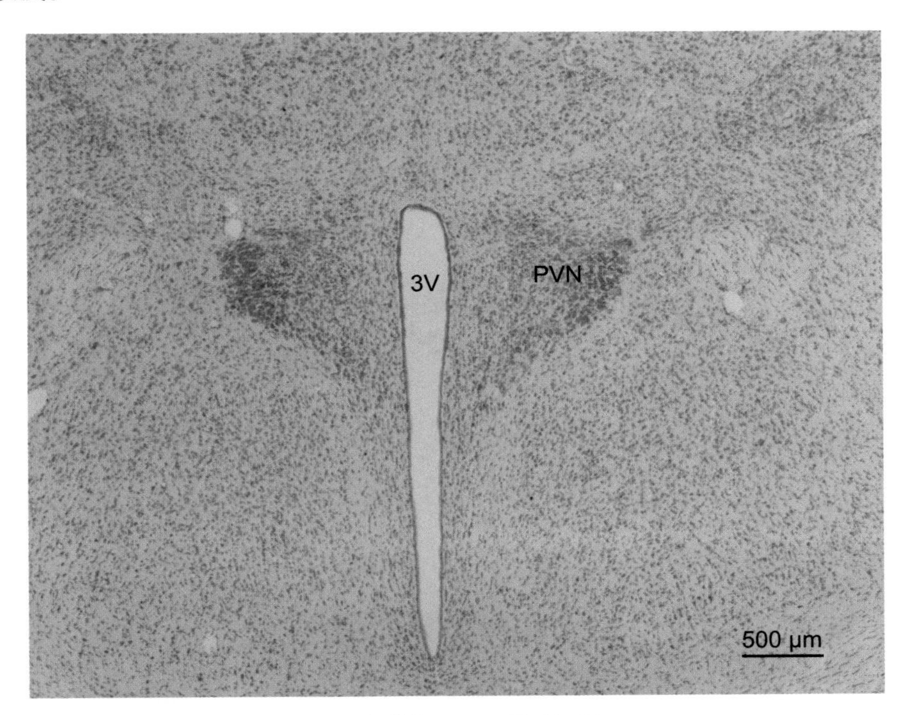

PVN：室旁核；3V：第三脑室。

图 6-12　下丘脑室旁核

五、神经节

主要观察脊神经节（spinal ganglion）的结构（图 6-13）。交感神经节 (sympathetic ganglion) 的结构通过示范与脊神经节比较来认识其特点。

图 6-13　脊神经节切片

低倍镜观察　脊神经节最外层嗜酸性浅染的结构为结缔组织被膜。神经节内可见许多大而圆的神经节细胞（gangliocyte）胞体。

高倍镜观察　如图 6-14 所示，神经元胞体呈圆形或卵圆形，大小不等，胞质呈嗜酸性着色，尼氏体细小分散；胞核大而圆，位于胞体中央，核仁明显。脊神经节的神经元为假单极神经元（pseudounipolar neuron，PN），但切片上不易看到神经元胞体发出的轴突和树突。神经元胞体周围排列着一层扁平的卫星细胞（satellite cells，SC）。在神经节内还有自被膜伸入的结缔组织和成束的神经纤维。脊神经节内的神经纤维多为有髓神经纤维。

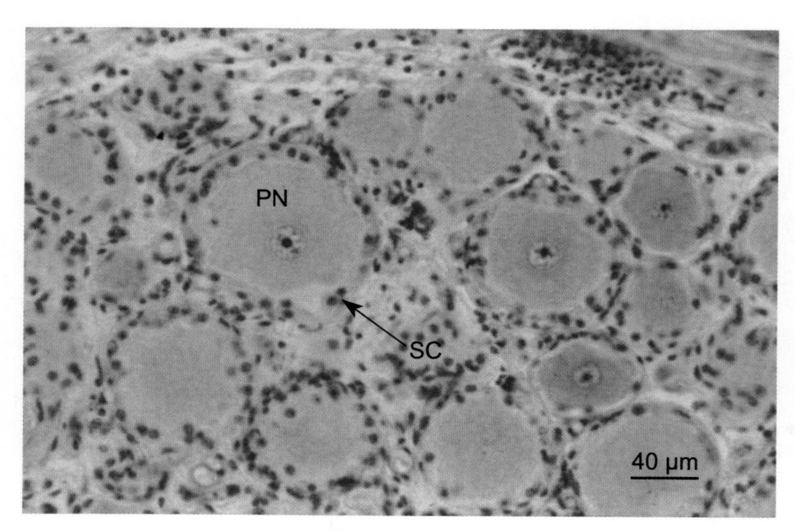

PN：假单极神经元；SC：卫星细胞。

图 6-14　脊神经节

作业：绘高倍镜下脊神经节的局部。标注被膜、神经节细胞、卫星细胞、有髓神经纤维。

示教：交感神经节

如图6–15所示，交感神经节的结构与脊神经节相似，但神经元的分布较分散，属多极神经元（multipolar neuron，MN），神经元胞核大而圆，多偏于胞体一侧，有时可见双核。此外，有些神经元胞体周围的卫星细胞和结缔组织包被不明显或缺失。

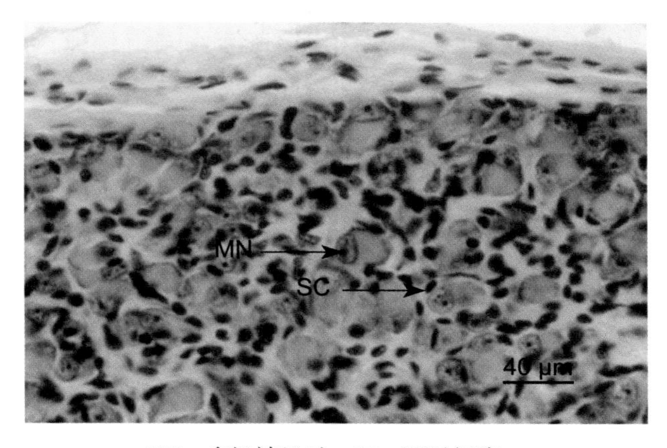

MN：多极神经元；SC：卫星细胞。

图6–15　交感神经节（铁苏木精染色）

第七章　循环系统

循环系统（circulatory system）是连续而封闭的管道系统，包括心血管系统和淋巴管系统。心血管系统由心脏、动脉、毛细血管和静脉组成；淋巴管系统由毛细淋巴管、淋巴管、淋巴干和淋巴导管组成。

实验目的：掌握心血管系统的组织结构。

实验内容：心脏；中型动脉与中型静脉；毛细血管。

一、心脏

标本　心壁切片（图 7–1）。

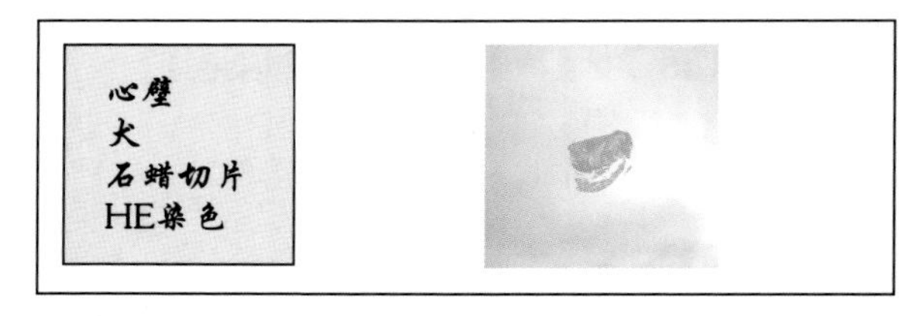

图 7–1　心壁切片

低倍镜观察　心壁的内外表面分别为较薄的心内膜和心外膜，中间为较厚的心肌膜。

高倍镜观察

1. 心内膜（endocardium）　如图 7–2 所示，心内膜由表及里分为 3 层结构。

内皮（endothelium，E）：单层扁平上皮，内皮细胞核所在部位略隆起，其余部分很薄。

内皮下层（subendothelial layer，SL）：较致密的薄层结缔组织，含少量平滑肌。

心内膜下层（subendocardial layer）：疏松结缔组织，内含许多横切或纵切的浦肯野纤维（purkinje fiber，PF）。浦肯野纤维所含肌原纤维少且分布多靠近肌膜，故染色较淡。浦肯野纤维是区分心内膜与心外膜的重要标志。

2. 心肌膜（myocardium，Mc） 如图 7–2 所示，心肌膜主要由心肌纤维构成。心肌纤维的排列方向不同，故可看到不同的切面。心肌纤维多集合成束，肌束之间、心肌纤维之间有数量不等的结缔组织和极丰富的毛细血管。

3. 心外膜（epicardium，Ec） 如图 7–3 所示，心外膜由薄层疏松结缔组织

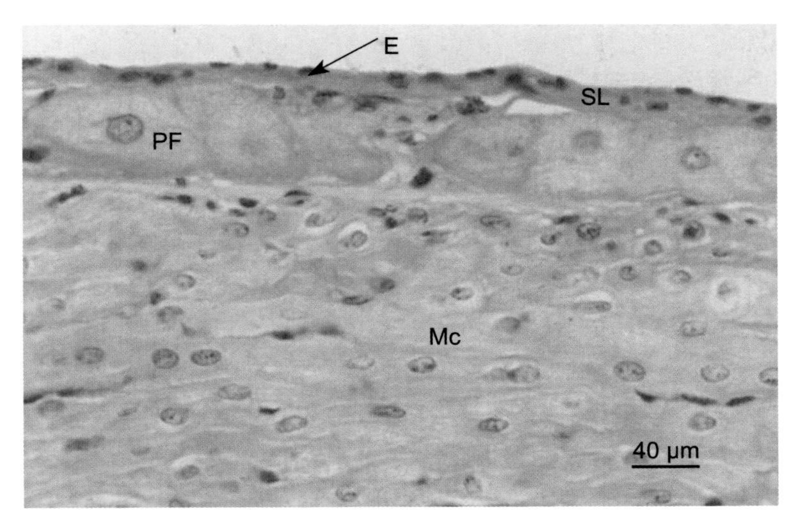

E：内皮；SL：内皮下层；PF：浦肯野纤维；Mc：心肌膜。

图 7–2 心壁（心内膜侧）

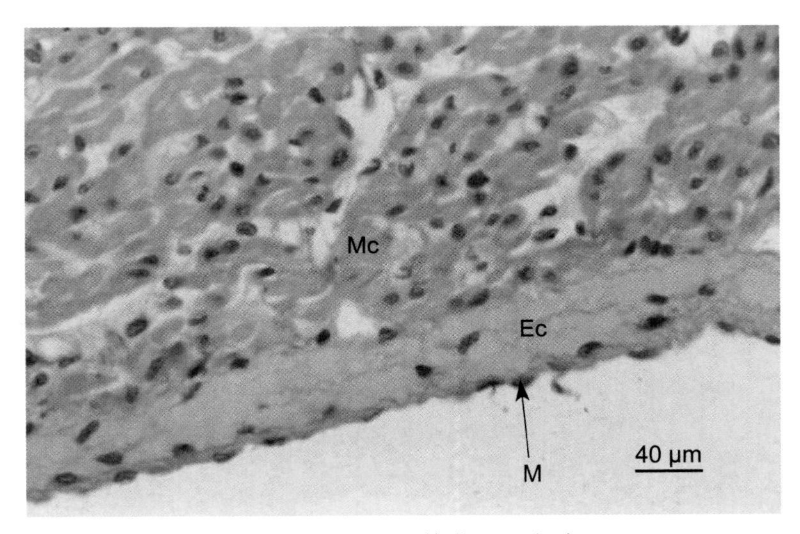

Mc：心肌膜；Ec：心外膜；M：间皮。

图 7–3 心壁（心包侧）

和一层间皮（mesothelium，M）构成。结缔组织内含弹性纤维、血管、神经，有时可见脂肪组织。

作业：在高倍镜下绘心内膜和心肌膜的局部。标注心内膜、内皮、内皮下层、心内膜下层、浦肯野纤维、心肌膜。

二、中型动脉与中型静脉

标本　中型动脉与中型静脉切片（图 7–4），重点观察中型动脉的管壁结构。

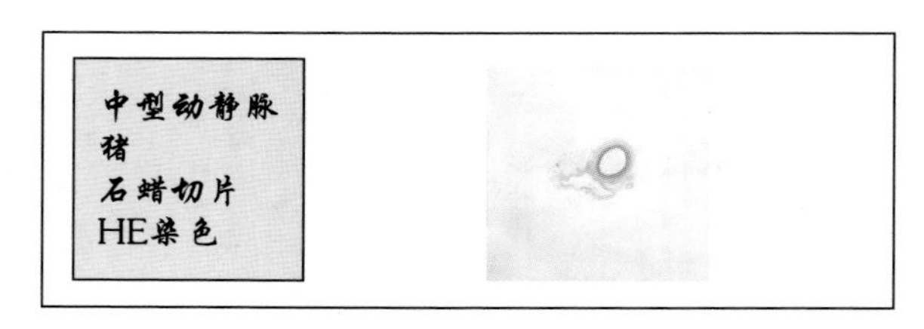

图 7–4　中型动脉和中型静脉切片

肉眼观察　中型动脉与中型静脉常伴行。动脉管壁厚，呈圆形，着色较深；静脉管壁较薄，管腔大，常塌陷成不规则形。

低倍镜观察　如图 7–5 所示，中型动脉（A）和中型静脉（B）的管壁均可分为内膜（tunica intima，TI）、中膜（tunica media，TM）和外膜（tunic adventitia，TA）3 层。观察时注意比较动、静脉各层结构厚度的差异。

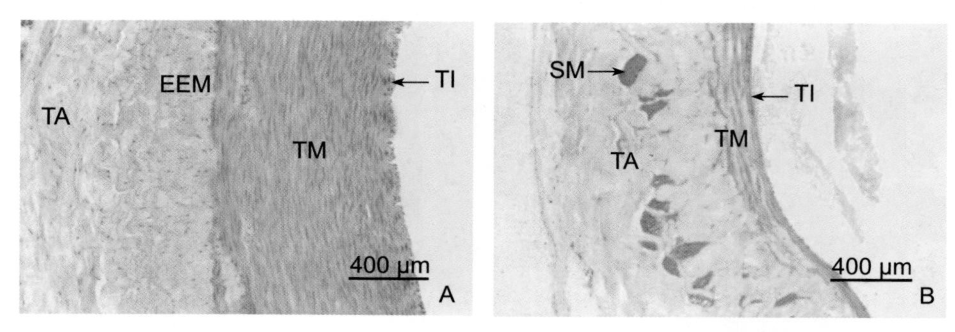

TI：内膜；TM：中膜；TA：外膜；EEM：外弹性膜；SM：纵行平滑肌束。

图 7–5　中型动脉（A）与中型静脉（B）

1. 中型动脉

（1）内膜：管壁最内层，很薄。

（2）中膜：很厚，主要由环形围绕的平滑肌构成，平滑肌间夹有弹性纤维和胶原纤维。

（3）外膜：厚度与中膜相当，由疏松结缔组织构成。在与中膜交界处可见嗜酸性着色的粗大弹性纤维束，为外弹性膜（external elastic membrane，EEM）。结缔组织内分布有小的营养血管、淋巴管及神经。

2. 中型静脉　与伴行的动脉相比，静脉管壁薄；内膜不发达，无内弹性膜；中膜较薄，平滑肌纤维少；外膜较中膜厚，有时可见纵行平滑肌束。

高倍镜观察　如图 7–6 所示，中型动脉内膜可分为 3 层结构。

内皮：单层扁平上皮，胞核深染，内皮细胞随内弹性膜呈波浪状分布。

内皮下层：极薄的一层结缔组织，不明显。

内弹性膜（internal elastic membrane, IEM）：连续的波浪形带，由弹性蛋白构成，嗜酸性着色，折光性较强。

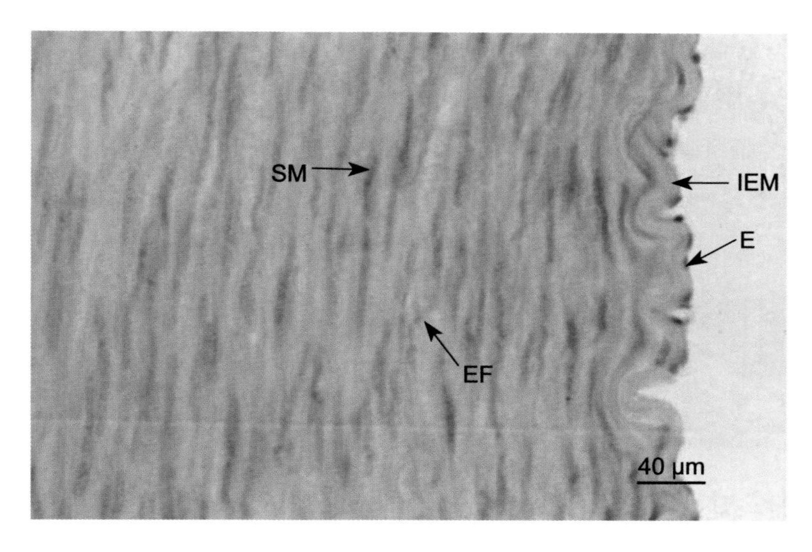

E：内皮细胞核；IEM：内弹性膜；SM：平滑肌纤维；EF：弹性纤维。

图 7–6　中型动脉内膜和中膜

作业：绘高倍镜下中型动脉的局部。标注内膜、中膜、外膜、内皮、内弹性膜、外弹性膜、平滑肌纤维、弹性纤维。

示教：中型动脉和小动脉（弹性纤维特殊染色）（图 7–7）。

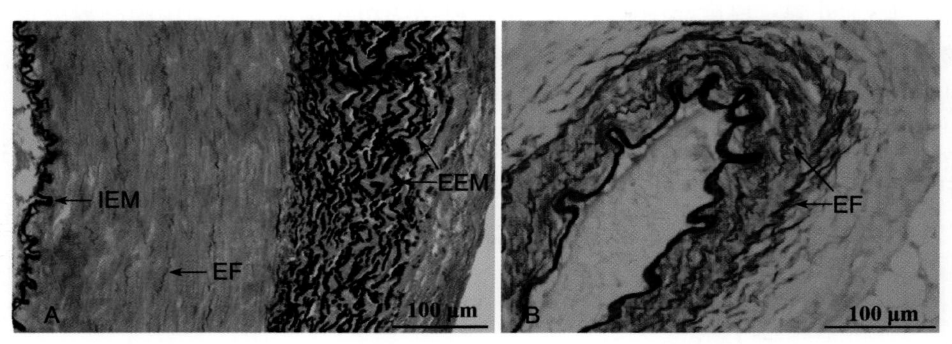

A. 中型动脉，Weigert's染色；B. 小动脉，地衣红染色。

IEM：内弹性膜；EF：弹性纤维；EEM：外弹性膜。

图 7–7　中型动脉和小动脉（弹性纤维特殊染色）

三、毛细血管

标本　肠系膜铺片（图 7–8），重点观察微血管的形态。

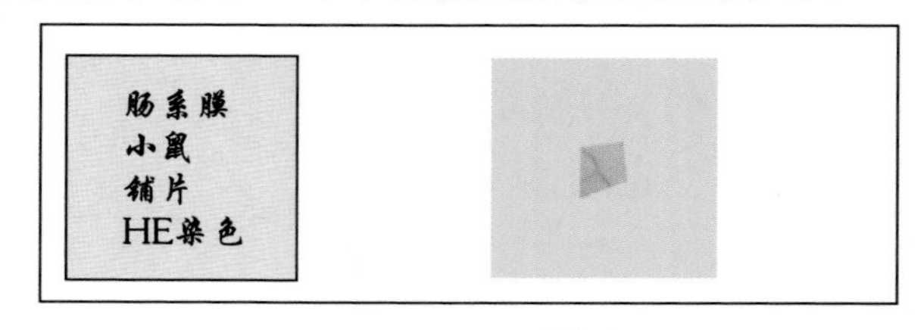

图 7–8　肠系膜铺片

低倍镜观察　肠系膜上有丰富的血管网。最细的管道为毛细血管（capillary，C），两端分别与微动脉（arteriole，A）和微静脉（venule，V）相连，微动脉和微静脉又分别与小动脉（small artery）和小静脉（small vein）相连。

高倍镜观察　如图 7–9 所示。

1. 毛细血管　管壁为单层扁平内皮细胞，长梭形胞核稍凸向管腔。在内皮细胞围成的管壁外，还有一种椭圆形核的扁平细胞，核凸向管壁外，为周细胞（pericyte，P）。毛细血管内可见许多血细胞。

2. 微动脉　管壁可见少量与血管长轴垂直的平滑肌细胞核。

3. 微静脉　结构与毛细血管相似，内皮外只有少量内皮下层，无平滑肌，管径较粗。

除血管外，铺片上还可见许多细胞核。其中体积较大，呈圆形或椭圆形的为肠系膜表面的间皮细胞核，其他则是肠系膜内结缔组织细胞核。

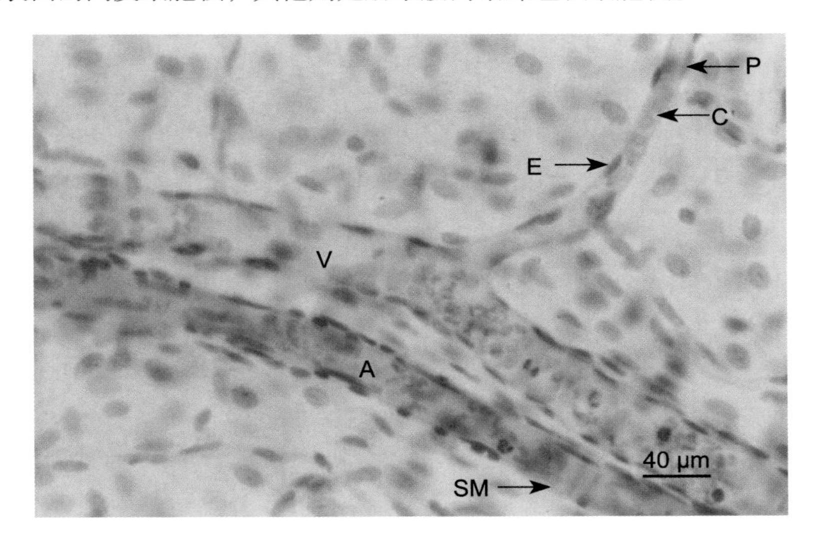

C：毛细血管；E：内皮细胞；P：周细胞；V：微静脉；A：微动脉；SM：平滑肌纤维。

图 7–9 微血管

第八章　被皮系统

被皮系统包括皮肤及其衍生物。皮肤覆盖于体表，由表皮、真皮和皮下组织构成。不同部位的皮肤组织结构略有不同。在某些特殊部位，皮肤衍变成特殊的结构，如毛、甲、爪、蹄、角、喙、汗腺、皮脂腺、乳腺、尾脂腺等，称为皮肤的衍生物。

实验目的：掌握无毛皮肤的组织结构。
了解有毛皮肤的组织结构特征。
掌握毛和毛囊的组织结构。
了解不同生理状态乳腺的组织结构差异。
实验内容：无毛皮肤；有毛皮肤；乳腺。

一、无毛皮肤

标本　掌垫切片（图 8-1）。

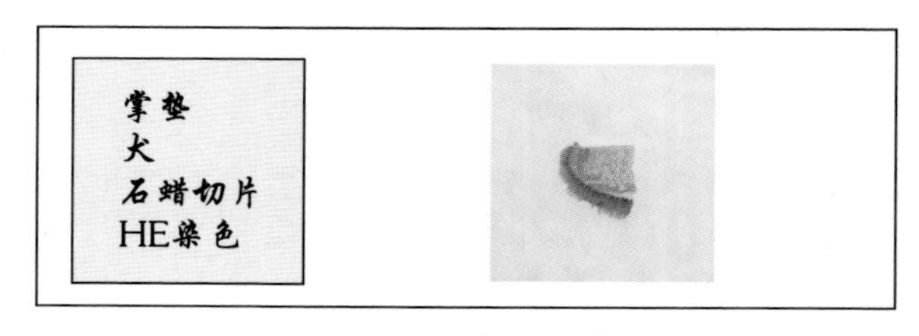

图 8-1　掌垫切片

肉眼观察　动物的掌垫为无毛皮肤，较厚。如图 8-1 所示，皮肤切片中较厚的嗜酸性深染部分和其下方的薄层嗜碱性着色部分为表皮；表皮内侧嗜酸性浅染，致密的组织为真皮；真皮下排列疏松，嗜酸性浅染的部分为皮下组织，此层较厚。

低倍镜观察　如图 8-2 所示。

1. 表皮（epidermis，E）　皮肤的浅层，复层扁平上皮。

2. 真皮（dermis，D）　与表皮相互凹凸嵌合，二者交界部呈波浪形。真皮分为浅层的乳头层和深层的网状层。

（1）乳头层（papillary layer，PL）：纤维细密，细胞成分较多，有时可见触觉小体，该层向表皮突出形成真皮乳头（dermal papilla）。

（2）网状层（reticular layer，RL）：胶原纤维束粗大并交织成网状，着色较深，含较多的血管、淋巴管和神经，深部可见环层小体。

3. 皮下组织（hypodermis，H） 由疏松结缔组织构成，含大量呈空泡状的脂肪组织和汗腺。

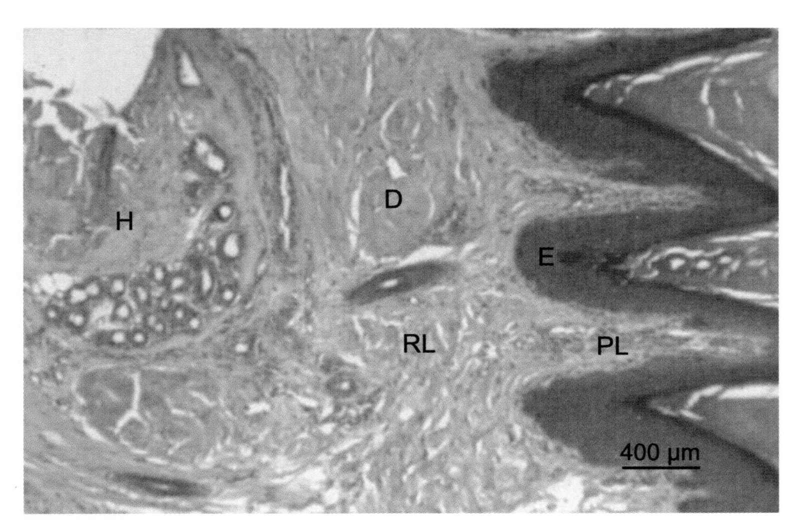

E：表皮；D：真皮；PL：乳头层；RL：网状层；H：皮下组织。

图 8–2 无毛皮肤

高倍镜观察 如图 8–3 所示，表皮由内向外，依次为基底层、棘细胞层、颗粒层、透明层和角质层。

1. 基底层（stratum basale，SB） 最靠近真皮并附于基膜上的一层细胞，细胞呈低柱状或立方形，细胞核圆形或卵圆形，排列较整齐。

2. 棘细胞层（stratum spinosum，SS） 细胞较大，呈多边形，细胞核圆形或椭圆形，位于中央。

3. 颗粒层（stratum granulosum，SG） 细胞呈梭形或扁平状，核深染呈椭圆形或扁圆形。

4. 透明层（stratum lucidum，SL） 由几层细胞界限不清的扁平细胞构成，细胞核与细胞器已退化分解，胞质呈均质状，HE 染色时被伊红着色，或呈均质透明状。

5. 角质层（stratum corneum，SC） 位于表皮的最表层，由已经死亡的多层扁平角化的细胞组成，细胞核、细胞器均已消失，细胞轮廓不清，嗜酸性，呈均质红色。

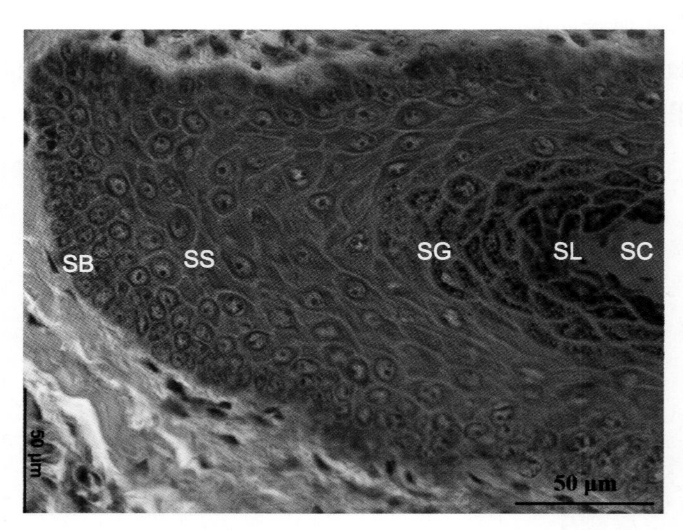

SB：基底层；SS：棘细胞层；SG：颗粒层；SL：透明层；SC：角质层。

图 8–3 表皮（无毛皮肤，高倍）

二、有毛皮肤

标本 眼睑切片（图 8–4）。

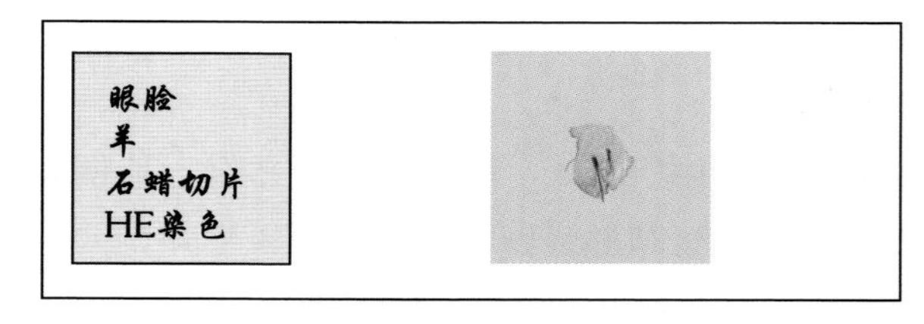

图 8–4 眼睑切片

低倍镜观察 与无毛皮肤相比，有毛皮肤较薄，无透明层，表皮与真皮交界的凹凸浅。如图 8–5 所示，观察毛、毛囊、皮脂腺、汗腺和立毛肌的结构。

1. 毛（hair） 呈棕色，露出皮肤之外的部分为毛干（hair shaft，HS），埋于皮肤之内的部分为毛根（hair root，HR）。毛根末端膨大与周围的毛囊构成毛球（hair bulb，HB），毛球底部凹陷，突入的结缔组织形成毛乳头（hair papilla，HP）。

2. 毛囊（hair follicle，HF） 包绕于整个毛根，由表皮和真皮结缔组织向内陷入形成。

3. 皮脂腺（sebaceous gland，SG） 位于毛囊附近，泡状腺。分泌部为不规则的多角形细胞团，弱嗜酸性染色。外层细胞较少，着色较深，愈近中央胞体愈大，着色愈浅，核固缩程度愈高。导管很短，通于毛囊。

4. 汗腺（sweat gland） 单曲管状腺。分泌部位于皮下组织内，为一段盘曲成团的管道，导管由真皮进入表皮后，呈螺旋走行，开口于毛囊或皮肤表面。

5. 立毛肌（arrectores pilorum） 位于毛根与表皮呈钝角的一侧，为一束平滑肌，连接毛囊和真皮。立毛肌起始于毛囊的结缔组织鞘，斜行伸向真皮。因切面的关系，有时毛囊附近看不到立毛肌，有时则因未切到毛囊只看到孤立的立毛肌。

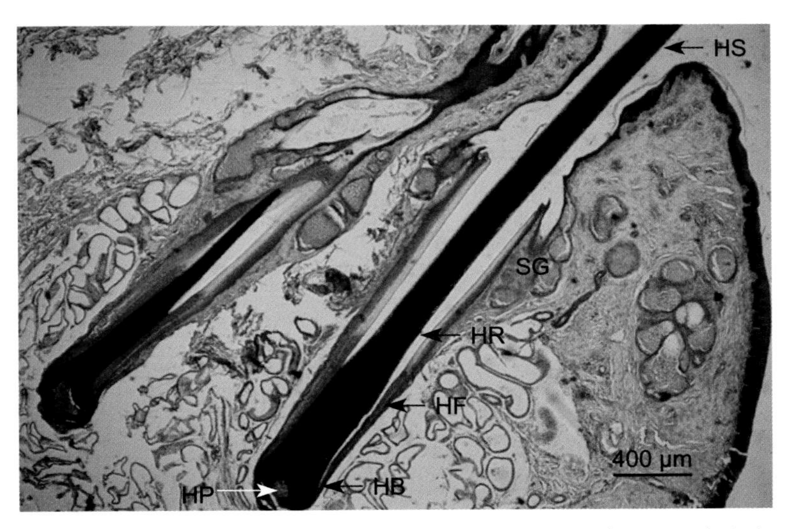

HS：毛干；HR：毛根；HB：毛球；HP：毛乳头；HF：毛囊；SG：皮脂腺。

图 8–5 有毛皮肤

高倍镜观察 重点观察毛和毛囊的结构（图 8–6）。

1. 毛 中央为结构疏松的髓质（medulla，M），髓质外是致密的皮质（cortex，C），皮质外被覆一层复瓦状排列的毛小皮（hair cuticle，HC）。在毛球凹陷处，表层的细胞着色较深，具有增殖能力，为毛母基细胞（hair matrix cell），其间还可见棕色、胞体大而多突的黑素细胞（melanocyte）。

2. 毛囊　内层是数层上皮细胞构成的毛根鞘（hair root sheath，HRS），外层为结缔组织构成的结缔组织鞘（connective tissue sheath，CTS）。二者之间还有一薄层嗜酸性浅染、均质无结构的玻璃膜（glassy membrane，GM）。

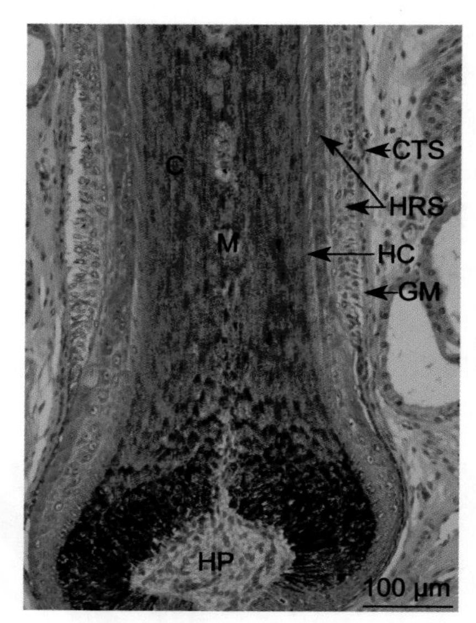

M：髓质；C：皮质；HC：毛小皮；HRS：毛根鞘；CTS：结缔组织鞘；
GM：玻璃膜；HP：毛乳头。

图 8–6　毛和毛囊

三、乳腺

标本　泌乳期乳腺切片（图 8–7），重点观察泌乳期的乳腺，并与静止期的乳腺做比较。

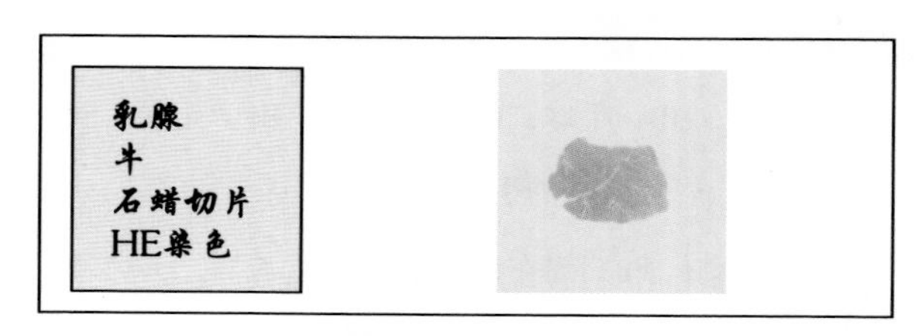

图 8–7　泌乳期乳腺切片

肉眼及低倍镜观察　泌乳期乳腺腺小叶数量多，叶间为发达的结缔组织，呈嗜酸性红染，且较致密。腺小叶内可见许多近圆形的腺泡及少量管腔很大的腺导管，腺泡和导管内多充满嗜酸性染色的乳汁凝固物。

高倍镜观察　如图 8–8 和图 8–9 所示，重点观察腺泡的结构。

1. 腺泡（acinus，A）　单层上皮细胞随功能状态不同而呈扁平、立方或柱状，

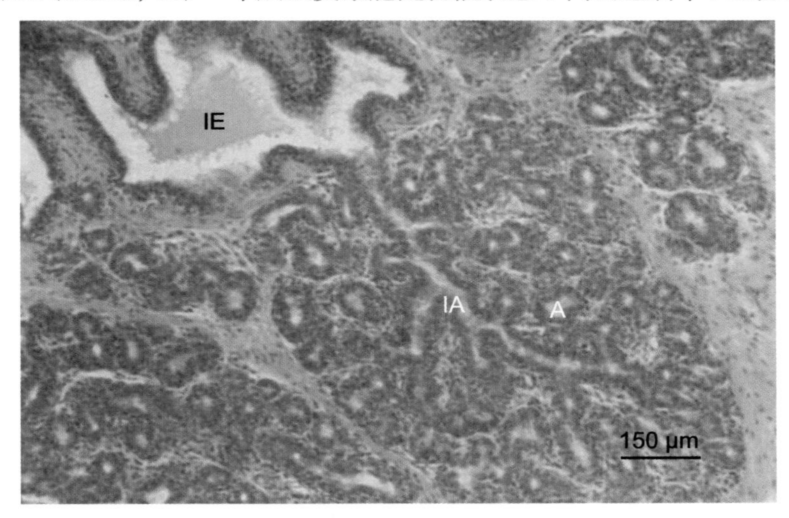

A：腺泡；IA：小叶内导管；IE：小叶间导管。

图 8–8　泌乳期乳腺

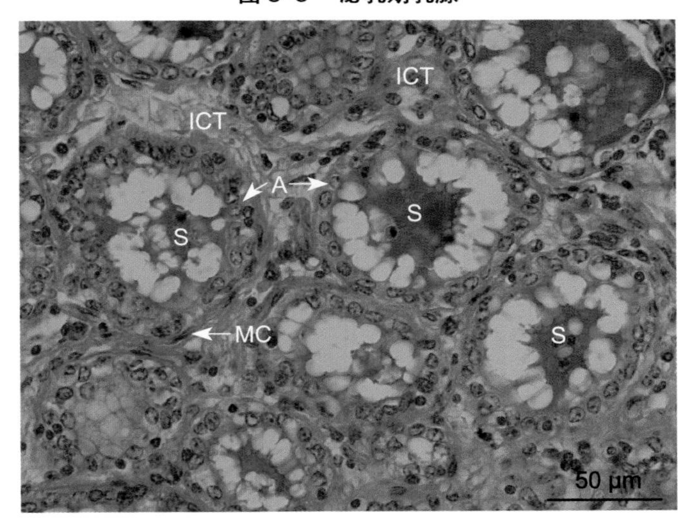

A：腺泡；MC：肌上皮细胞；S：分泌物；ICT：小叶内结缔组织。

图 8–9　泌乳期乳腺，腺泡

核上部细胞质嗜酸性着色，核下部则呈嗜碱性着色。胞核大而圆，位于细胞中央。在腺上皮细胞外，还可见一种长而扁的细胞，杆状核，为肌上皮细胞。

2. 导管　小叶内导管（intralobular duct，IA）为单层立方上皮，导管外有肌上皮细胞。导管直接与腺泡相连处较细，随后逐渐增粗。小叶间导管（interlobular duct，IE）管径较粗，上皮为单层柱状或双层立方。

示教：静止期乳腺

如图 8–10 所示，与泌乳期乳腺相比，静止期乳腺的腺小叶内主要为腺导管，腺泡数量很少，腺上皮细胞处于静止状态。

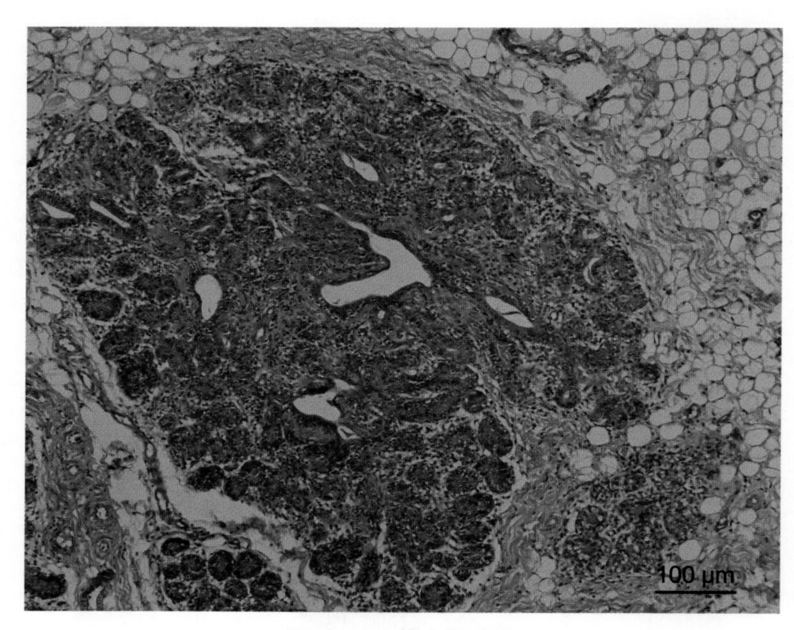

图 8–10　静止期乳腺

第九章　免疫系统

免疫系统（immune system）由免疫细胞、淋巴组织和淋巴器官组成。胸腺、骨髓（哺乳类）、腔上囊（禽类）属于中枢免疫器官；淋巴结、脾、扁桃体、血结、血淋巴结等属于外周免疫器官。

实验目的：掌握主要淋巴器官的组织结构。

实验内容：胸腺；腔上囊；淋巴结；脾。

一、胸腺

标本　胸腺切片（图 9–1）。

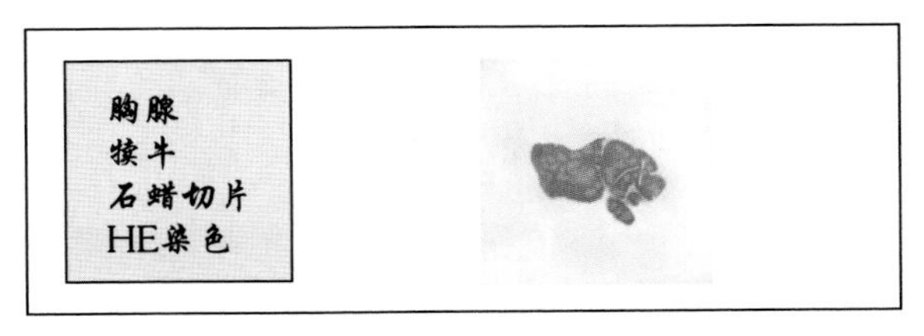

图 9–1　胸腺切片

肉眼观察　如图 9–1 所示，胸腺表面覆盖粉红色被膜，被膜伸入组织内部形成小叶间隔，将胸腺实质分成许多不完全分隔的胸腺小叶，小叶周边蓝紫色的是皮质，小叶中央浅染的是髓质。

低倍镜观察　如图 9–2 所示，胸腺表面的疏松结缔组织被膜向实质延伸为小叶间隔（interlobular septum，IS），将实质分为许多不完全的小叶。小叶周边着色深的为皮质（cortex，C），中央着色浅的为髓质（medulla，M）。

高倍镜观察

1. 皮质　如图 9–3 所示，胸腺皮质以上皮性网状细胞为支架，间隙内含有大量胸腺细胞和少量巨噬细胞。

上皮性网状细胞（epithelial reticular cell，ERC）：分布于被膜下和胸腺细胞之间，多呈星形，胞核卵圆形，大而浅染。常在被膜下及血管周围形成完整的一层，参与构成血 - 胸腺屏障（blood–thymus barrier）。

胸腺细胞（thymocyte，T）：非常密集，故皮质着色深。皮质浅层多为大中型淋巴细胞，皮质深层多为小型淋巴细胞。

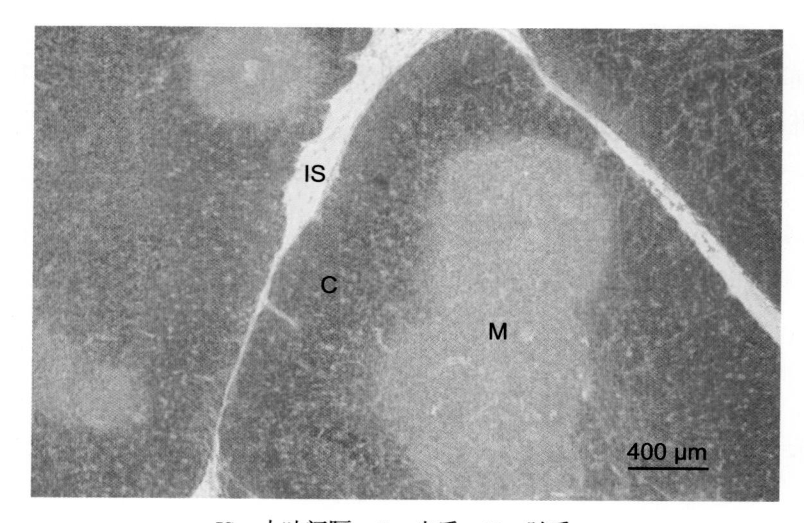

IS：小叶间隔；C：皮质；M：髓质。

图 9–2　胸腺小叶

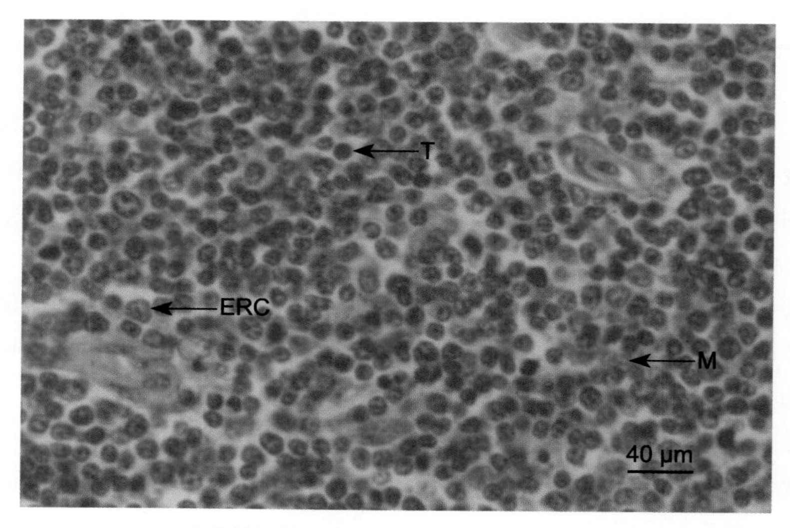

ERC：上皮性网状细胞；T：胸腺细胞；M：巨噬细胞。

图 9–3　胸腺皮质

巨噬细胞（macrophage，M）：散布于皮质或血管与上皮性网状细胞之间，胞质内常有吞噬的胸腺细胞碎片。

2. 髓质　如图 9–4 所示，胸腺髓质的细胞组成与皮质相似，但胸腺细胞较稀疏，上皮性网状细胞较多，巨噬细胞较少。胸腺髓质内部分胸腺上皮细胞构成胸腺小体（thymic corpuscle，TC），是胸腺髓质的特征性结构。胸腺小体体积较大，嗜酸性着色，由扁平的上皮性网状细胞呈同心圆排列而成，中心部位常见核固缩或消失、角质化等现象。

髓质中还有管壁为立方形内皮细胞的毛细血管后微静脉，有时可见正在进入血管的成熟 T 淋巴细胞。

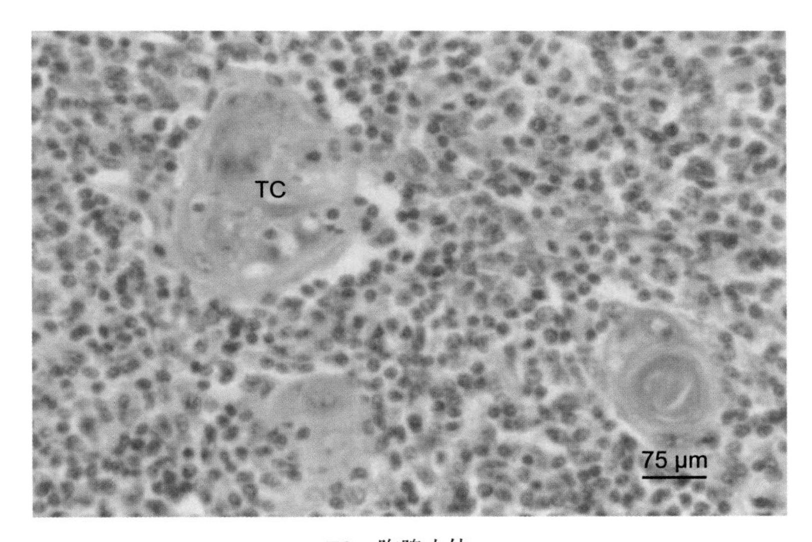

TC：胸腺小体。

图 9–4　胸腺髓质

作业：绘一个高倍镜下的胸腺小叶。标注皮质、髓质、胸腺细胞、上皮性网状细胞、毛细血管、胸腺小体。

二、腔上囊

标本　腔上囊（图 9–5），重点观察腔上囊小结的结构。腔上囊是家禽特有、产生 B 淋巴细胞的中枢淋巴器官，雏禽发达，出生后不久逐渐退化。因此，腔上囊切片一般用雏禽的制作。

肉眼观察　腔上囊具有管状器官的一般结构。切面呈不规则的圆形，囊腔内可见由黏膜和部分黏膜下层形成的皱襞（plica，P），鸡有9~12条，大的有2~3条，其余为小皱襞。

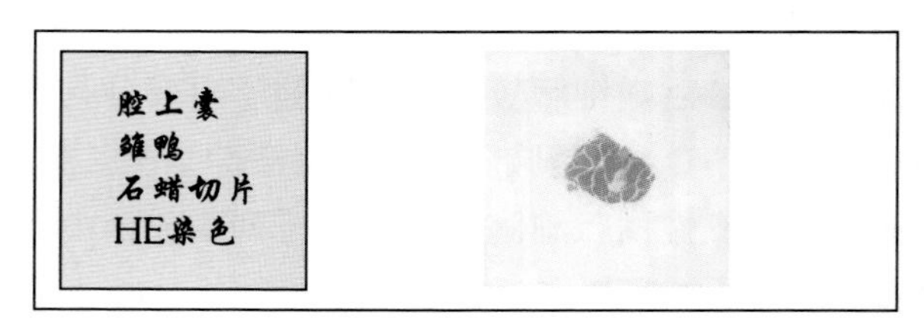

图 9-5 腔上囊切片

低倍镜观察　如图9-6所示，腔上囊的囊壁由黏膜、黏膜下层、肌层和外膜构成。

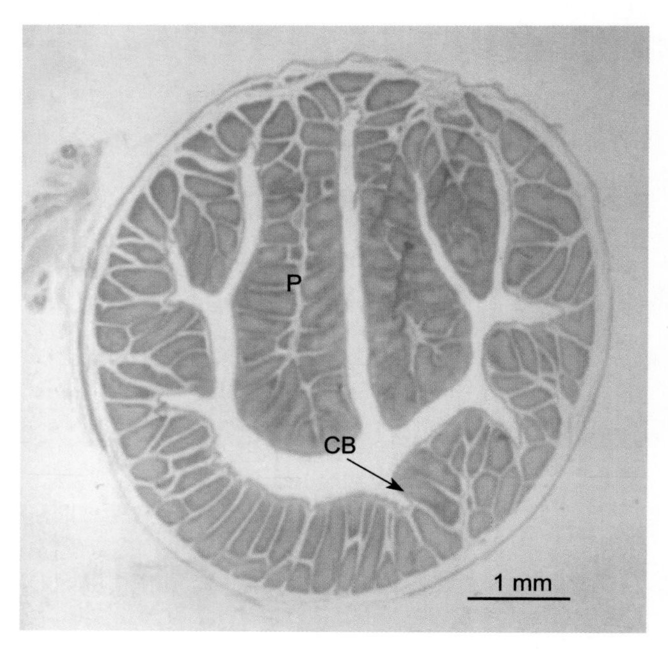

P：皱襞；CB：腔上囊小结。

图 9-6 腔上囊

1. 黏膜层　由黏膜上皮和固有层构成，无黏膜肌。

黏膜上皮：假复层柱状上皮，局部为单层柱状上皮。

固有层：内有许多密集排列的腔上囊小结（cloacal bursa，CB），呈不规则的多边形。

2. 黏膜下层　由薄层疏松结缔组织构成，参与形成黏膜皱襞，在皱襞中央构成中轴。

3. 肌层　多由内纵外环或斜行的平滑肌构成。

4. 外膜　很薄的一层浆膜。

高倍镜观察　重点观察腔上囊小结的结构。如图 9–7 所示，腔上囊小结浅层深染的部分是皮质，中央浅染的部分是髓质，皮质与髓质之间有一层排列较整齐的上皮细胞层（epithelial cell layer，ECL）。该上皮细胞层的基底面富含层黏蛋白（laminin，Ln），可用免疫组化法显示（图 9–8），清晰指示皮质和髓质之间的分界。

1. 皮质　由上皮性网状细胞和网状纤维构成支架，内有密集的中小淋巴细胞和少量巨噬细胞。由于细胞排列紧密，不易分辨出上皮性网状细胞，网状纤维需通过银染方法显示。

2. 髓质　由上皮性网状细胞构成支架，内有密集的大中淋巴细胞和少量巨噬细胞。与皮质相比，髓质内细胞排列较为疏松，上皮性网状细胞胞体较大，胞质有突起，较易观察到。巨噬细胞胞质内常见有深染的淋巴细胞碎片。

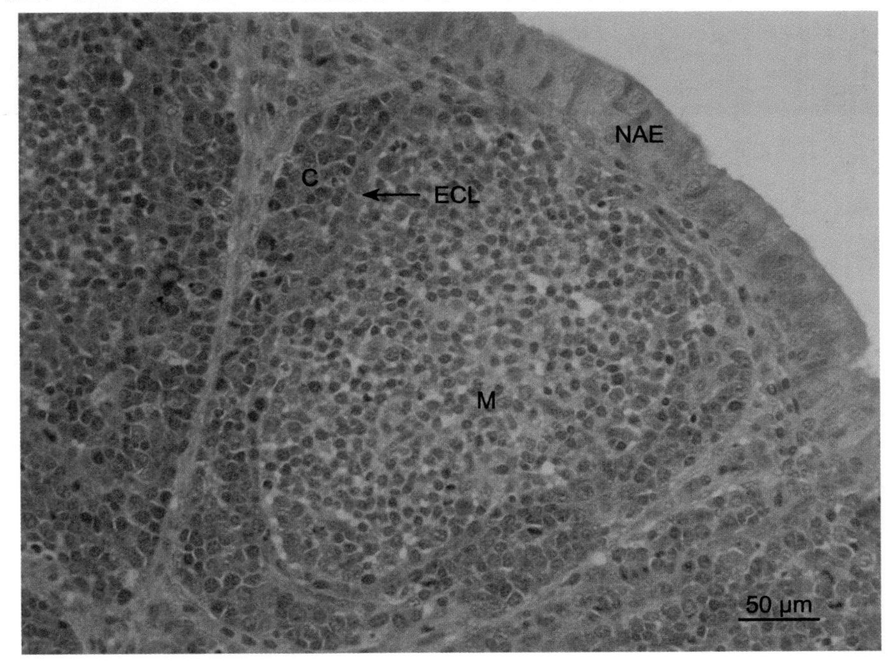

C：皮质；M：髓质；ECL：上皮细胞层；NAE：小结相关上皮。

图 9–7　腔上囊小结

腔上囊小结靠近黏膜一侧，髓质穿过皮质直接与黏膜上皮相连，此处上皮细胞较矮，排列成簇状，称小结相关上皮（nodule associated epithelium，NAE）。

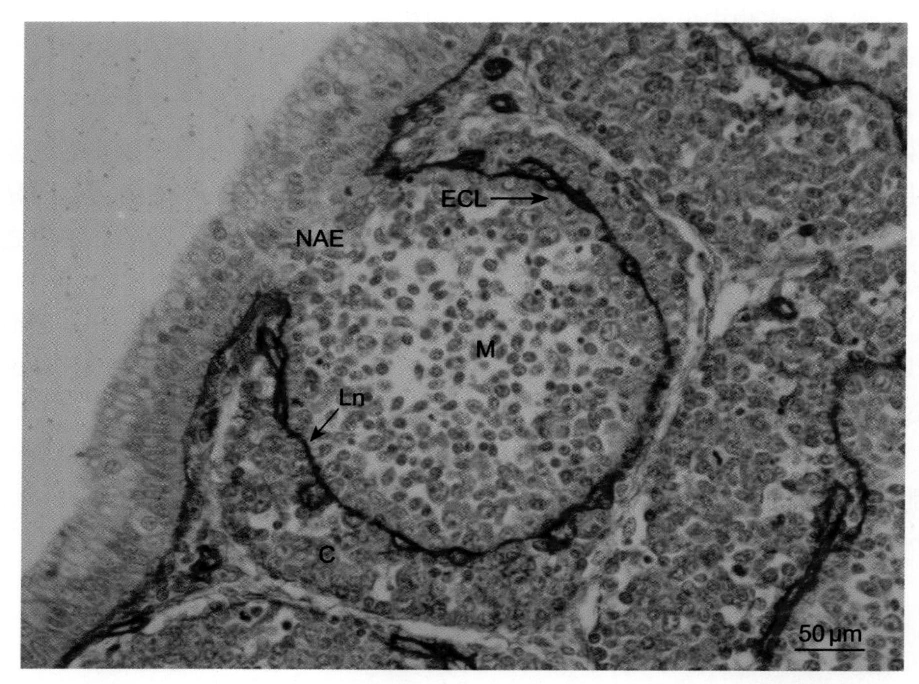

C：皮质；M：髓质；ECL：上皮细胞层；NAE：小结相关上皮；Ln：层黏蛋白。

图 9–8　小结的皮质与髓质（免疫组化显示层黏蛋白）

三、淋巴结

标本　淋巴结切片（图 9–9）。

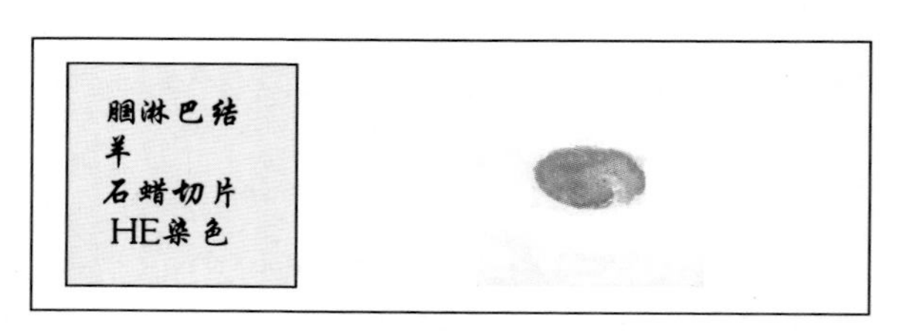

图 9–9　淋巴结切片

肉眼观察　如图 9–9 所示，淋巴结呈卵圆形或豆形，表面为嗜酸性染色的被膜（capsule，C），实质浅层嗜碱性深染的是皮质，深层结构疏松，浅染的是髓质。

淋巴结一侧的凹陷为门部。

低倍镜观察

1. 被膜和小梁　如图 9-10 所示，淋巴结被膜由薄层结缔组织构成，内有输入淋巴管（afferent lymphatic vessel，ALV）穿越。被膜和门部的结缔组织伸入淋巴结实质形成相互连接的小梁（trabecula，T），构成淋巴结的粗支架，血管行于其内。

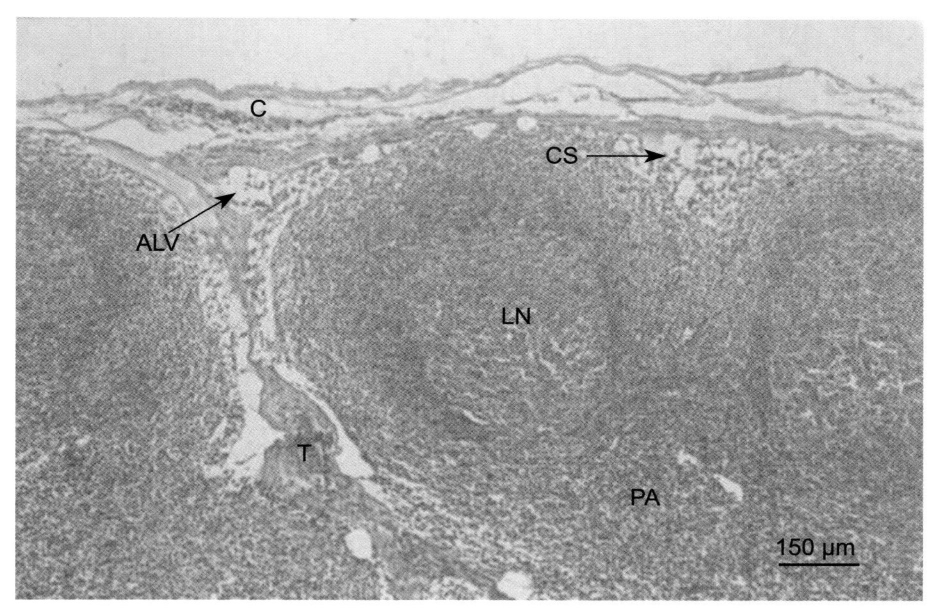

C：被膜；T：小梁；ALV：输入淋巴管；LN：淋巴小结；
PA：副皮质区；CS：皮质淋巴窦。

图 9-10　淋巴结皮质

2. 皮质　如图 9-10 所示，淋巴结皮质由淋巴小结（lymphatic nodule，LN）、副皮质区（paracortical area，PA）和皮质淋巴窦（cortical sinus，CS）构成。

淋巴小结：位于皮质浅层，呈球形或椭圆形。由于淋巴细胞密集，淋巴小结呈嗜碱性深染。有的淋巴小结全部由致密的淋巴细胞组成，为初级淋巴小结（primary nodule）；有的淋巴小结中央有以大中型淋巴细胞组成的浅染的生发中心（germinal center），为次级淋巴小结（secondary nodule）。处于高活动状态的生发中心，还可见染色较深的暗区（dark zone）和染色较浅的明区（light zone），明区顶端覆盖有一半月形小淋巴细胞层，染色深，称小结帽（cap）。

副皮质区：包括淋巴小结之间和皮质深层的弥散淋巴组织，主要为T淋巴细胞存在的部位。

皮质淋巴窦：包括被膜下方和与其通连的小梁周围的淋巴窦，分别称为被膜下窦和小梁周窦。

3. 髓质　如图9–11所示，淋巴结髓质由髓索（medullary cord，MC）和髓窦（medullary sinus，MS）构成。在髓质中还可见很多小梁的断面。

髓索：相互连接的条索状致密淋巴组织，主要含B淋巴细胞、浆细胞和巨噬细胞。

髓窦：位于髓索之间和髓索与小梁之间，为皮质淋巴窦的延续，并与输出淋巴窦相通。结构与皮质淋巴窦相同，但腔隙较宽大。

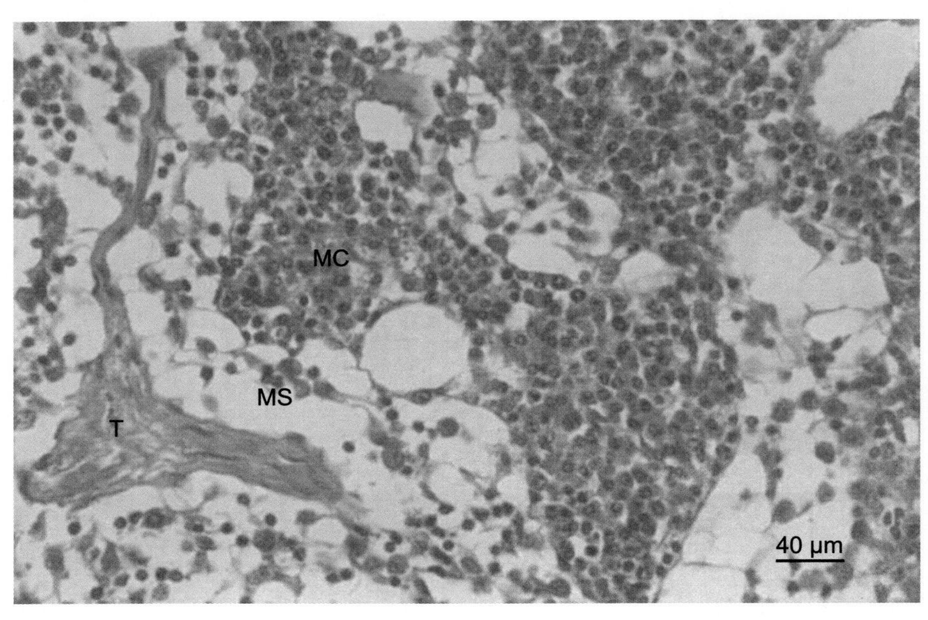

MC：髓索；MS：髓窦；T：小梁。

图9–11　淋巴结髓质

高倍镜观察

1. 皮质淋巴窦　如图9–12所示，皮质淋巴窦的窦壁由扁平的内皮细胞（endothelial cell，EC）构成，窦内的上皮性网状细胞（epithelial reticular cell，ERC）伸出突起互联成网，网眼内有许多小淋巴细胞（lymphocyte，LC）和胞体较大的巨噬细胞（macrophage，Mp）。

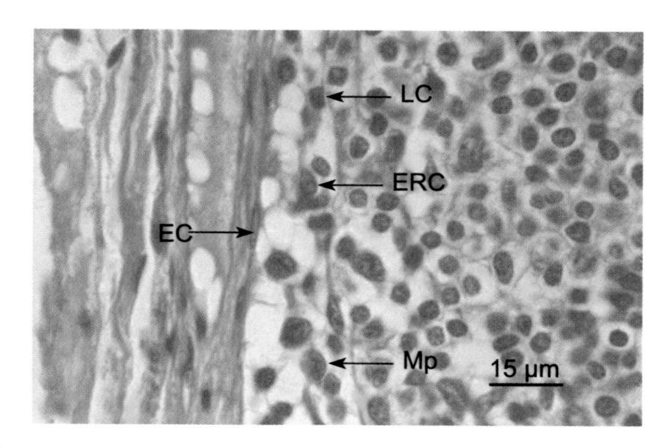

EC：内皮细胞；ERC：上皮性网状细胞；LC：淋巴细胞；Mp：巨噬细胞。

图 9–12　皮质淋巴窦

2. 毛细血管后微静脉（图 9–13）　在近髓质的副皮质区内，可见横切或纵切的毛细血管后微静脉（postcapillary venule，PV），其管壁内皮细胞呈低立方形，管腔内常见有淋巴细胞，有时还可见淋巴细胞正在穿过内皮细胞管壁。

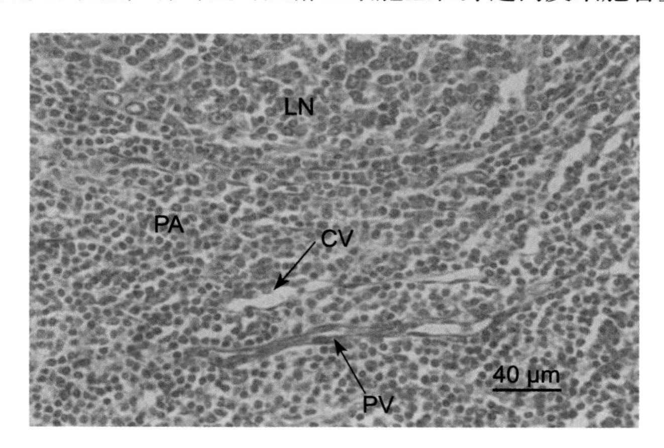

PV：毛细血管后微静脉；CV：毛细血管；LN：淋巴小结；PA：副皮质区。

图 9–13　毛细血管后微静脉

作业：分别绘高倍镜下淋巴结皮质和髓质的局部。标注被膜、小梁、淋巴小结、副皮质区、皮质淋巴窦、髓索、髓窦、上皮性网状细胞、淋巴细胞。

示教：猪淋巴结

如图 9–14 所示，猪的淋巴结与其他动物不同，中央部分相当于其他动物的皮质，周围部分相当于髓质。输入、输出淋巴管的位置也与其他动物相反，输入淋巴管从淋巴门进入淋巴结，输出淋巴管则从被膜的不同部位离开。

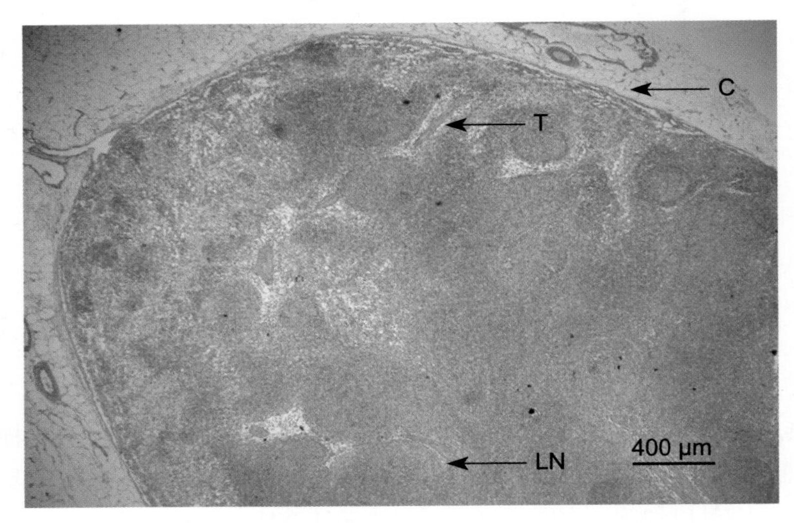

C:被膜；T：小梁；LN：淋巴小结。

图 9-14　猪淋巴结

四、脾

标本　脾切片（9-15）。

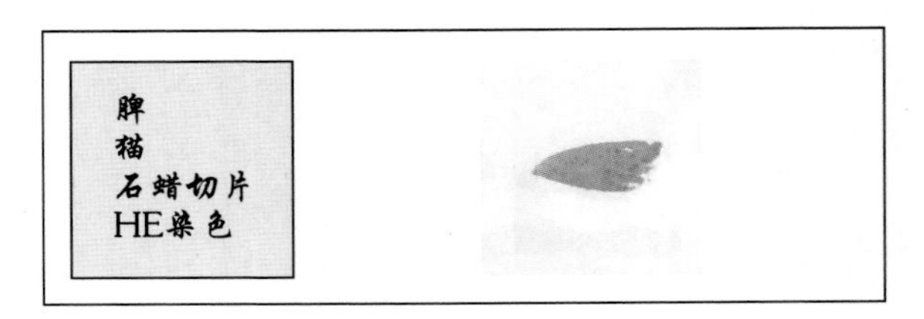

图 9-15　脾切片

肉眼观察　脾表面呈粉红色的是被膜，被膜下方是脾实质，称脾髓。

低倍镜观察　如图 9-16 所示，脾实质外有较厚的结缔组织被膜（capsule，C），被膜深入脾实质形成条索状的小梁（trabecula，T），小梁上分布有小梁动脉和小梁静脉。脾实质除小梁外称为脾髓（splenic pulp），其中嗜酸性着色的组织为红髓（red pulp，RP），嗜碱性着色，散在分布的团块为白髓（white pulp，WP）。

高倍镜观察

1. 白髓　如图9–17所示，脾白髓主要由脾小结（splenic nodule，SN）、中央动脉（central artery，CA）和动脉周围淋巴鞘（periarterial lymphatic sheath，PLS）构成。

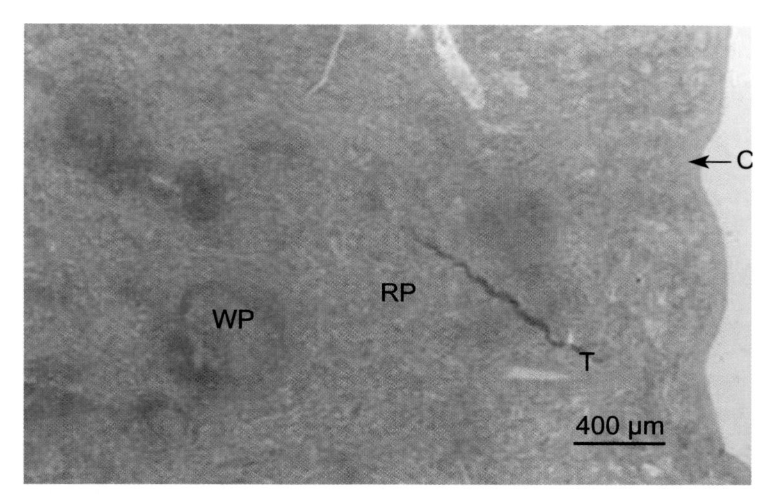

C：被膜；T：小梁；RP：红髓；WP：白髓。

图9–16　脾

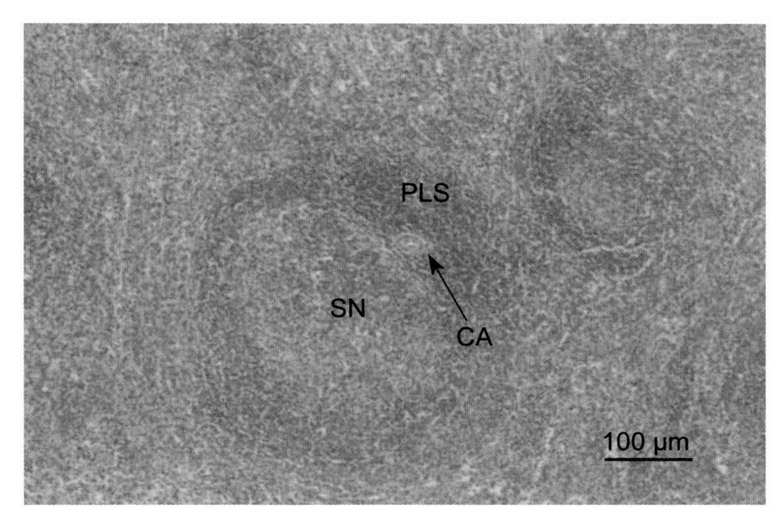

SN：脾小结；CA：中央动脉；PLS：动脉周围淋巴鞘。

图9–17　脾白髓

2. 红髓　如图 9–18 所示，除和白髓相接的边缘区外，红髓主要由脾索和脾窦相间排列构成。红髓中可见管腔较大的髓静脉。

（1）边缘区（marginal zone）：红髓与白髓交界的狭窄区域，含排列较松散的淋巴细胞、巨噬细胞、血细胞和少量的浆细胞。由于制片时组织收缩，切片上边缘区不明显。

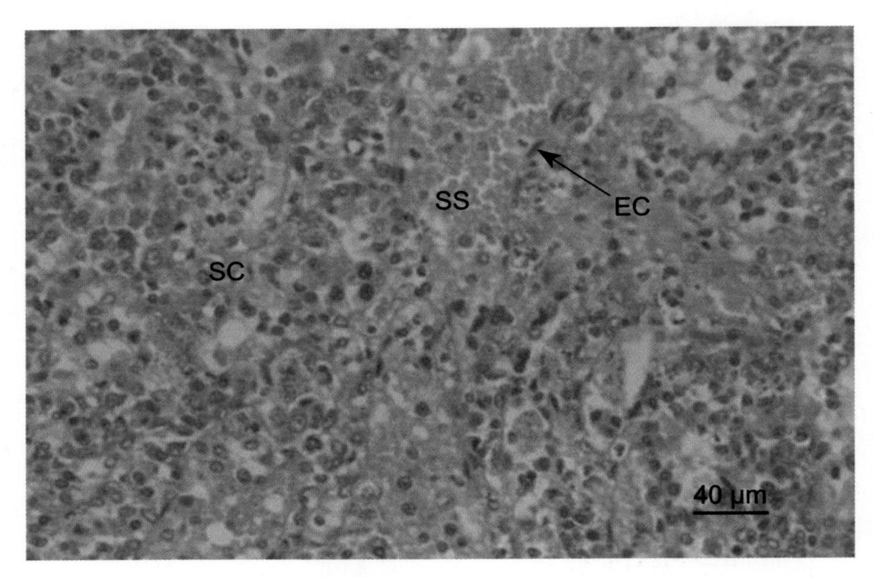

SC：脾索；SS：脾窦；EC：内皮。

图 9–18　脾红髓

（2）脾索（splenic cord，SC）：由富含血细胞的淋巴组织构成，呈不规则的条索状。脾索含较多的 B 细胞、巨噬细胞、浆细胞和网状细胞。

脾索中还可见到髓动脉（pulp artery）和鞘毛细血管（sheathed capillary）。髓动脉与中央动脉结构相似，管腔明显，内皮细胞较高，管壁有 1~2 层平滑肌，无内外弹性膜。鞘毛细血管呈椭圆形或球形，管腔很小，内皮细胞高且突向管腔，数层网状细胞在血管周围形成椭球（ellipsoid）。猪、猫、犬的椭球较发达，鼠类无椭球。

（3）脾窦（splenic sinus，SS）：位于脾索之间，窦壁由长杆状内皮细胞围成。内皮细胞沿脾窦的长轴排列，纵切时呈扁圆形，横切时呈圆形，胞核突向窦腔，细胞间有间隙。脾窦内充满各种血细胞。由于制片时组织收缩，有时脾窦不易辨别。

五、扁桃体

标本 仔猪咽扁桃体

显微镜观察 如图 9–19 所示，口腔黏膜被覆复层扁平上皮，上皮向固有层内凹陷，形成分支的扁桃体隐窝（tonsilla crypts,TC）。在隐窝周围有许多淋巴小结及弥散淋巴组织。淋巴组织中的淋巴细胞常浸润隐窝上皮。

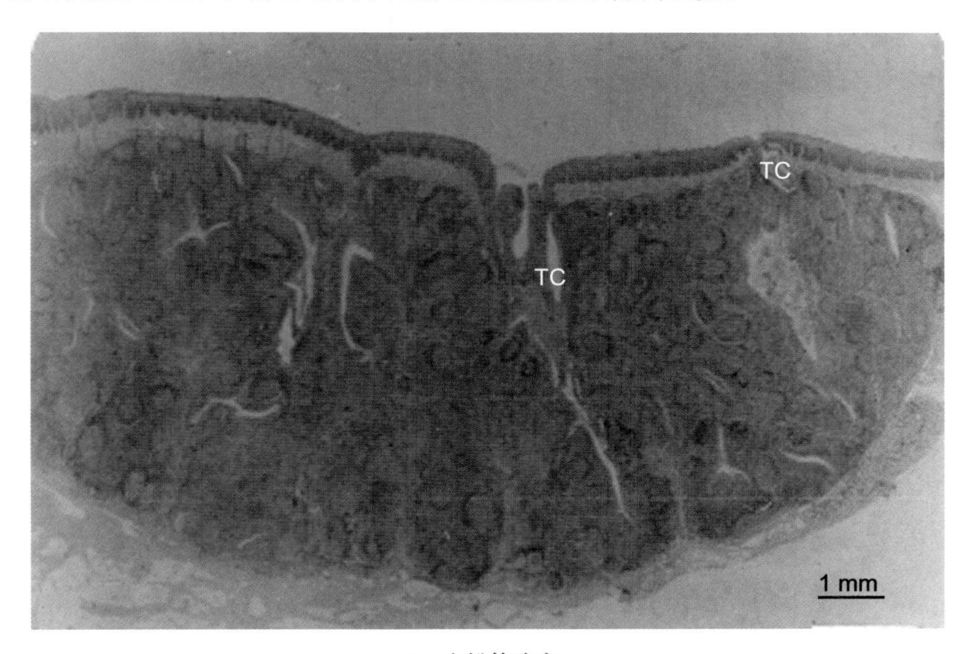

TC：扁桃体隐窝。

图 9–19 扁桃体

六、黏膜淋巴组织

标本 仔猪回肠

显微镜观察 如图 9–20 所示，回肠黏膜固有层中有多个淋巴小结和少量弥散淋巴组织（diffuse lymphoid tissue, dLT）。

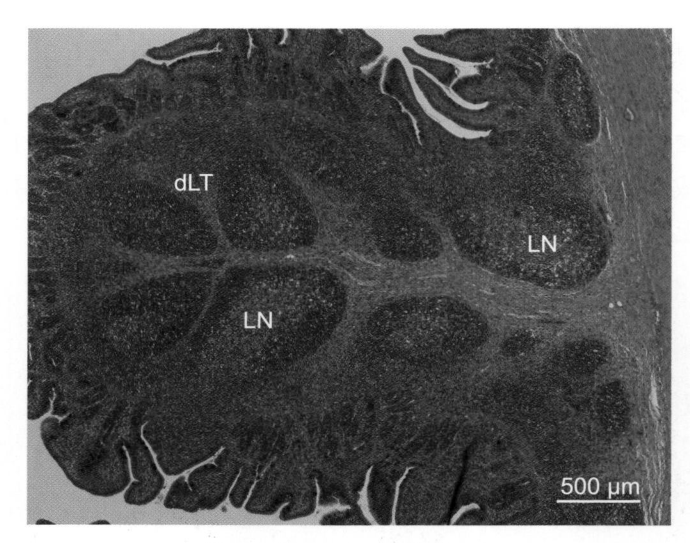

LN：淋巴小结；dLT：弥散淋巴组织。

图 9-20　黏膜淋巴组织

作业：绘低倍镜下脾的局部。标注被膜、小梁、白髓、中央动脉、动脉周围淋巴鞘、脾小结、红髓、髓索、髓窦。

示教：大鼠淋巴结副皮质区，毛细血管后微静脉（图 9-21）。

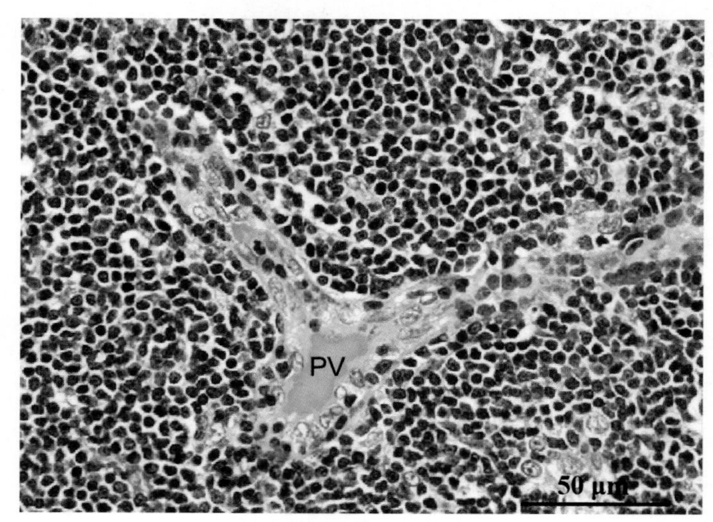

PV：毛细血管后微静脉。

图 9-21　大鼠淋巴结副皮质区

第十章　内分泌系统

内分泌系统（endocrine system）由内分泌腺和分布于其他器官中的内分泌细胞组成。内分泌腺的结构特点是：腺细胞排列成索状、团状或围成滤泡状，没有排送分泌物的导管，毛细血管丰富。

实验目的：掌握主要内分泌腺的组织结构。

理解腺细胞与微血管之间的关系。

实验内容：甲状腺与甲状旁腺；肾上腺；垂体。

一、甲状腺与甲状旁腺

标本　甲状腺与甲状旁腺切片（图 10–1）。

图 10–1　甲状腺与甲状旁腺切片

肉眼观察　如图 10–1 所示，左侧大而着色较浅的为甲状腺（thyroid gland，TG），右侧小而着色较深的为甲状旁腺（parathyroid gland，PG）。

（一）甲状腺

低倍镜观察　如图 10–2 所示，甲状腺外包结缔组织被膜（capsule，C），结缔组织伸入腺体内，将其分为不明显的小叶。小叶内可见许多大小不等的圆形或椭圆形滤泡（follicle，F）。

高倍镜观察　如图 10–3 所示。

1. 滤泡　由单层立方上皮细胞围成，滤泡腔内充满嗜酸性着色的胶质（colloid，C）。滤泡可因功能状态不同而有形态差异。在功能活跃时，滤泡上

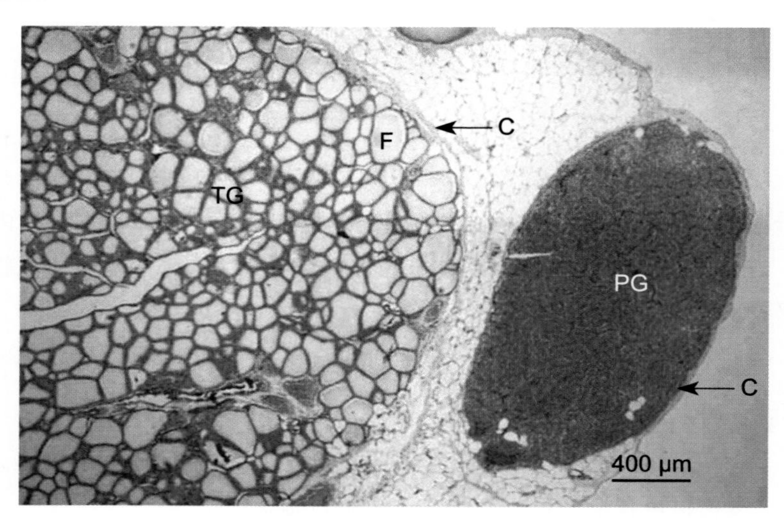

TG：甲状腺；C：被膜；F：滤泡；PG：甲状旁腺。

图 10–2　甲状腺与甲状旁腺

皮（follicular epithelium，FE）增高呈低柱状，腔内胶质减少；反之，细胞变矮呈扁平状，腔内胶质增多。

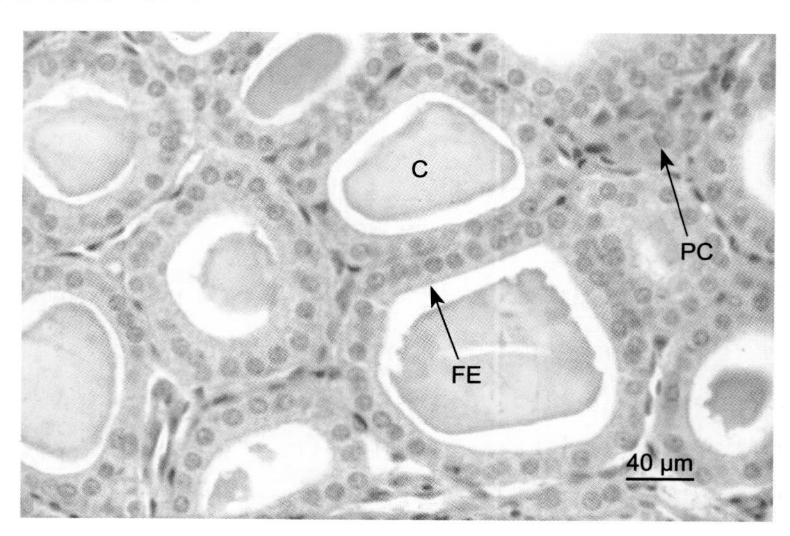

FE：滤泡上皮；PC：滤泡旁细胞；C：胶质。

图 10–3　甲状腺滤泡

2. *滤泡旁细胞*（parafollicular cell，PC）　散布于滤泡上皮细胞之间或成群分布于滤泡间结缔组织内。细胞呈卵圆形，体积较滤泡上皮细胞稍大，HE 染色切片中着色较浅，不易辨认。

作业：绘高倍镜下甲状腺的局部。标注被膜、滤泡上皮、胶质、滤泡旁细胞。

示教：滤泡旁细胞（镀银）

用镀银法染色可显示滤泡旁细胞。如图 10–4 所示，棕褐色的细胞即为滤泡旁细胞。

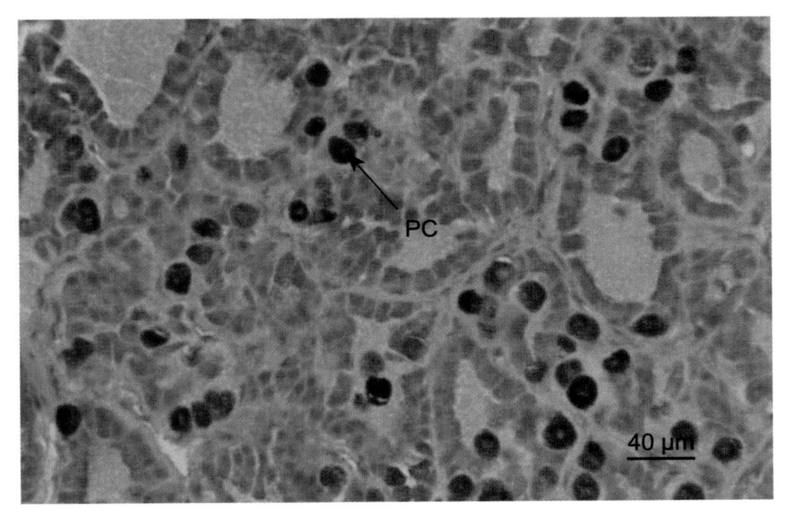

PC：滤泡旁细胞。

图 10–4 甲状腺滤泡旁细胞（镀银染色）

（二）甲状旁腺

低倍镜观察 如图 10–2 所示，甲状旁腺外包结缔组织被膜（capsule，C），腺细胞排列成团，索状。

高倍镜观察 如图 10–5 所示，甲状旁腺实质内可见主细胞（chief cell，CC）排列成团索状，其间富含窦状毛细血管。主细胞呈圆形或多边形，胞质着色浅，胞核圆形，位于细胞中央。马和反刍动物的甲状旁腺内还有少量体积大、胞质丰富、嗜酸性着色的嗜酸性细胞。

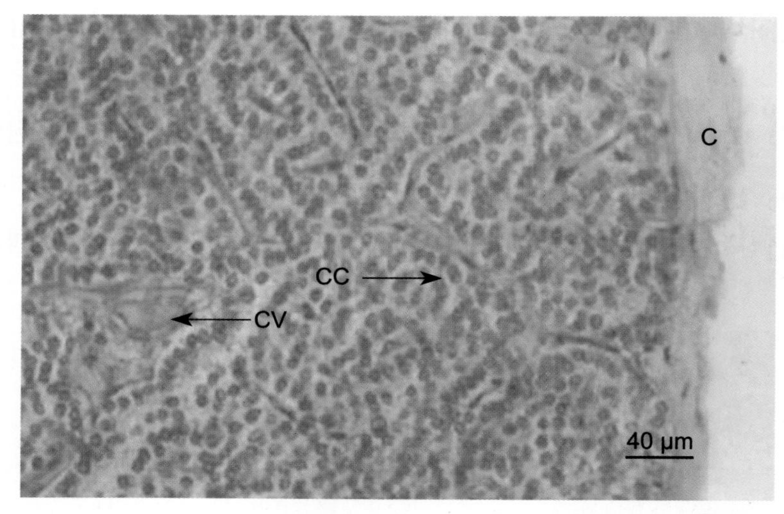

C：被膜；CC：主细胞；CV：毛细血管。

图 10–5　甲状旁腺

二、肾上腺

标本　肾上腺切片（图 10–6）。

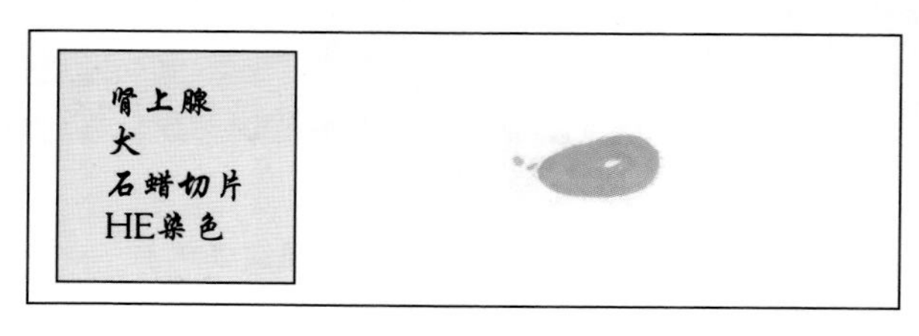

图 10–6　肾上腺切片

肉眼观察　如图 10–6 所示，肾上腺横切面呈椭圆形或不规则的圆形，周边嗜酸性着色的为皮质，中央疏松弱嗜碱性着色的为髓质。

低倍镜观察　如图 10–7 所示，肾上腺外包结缔组织被膜（capsule，C），实质分为周边的皮质和中央的髓质。

1. 皮质　根据腺细胞的排列方式，由表及里依次分为 3 个带。

（1）球状带（zona glomerulosa，ZG）：位于被膜下方，较薄，细胞较小，排列成团状或短索状（猪、犬、反刍动物）或弓形（马）。

（2）束状带（zona fasciculata，ZF）：是皮质中最厚的部分，细胞排列成索状，细胞质内含大量脂滴，制片时被溶解，故胞质着色浅而呈泡沫状。

（3）网状带（zona reticularis，ZR）：位于皮质最内层，与髓质相连接，细胞索相互吻合成网。

2. 髓质　细胞排列成不规则的条索状，细胞索间有许多血窦。髓质的中央有一腔大而壁薄的中央静脉。有时可见交感神经节细胞。

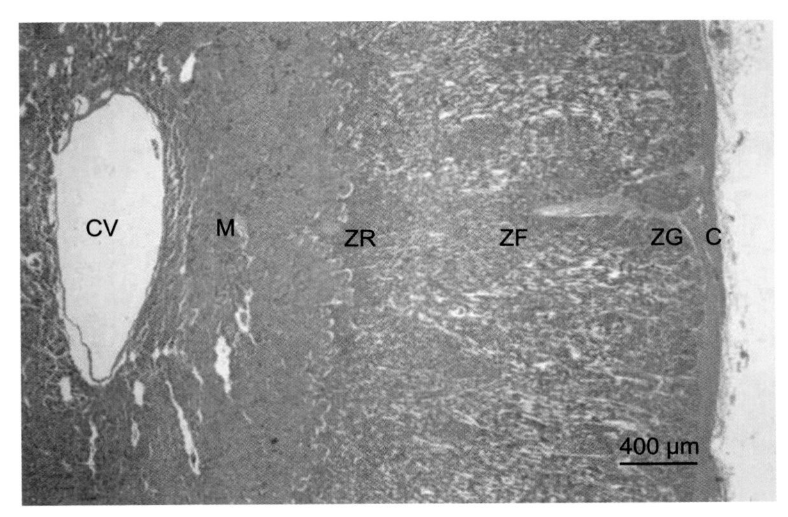

C：被膜；ZG：球状带；ZF：束状带；ZR：网状带；M：髓质；CV：中央静脉。

图 10–7　肾上腺

作业：绘低倍镜下肾上腺的局部。标注被膜、皮质、球状带、束状带、网状带、髓质、中央静脉。

三、垂体

标本　垂体切片（图 10–8）。

图 10–8　垂体切片（矢状面）

肉眼观察　如图 10–8 所示，垂体表面为结缔组织被膜，实质着色较深的部分为远侧部（pars distalis，PD），着色较浅的部分为神经部（neurohypophysis，NH）。

低倍镜观察

垂体主部：如图 10-9 所示，垂体远侧部与神经部之间的细长条部分为中间部（pars intermedia，PI），中间部与远侧部之间的裂隙为垂体裂（hypophyseal gap，HG）。

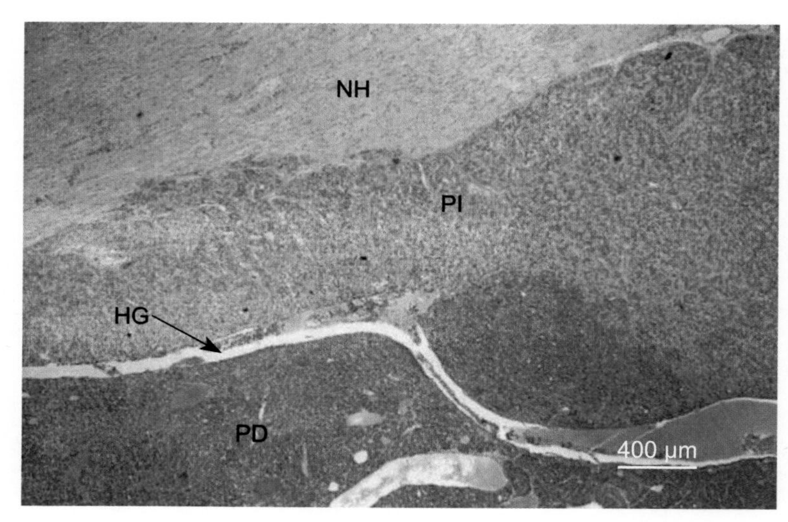

PD：远侧部；PI：中间部；NH：神经部；HG：垂体裂。

图 10-9　垂体主部

垂体茎：如图 10-10 所示，垂体茎中央的腔隙为垂体腔（hypophyseal cavity，HC），垂体腔外着色较浅的为正中隆起（median eminence，ME），正中隆起外周着色较深的为结节部（pars tuberalis，PT）。

高倍镜观察

1. 远侧部　如图 10-11 所示，内分泌细胞排列成索状或团块状，细胞间有丰富的窦状毛细血管和少量结缔组织。在HE染色的切片上，根据细胞质着色的差异，可分为 3 种类型。

（1）嗜酸性细胞（acidophilic cell，AC）：数量较多。细胞体积较大，呈圆形或椭圆形，胞质嗜酸性着色，核圆形，着色较深。

（2）嗜碱性细胞（basophilic cell，BC）：数量较少。细胞体积最大，呈圆形或多边形，胞质嗜碱性着色，核圆形，着色较浅。

（3）嫌色细胞（chromophobe cell，CC）：数量最多。细胞体积最小，胞质着色很浅，细胞界限不清，核圆形或不规则形，着色浅。

以上 3 种细胞的数量随位置不同而异，有些部位以嗜酸性细胞为主，有些部位以嗜碱性细胞为主，嫌色细胞可能在较大范围内集中分布。

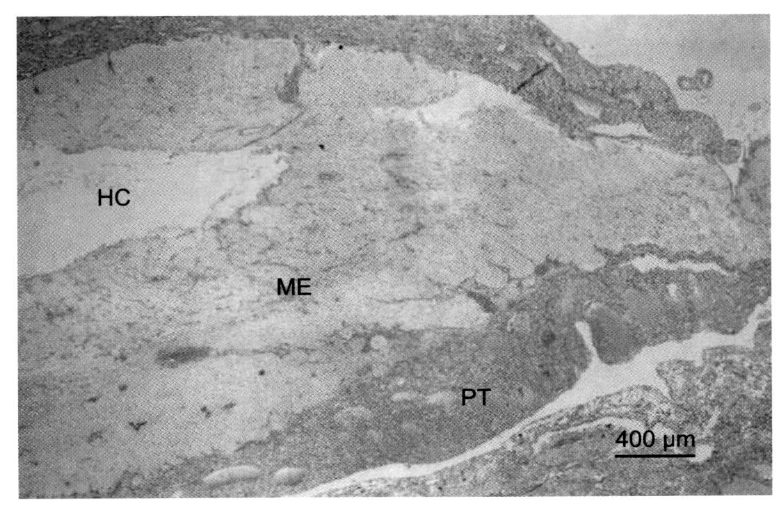

HC：垂体腔；ME：正中隆起；PT：结节部。

图 10–10　垂体茎

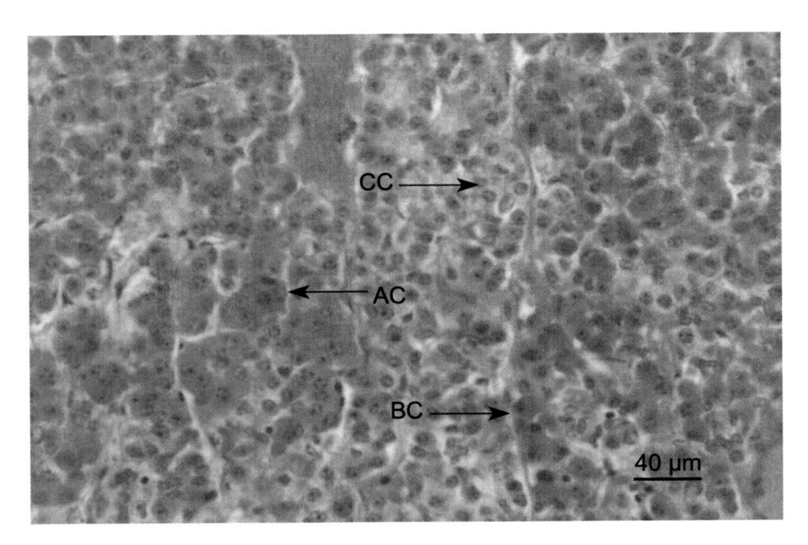

AC：嗜酸性细胞；BC：嗜碱性细胞；CC：嫌色细胞。

图 10–11　垂体远侧部

2. 神经部　如图 10–12 所示，垂体神经部主要由无髓神经纤维和神经胶质细胞组成，富含窦状毛细血管。神经部的垂体细胞（pituicyte，PC）着色较深，细胞轮廓清晰，胞质内常见色素颗粒和脂滴，是一种神经胶质细胞。神经部还可见大小不等的嗜酸性团块，称赫令小体（Herring body，HB）。

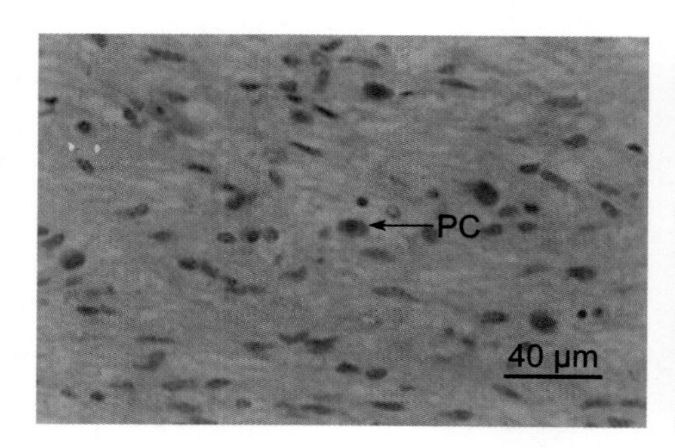

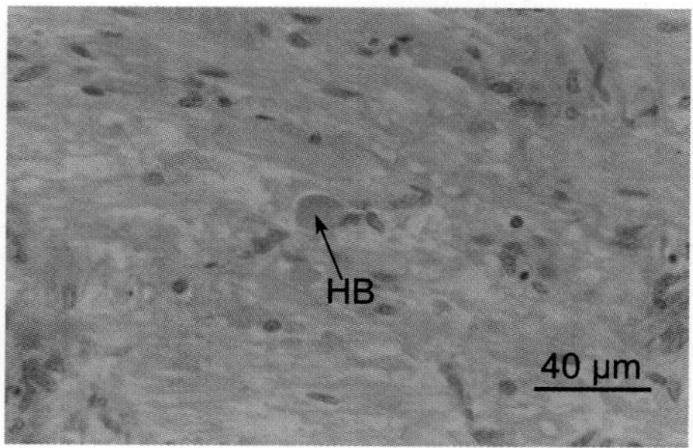

PC：垂体细胞；HB：赫令小体。

图 10–12　垂体神经部

作业：分别绘高倍镜下垂体远侧部和神经部的局部。标注嫌色细胞、嗜酸性细胞、嗜碱性细胞、垂体细胞、赫令小体。

示教：大鼠肾上腺髓质，显示交感神经节细胞（图 10–13）。

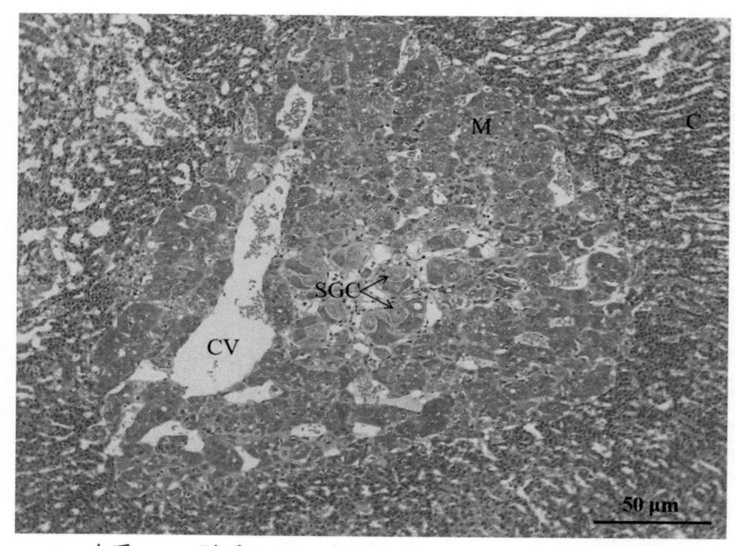

C：皮质；M：髓质；CV：中央静脉；SGC：交感神经节细胞。

图 10–13　大鼠肾上腺髓质

第十一章　感觉器官

感觉器官（sense organs）主要由感受器和中枢神经系统两部分组成。感受器能够感受外界和机体本身情况的变化（刺激），产生兴奋，通过感觉神经将兴奋向中枢神经系统传递，经过中枢的分析整合，再通过运动神经调节机体的活动。本章主要涉及眼和耳的组织结构。

实验目的：了解眼球壁的组织结构。
　　　　　了解内耳的组织结构。
实验内容：眼球；内耳。

一、眼球

标本　眼球切片（图 11–1），重点观察眼球壁的组织结构。

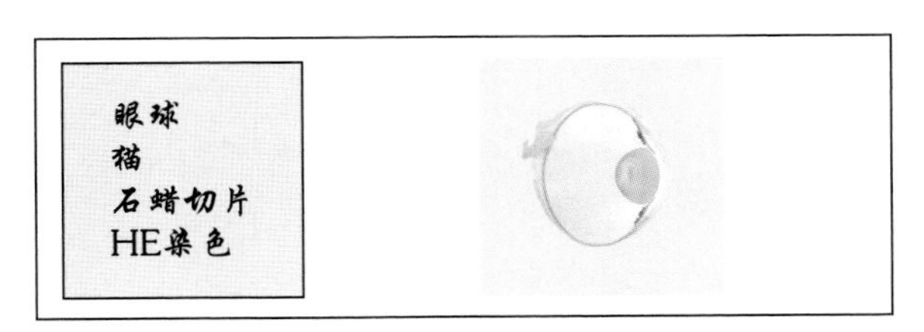

图 11–1　眼球切片

肉眼观察　如图 11–1 所示，眼球由周边的眼球壁及其中央的内容物构成；对照图 11–2 理解眼球壁的结构。

低倍镜观察　如图 11–3 所示，眼球壁由外向内分为纤维膜、血管膜和视网膜。其中纤维膜前 1/5 部分透明，称角膜，后 4/5 部分称巩膜；血管膜自前向后分为虹膜、睫状体和脉络膜 3 部分。马、犬、反刍动物等的视神经乳头背上方有一半月形发金属光泽的无血管区，这一脉络膜的特化结构称为照膜（tapetum lucidum）。

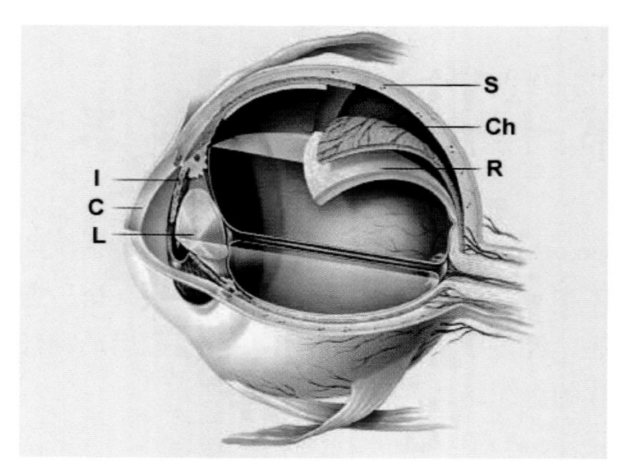

C：角膜；I：虹膜；L：晶状体；S：巩膜；Ch：脉络膜；R：视网膜。

图 11–2　眼球模式图

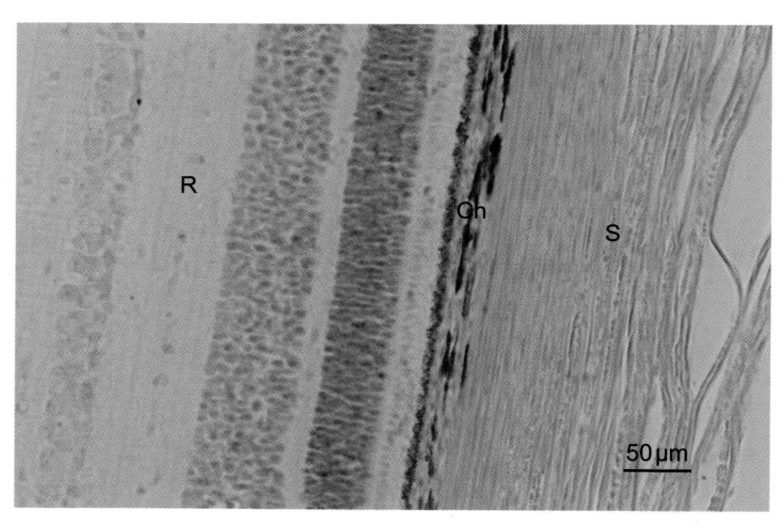

S：巩膜；Ch：脉络膜；R：视网膜。

图 11–3　眼球壁（后部）

高倍镜观察　重点观察角膜和视网膜的组织结构。

1. 角膜（cornea）　如图 11–4 所示，角膜可分为 5 层，由前向后依次为：

（1）角膜上皮（corneal epithelium，CEp）：未角化的复层扁平上皮，由 5~6 层排列整齐的细胞构成，基部平坦。

（2）前界层（anterior limiting lamina，ALL）：由基质和胶原纤维构成的不含细胞的均质透明的膜，着粉红色。

（3）角膜基质（corneal stroma，CS）：此层最厚，主要由多层与表面平行的胶原板层组成，板层之间有扁平的成纤维细胞。制片时因收缩而呈波浪形。

（4）后界层（posterior limiting lamina，PLL）：结构与前界层相似，但更薄。

（5）角膜内皮（corneal endothelium，CEd）：单层扁平上皮。

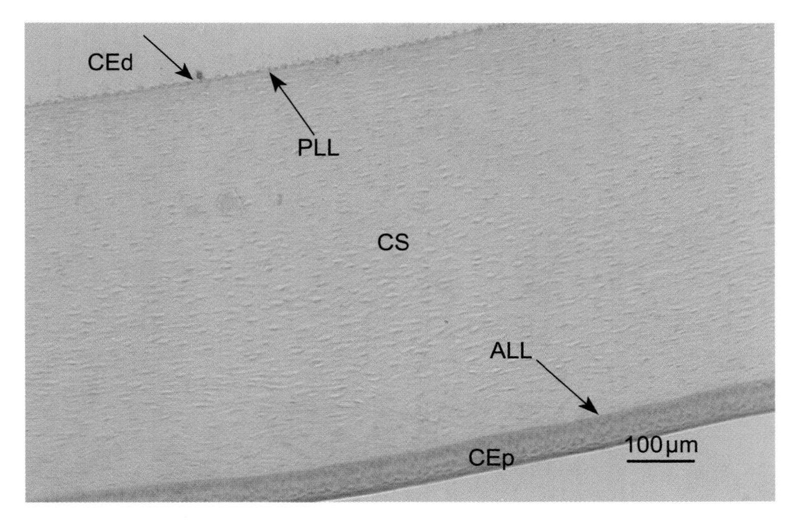

CEp：角膜上皮；ALL：前界层；CS：角膜基质；PLL：后界层；CEd：角膜内皮。

图 11-4　角膜

2. 视网膜（retina）　眼球壁的最内层，分为视部、睫状体部和虹膜部，本实验主要观察视部。视网膜视部主要由色素上皮细胞、视细胞、双极细胞、节细胞以及起支持作用的苗勒氏细胞、神经胶质细胞组成。这些细胞及突起排列有序，据此将视网膜由外向内分为 10 层，如图 11-5 所示。常规 HE 染色标本上不易观察到各层细胞的完整形态。

（1）色素上皮层（pigment epithelial layer，PEL）：紧邻脉络膜，是由色素上皮细胞构成的单层立方上皮。细胞顶部有大量突起伸入视细胞的外节之间，但并不与其相连。胞质内含许多粗大的黑素颗粒，胞核圆形，位于细胞中央。

（2）感光层（photosensory layer，PL）：由视杆细胞和视锥细胞的突起组成，呈粉红色纵纹，二者的突起难以分辨。

（3）外界层（external limiting layer，ELL）：由苗勒氏细胞外侧端之间的连接复合体构成，HE 染色标本上只能看到一条稍深红色的线条。

（4）外核层（outer nuclear layer，ONL）：由视杆细胞和视锥细胞的胞体组成。

其中，视锥细胞的核略大，呈浅蓝色，位于表面，排成一层；视杆细胞的核略小，但着色较深，位于视锥细胞下方，排列紧密。

（5）外网层（outer plexiform layer，OPL）：由视杆细胞和视锥细胞的轴突及双极细胞的树突组成，呈浅红色网状结构，但在HE染色标本上只见纤维状结构。

（6）内核层（inner nuclear layer，INL）：由双极细胞、水平细胞、无长突细胞、网间细胞以及苗勒氏细胞胞体共同组成，HE 染色标本上不能分辨出细胞类型。

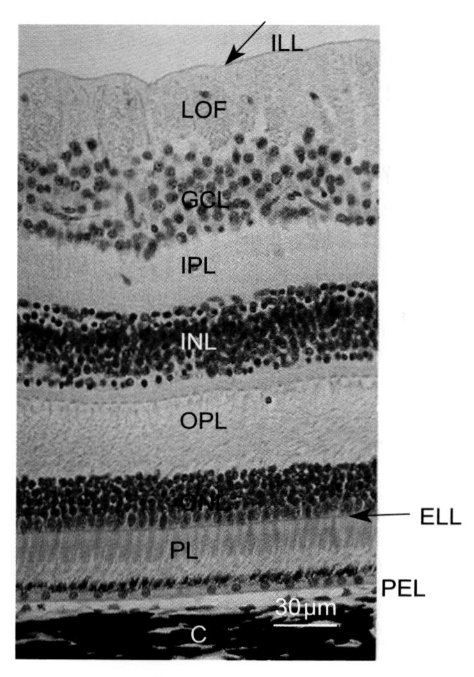

C：脉络膜；PEL：色素上皮层；PL：感光层；ELL：外界层；ONL：外核层；OPL：外网层；INL：内核层；IPL：内网层；GCL：节细胞层；LOF：视神经纤维层；ILL：内界层。

图 11–5　视网膜

（7）内网层（inner plexiform layer，IPL）：由双极细胞的轴突、节细胞树突、无长突细胞和网间细胞的突起组成，呈浅红色网状结构，但在 HE 染色标本上只见纤维状结构。

（8）节细胞层（ganglion cell layer，GCL）：由节细胞的胞体组成。节细胞为多极神经元，胞体和胞核较大，染色浅，核仁明显，其树突与双极细胞形成突触。

（9）视神经纤维层（layer of optic fibers，LOF）：由节细胞的轴突组成。视神经纤维向视神经乳头集中，并由此离开眼球。视神经乳头处没有细胞成分，只见纵横交错的神经纤维。

（10）内界层（inner limiting layer，ILL）：由苗勒氏细胞内侧端相互连接而成。HE 染色标本上只能看到一红色线条。

二、内耳

标本 内耳切片（图 11-6）。

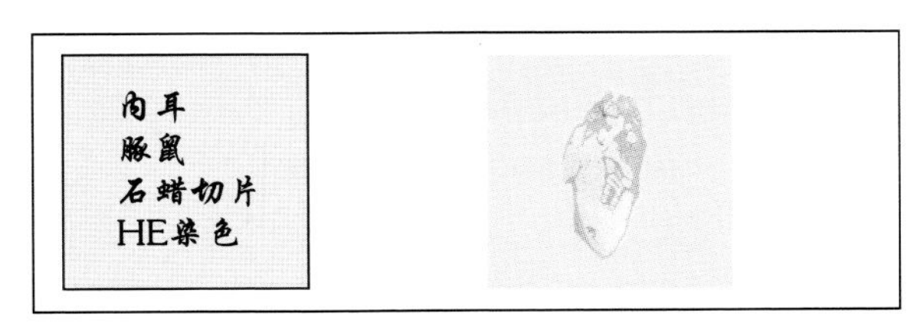

图 11-6 内耳切片

内耳（internal ear）位于颞骨岩部内，是一系列结构复杂的弯曲管道，故又称迷路（labyrinth），包括骨迷路（osseous labyrinth）和膜迷路（membranous labyrinth）。骨迷路由前至后分为耳蜗（cochlea）、前庭（vestibule）和半规管（semicircular canal）。膜迷路悬系在骨迷路内，形态与骨迷路相似，相应地分为膜蜗管（membranous cochlea）、膜前庭（membranous vestibule）（椭圆囊和球囊）和膜半规管（membranous semicircular canal）3 部分。

1. 位觉感受器

（1）椭圆囊斑和球囊斑：膜前庭由椭圆囊和球囊组成。椭圆囊外侧壁和球囊前壁的黏膜局部增厚，呈斑块状，分别称为椭圆囊斑（macula utriculi）和球囊斑（macula sacculi）。二者合称位觉斑（macula acoustica）。如图 11-7 所示，位觉斑由支持细胞（supporting cell，SC）和毛细胞（hair cell，HC）组成。支持细胞分泌胶状的糖蛋白，在位觉斑表面形成位砂膜（otolithic membrance，OM），内有细小的碳酸钙结晶，即位砂。毛细胞位于支持细胞之间，细胞顶部有几十根静纤毛和 1 根纤毛。

（2）壶腹嵴：如图 11-8 所示，膜半规管壶腹底部黏膜局部增厚，形成横行的山嵴状隆起，称壶腹嵴（crista ampullaris）。壶腹嵴上皮也由支持细胞和毛细胞构成。

2. 听觉感受器——螺旋器 如图 11-9 所示，螺旋器是膜蜗管基底膜上呈螺旋状走行的膨隆结构，由支持细胞和毛细胞组成。

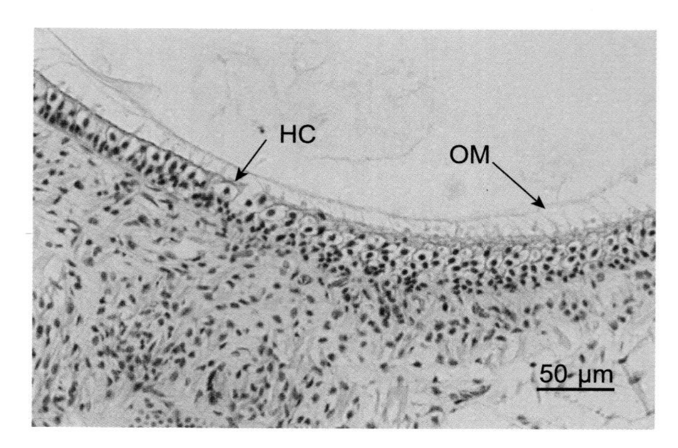

HC：毛细胞；OM：位砂膜。

图 11-7　位觉斑

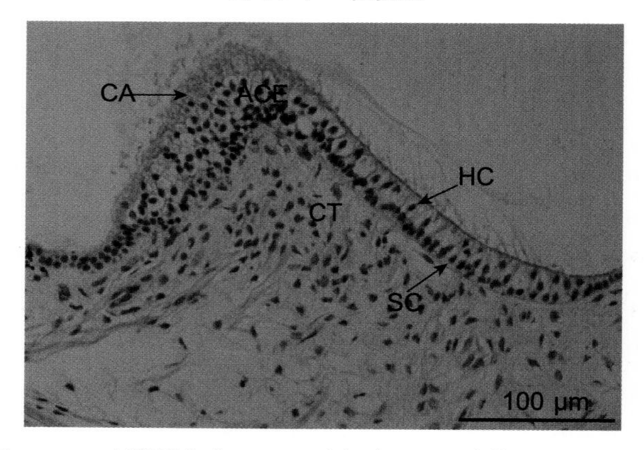

CA：壶腹帽；ACE：壶腹嵴上皮；HC：毛细胞；SC：支持细胞；CT：结缔组织。

图 11-8　壶腹嵴

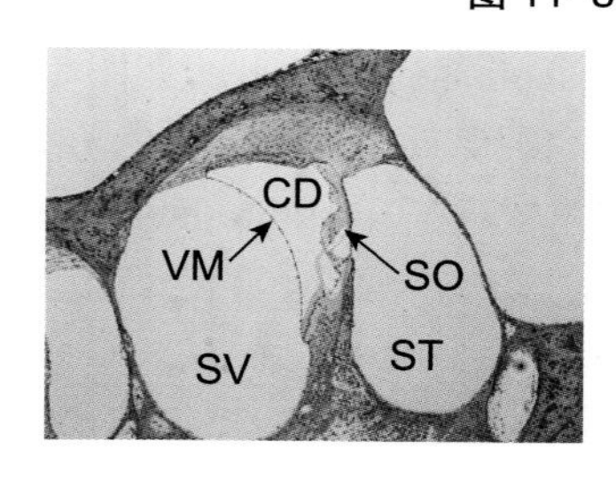

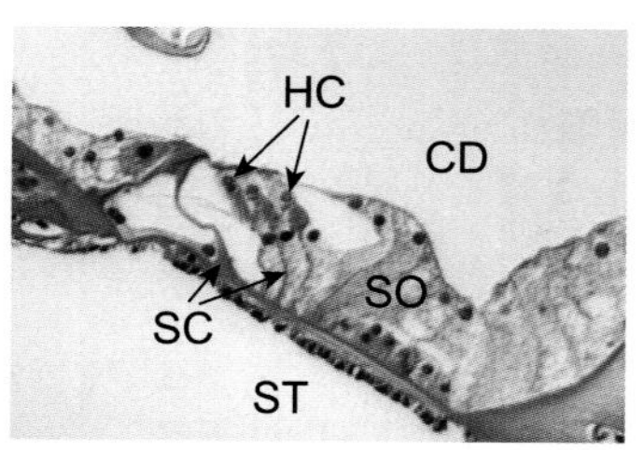

SV：前庭阶；ST：鼓室阶；VM：前庭膜；CD： 蜗管；
SO：螺旋器；HC：毛细胞；SC：支持细胞。

图 11-9　蜗管及螺旋器

第十二章　消化系统

消化系统（digestive system）包括消化管和消化腺。消化管（digestive tract）是从口腔至肛门的连续性管道，依次为口腔、咽、食管、胃、小肠和大肠。这些器官的管壁结构既具有一些共同的分层规律，又各具有与其功能相适应的特点。消化腺（digestive gland）包括大消化腺，即唾液腺、胰腺和肝，以及分布于消化管壁内的许多小消化腺，如口腔内的小唾液腺、食管腺、各种胃腺和肠腺等。大消化腺是实质性器官，包括由腺细胞组成的分泌部和上皮细胞组成的导管。

实验目的：掌握主要消化管的组织结构。

掌握各段消化管管壁结构的共性和特性。

掌握主要消化腺的组织结构。

实验内容：食管；胃；小肠；结肠；唾液腺；胰腺；肝。

一、食管

标本　食管横切片（图 12–1）。

图 12–1　食管横切片

肉眼观察　食管管腔内有数个由黏膜和部分黏膜下层共同形成的皱襞，管腔小而不规则。

低倍镜观察　如图 12–2 所示，食管的管壁由内向外分为黏膜、黏膜下层、肌层和外膜（或浆膜），重点观察黏膜和黏膜下层的结构。

1. 黏膜（mucosa，M）

（1）黏膜上皮（epithelium mucosae，EM）：复层扁平上皮。采食硬、干饲料的家畜，上皮明显角化。

（2）固有层（lamina propria，LP）：疏松结缔组织。

（3）黏膜肌层（muscularis mucosae，MM）：散在的纵行平滑肌束，嗜酸性着色。

2. 黏膜下层（submucosa，Sm） 疏松结缔组织，内含大量食管腺（esophageal gland，EG），属复管泡状混合腺。黏膜下层中还可见大量血管和神经。

3. 肌层（muscular layer，ML） 分为内环行与外纵行两层，其间有时可见斜行。反刍动物和狗的肌层为骨骼肌，其他动物前段为骨骼肌，后段为平滑肌。

4. 外膜（ectoblast）或浆膜（serosa） 食管的颈段为结缔组织构成的外膜，之后为浆膜，即外膜被覆一层间皮。

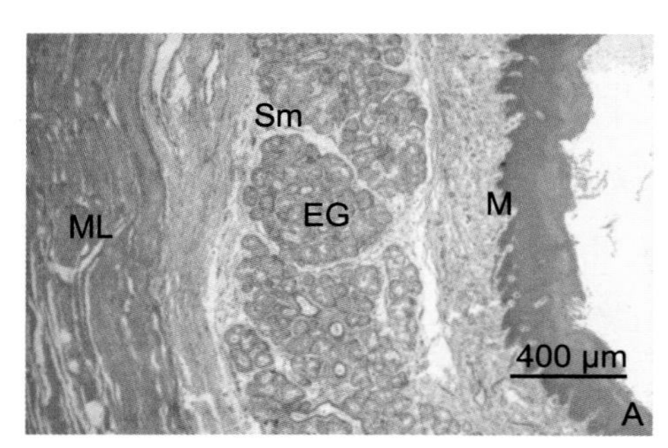

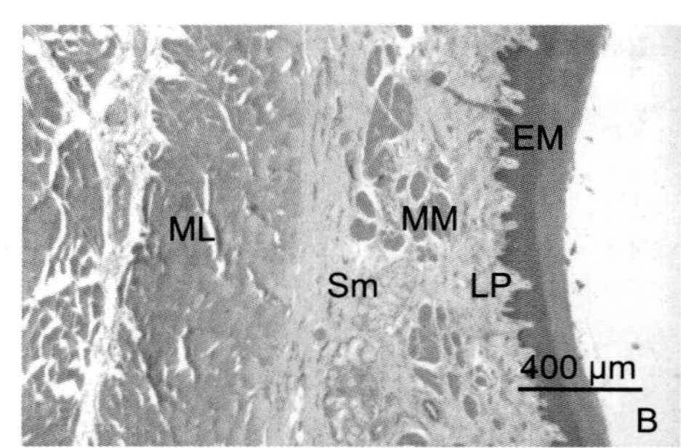

A：食管前段；B：食管后段。

M：黏膜；EM：黏膜上皮；LP：固有层；MM：黏膜肌层；

Sm：黏膜下层；EG：食管腺；ML：肌层。

图 12–2 食管

二、胃

标本 胃底壁切片（图 12–3）。

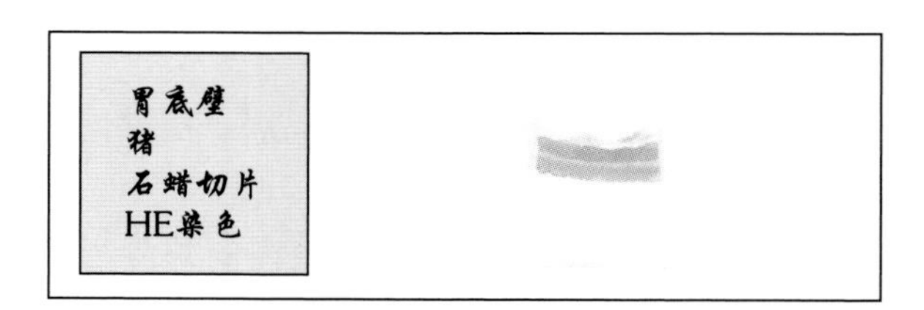

图 12–3 胃底壁切片

低倍镜观察 区分胃壁的 4 层结构（图 12–4）。

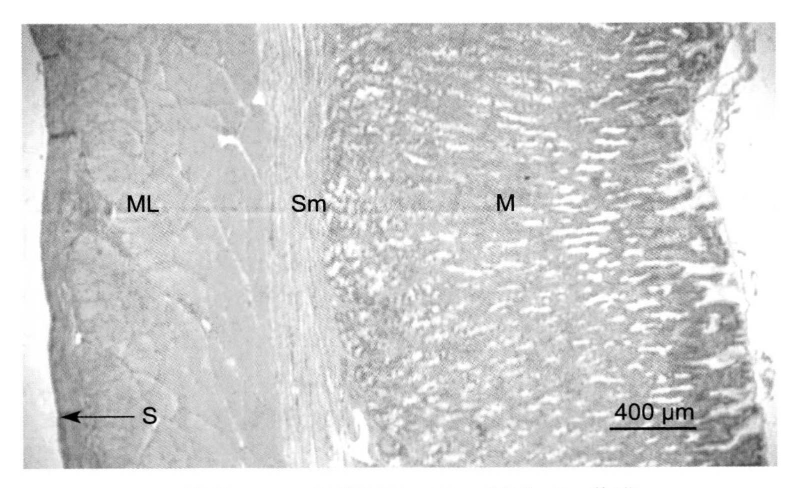

M：黏膜；Sm：黏膜下层；ML：肌层；S：浆膜。

图 12–4　胃底壁

1. 黏膜（mucosa，M）　很厚。黏膜表面有很多小的凹陷，称胃小凹（gastric pit，GP），每个胃小凹底部与 3~5 条腺体通连（图 12–5）。

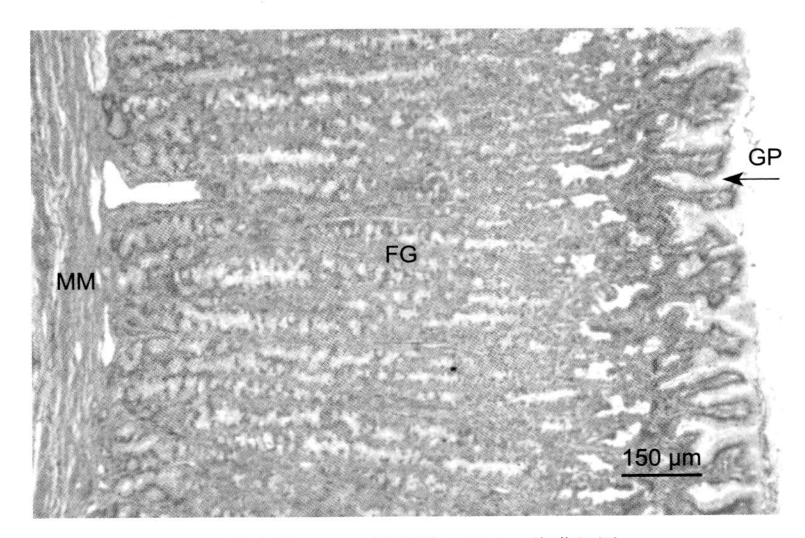

GP：胃小凹；FG：胃底腺；MM：黏膜肌层。

图 12–5　胃黏膜层

2. 黏膜下层（submucosa，Sm）　疏松结缔组织，内含丰富的血管和神经。在靠近肌层处可见一些大而圆的细胞，为黏膜下神经丛中的神经细胞。

3. 肌层（muscular layer，ML） 较厚，一般由内斜行、中环行和外纵行 3 层平滑肌构成。在中环行和外纵行肌层之间可见肌间神经丛中的神经细胞，数量较多，成群分布。

4. 浆膜（serosa，S） 疏松结缔组织外表面被覆一层间皮。

高倍镜观察 重点观察黏膜上皮的结构（图 12-6）。

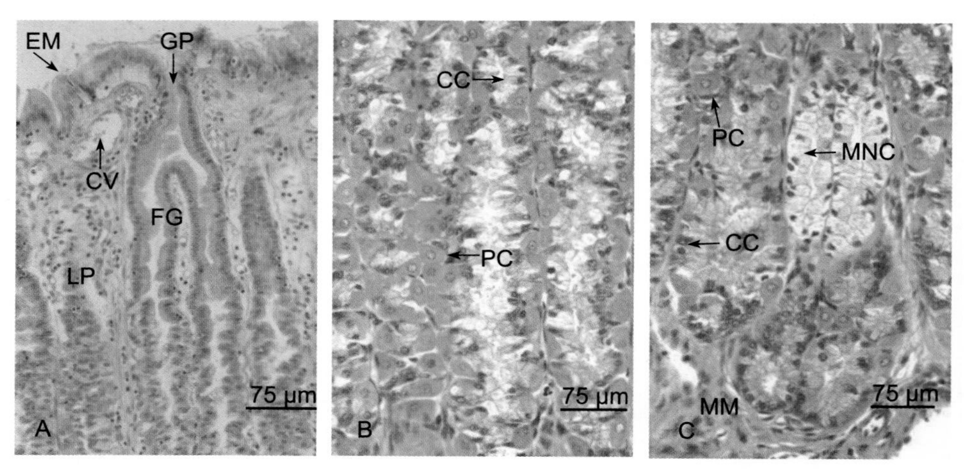

A：胃小凹和胃底腺颈部；B：胃底腺体部；C：胃底腺底部。
EM：黏膜上皮；LP：固有层；GP：胃小凹；FG：胃底腺；CV：毛细血管；
CC：主细胞；PC：壁细胞；MNC：颈黏液细胞；MM：黏膜肌层。

图 12-6 胃黏膜

1. 黏膜上皮（epithelium mucosae，EM） 黏膜上皮为单层柱状，顶部胞质充满黏原颗粒，在 HE 染色切片上着色浅淡至透明。上皮下陷形成短而宽的腔隙即胃小凹。

2. 固有层 固有层很厚，内有大量密集排列的胃底腺（fundic gland, FG），腺体之间有少量疏松结缔组织以及由黏膜肌层延伸入的分散的平滑肌细胞。

胃底腺呈分支管状，可分为颈部、体部和底部。颈部与胃小凹相连，体部较长，底部稍膨大并延伸至黏膜肌层。胃底腺由主细胞、壁细胞、颈黏液细胞和内分泌细胞（endocrine cell）组成。HE 切片上可看到前 3 种细胞，内分泌细胞需用银染或免疫组织化学染色才可看到。

（1）主细胞（chief cell，CC）：数量最多，呈柱状或锥体形，核圆形，位于细胞基部。胞质基部呈嗜碱性着色，顶部充满酶原颗粒，在制片时，颗粒多溶解，使该部位呈泡沫状。

（2）壁细胞（parietal cell，PC）：细胞体积较大，多散布于胃底腺的颈部和体部。细胞呈圆形或锥体形，核圆而深染，胞质强嗜酸性着色。

（3）颈黏液细胞（mucous neck cell，MNC）：数量较少，多位于腺颈部，但猪的颈黏液细胞分布于腺体各部，以底部居多。细胞呈立方形或矮柱状，胞核扁圆或呈不规则的三角形，胞质着色浅淡。

3. 黏膜肌层　薄层平滑肌。

作业：绘高倍镜下胃底壁黏膜层的局部。标注黏膜上皮、固有层、胃小凹、胃底腺、主细胞、壁细胞、颈黏液细胞、黏膜肌层。

三、小肠

标本　十二指肠横切片（图 12–7）。

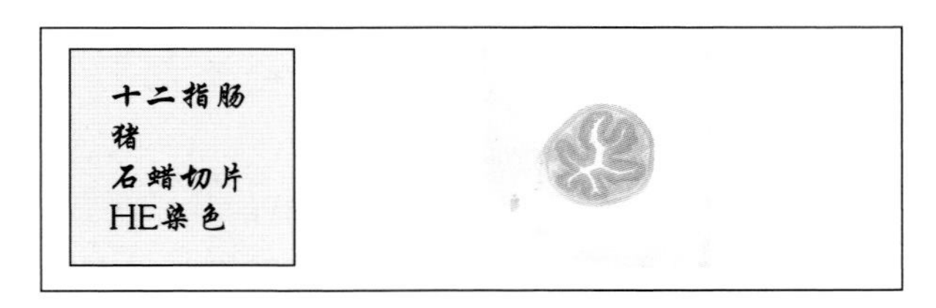

图 12–7　十二指肠横切片

肉眼观察　如图 12–7 所示，肠腔内可见数个由黏膜和部分黏膜下层突入肠腔形成的皱襞。

低倍镜观察　如图 12–8 所示，区分肠壁的 4 层结构。

1. 黏膜　表面有许多不规则的突起为肠绒毛（intestinal villi，V），是由黏膜上皮和固有层向肠腔突起形成的。绒毛中轴可见中央乳糜管（central lacteal，CL）。没有参与构成绒毛的固有层中，可见许多直管状的肠腺（intestinal gland，IG）。固有层外侧为薄层平滑肌构成的黏膜肌层。

2. 黏膜下层　疏松结缔组织构成。各种家畜的十二指肠中均有大量腺体，即十二指肠腺（duodenal gland，DG）。有些家畜，如猪、马、大反刍动物等，十二指肠腺可延伸至空肠。黏膜下层中还可见黏膜下神经丛中的神经元，细胞核大而圆，核仁明显。

部分黏膜下层作为中轴和黏膜共同突入肠腔形成皱襞。

3. 肌层　由内环行和外纵行两层平滑肌组成。在横切面上内环肌层的肌纤维为纵截面，外纵肌层的肌纤维为横截面。两层平滑肌之间可见肌间神经丛中的神经细胞，数量多于黏膜下神经丛。

4. 浆膜　薄层结缔组织外被覆一层间皮。

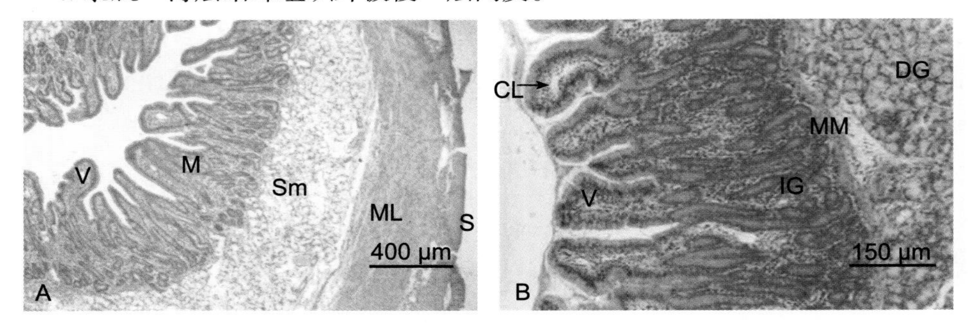

A. 肠壁；B. 黏膜。

M：黏膜；Sm：黏膜下层；ML：肌层；S：浆膜；V：绒毛；IG：肠腺；

CL：中央乳糜管；MM：黏膜肌层；DG：十二指肠腺。

图 12-8　十二指肠

高倍镜观察

1. 绒毛　由表面的单层柱状上皮和中轴的固有层构成（图 12-9）。单层柱状上皮由柱状细胞、杯状细胞和上皮内淋巴细胞等组成。固有层内可见中央乳糜管和结缔组织细胞、毛细血管等。

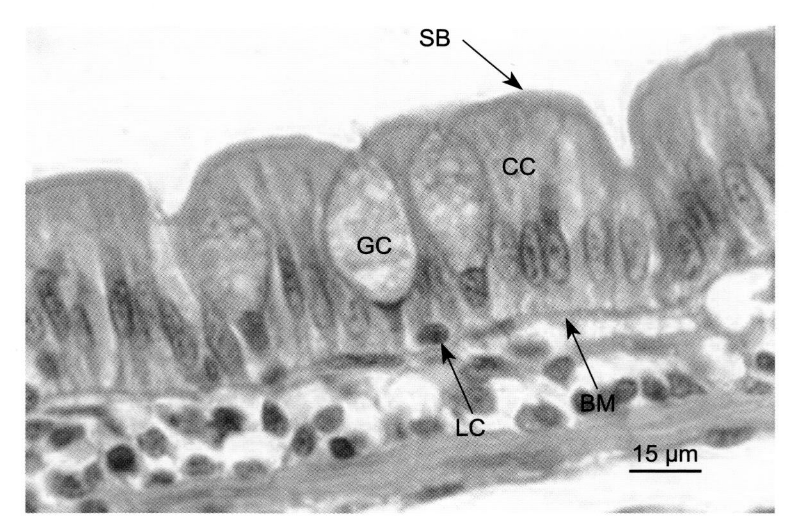

CC：柱状细胞；SB：纹状缘；BM：基膜；GC：杯状细胞；LC：淋巴细胞。

图 12-9　十二指肠绒毛

2. 肠腺　由柱状细胞、杯状细胞和内分泌细胞组成。内分泌细胞可采用银染或免疫组织化学方法显示（图 12–10）。马、牛、羊等肠腺底部还有潘氏细胞（Paneth cell，PC）。细胞呈锥体形，顶端胞质含嗜酸性颗粒（图 12–11、图 12–12）。猪、猫、犬等缺如。

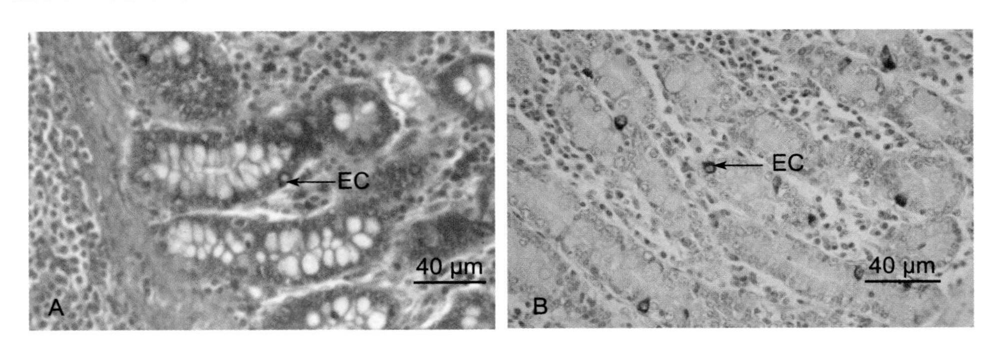

A：银染；B：5–羟色胺免疫组化染色。

EC：消化道内分泌细胞。

图 12–10　消化道内分泌细胞

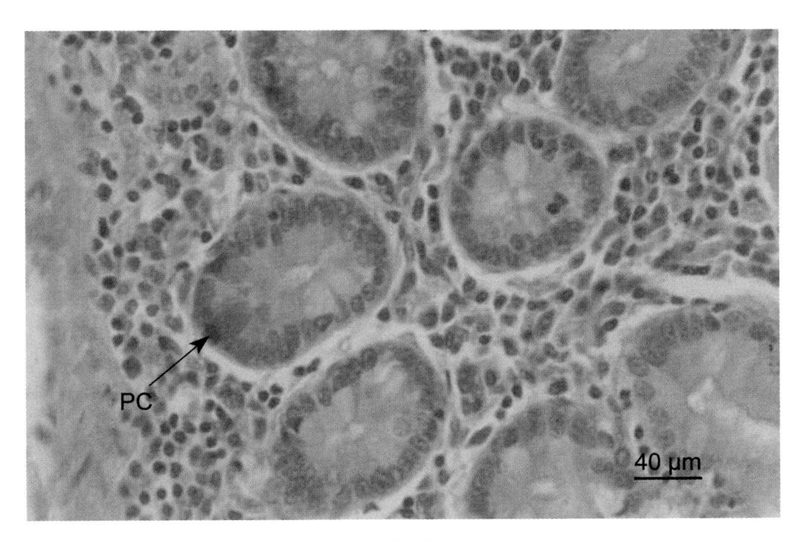

PC：潘氏细胞。

图 12–11　羊小肠肠腺（示潘氏细胞）

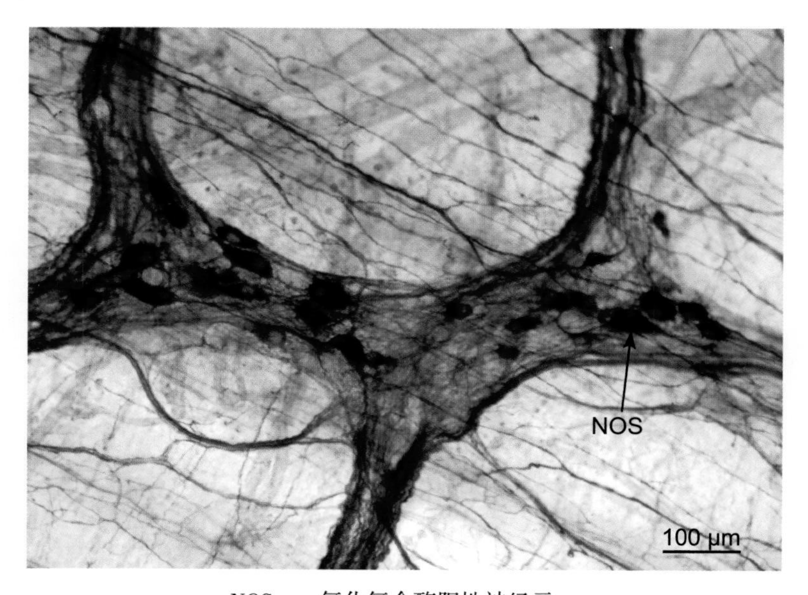

NOS：一氧化氮合酶阳性神经元。

图 12–12　小肠肌间神经丛（猪，撕片，NADPH 染色）

四、大肠

标本　结肠切片（图 12–13）。

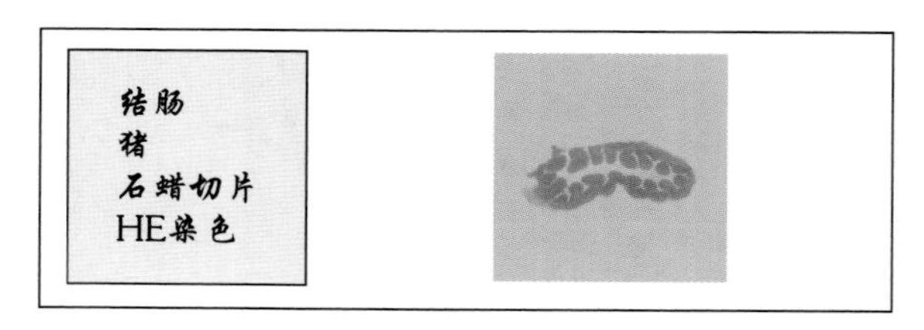

图 12–13　结肠切片

显微镜观察　如图 12–14 和图 12–15 所示，与小肠相比，结肠和盲肠无绒毛、肠腺发达、杯状细胞很多。

五、唾液腺

唾液腺（salivary gland）包括腮腺（parotid gland）、颌下腺（submaxillary gland）和舌下腺（sublingual gland）。腮腺为纯浆液腺，颌下腺（图 12–16）和舌下腺为混合腺。

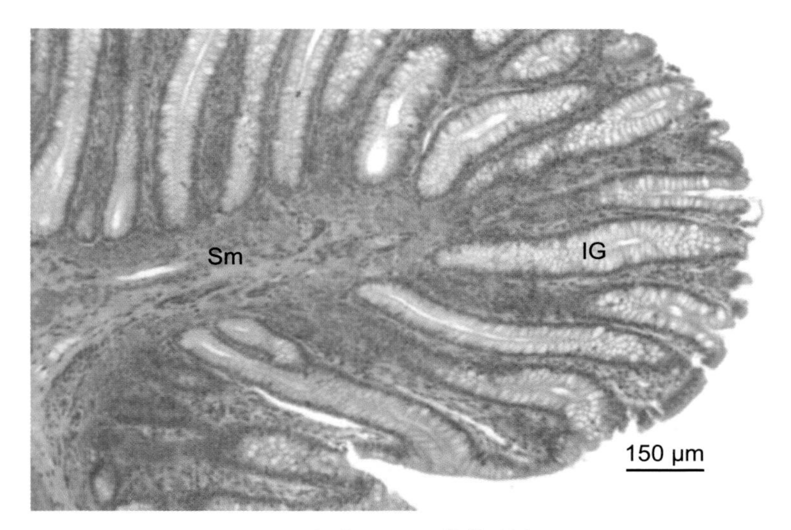

IG：肠腺；Sm：黏膜下层。

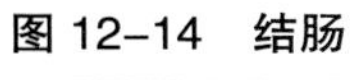

图 12-14　结肠

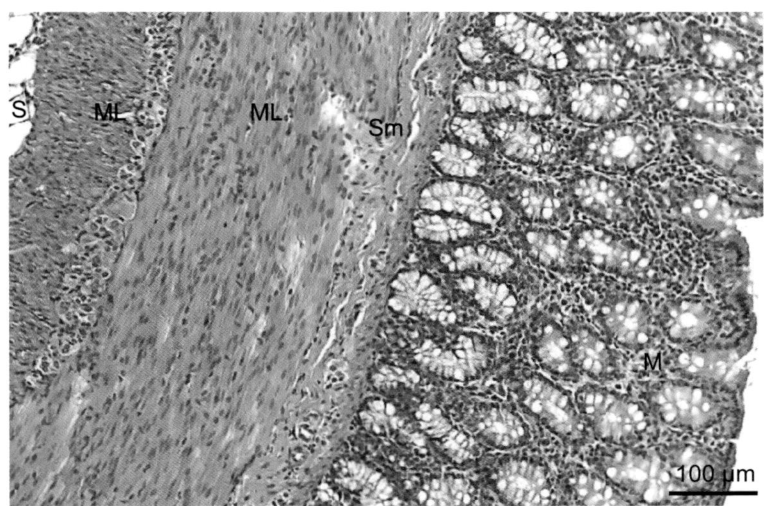

M：黏膜；Sm：黏膜下层；ML：肌层；S：浆膜；IG：肠腺。

图 12-15　盲肠（羊）

图 12-16　颌下腺切片

低倍镜观察　颌下腺为复管泡状腺，外包结缔组织被膜，结缔组织伸入腺实质将腺体分为若干小叶。小叶内有许多腺泡和少量导管，小叶间结缔组织内有一些大导管。

高倍镜观察　如图 12–17 和图 12–18 所示，重点观察颌下腺和腮腺的腺小叶的结构。

1. 腺泡　由腺上皮围成，在腺细胞的基底面外侧有扁平的肌上皮细胞（myoepithelial cell，MC）包裹。

（1）浆液性腺泡（serous acinus，SA）：完全由呈锥形的浆液性细胞构成，胞核圆形，位于细胞基底部，基底部胞质呈强嗜碱性着色，顶部胞质含分泌颗粒呈嗜酸性着色。

（2）黏液性腺泡（mucous acinus，MA）：完全由黏液性细胞构成，胞核扁平，位于细胞基底部，嗜碱性深染，顶部胞质含黏蛋白颗粒，除在核周的少量胞质呈嗜碱性着色外，大部分胞质几乎不着色，呈泡沫或空泡状。

（3）混合性腺泡（mixed acinus，MiA）：由浆液性细胞和黏液性细胞共同构成。黏液性细胞在靠近闰管侧围成腺泡，在腺泡的盲端有数个浆液性细胞围成半月状结构，称浆半月（serous demilune，SD）。

2. 导管　闰管和纹状管位于小叶内，小叶间导管位于小叶间结缔组织。

（1）闰管（intercalated duct，I）：是导管的起始，直接与腺泡相连，管径小，管壁为单层扁平或单层立方上皮。

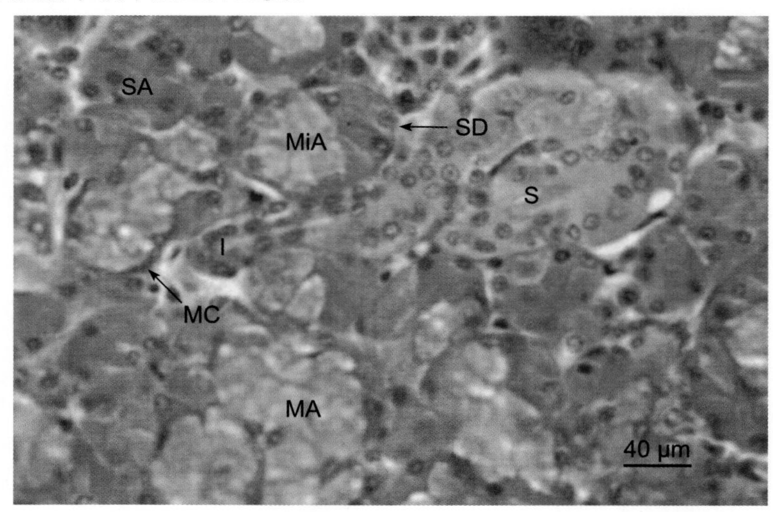

SA：浆液性腺泡；MA：黏液性腺泡；MiA：混合性腺泡；SD：浆半月；MC：肌上皮细胞；I：闰管；S：纹状管。

图 12–17　颌下腺

（2）纹状管（striated duct，S）：又称分泌管（secretory duct），与闰管相连，管壁为单层柱状上皮，细胞基部有纵纹，胞核圆形，胞质嗜酸性着色。

（3）小叶间导管（interlobular duct）：管腔大，管壁由单层柱状上皮移行为双层立方或假复层柱状上皮。

作业：绘几个高倍镜下的腺泡。标注浆液性腺泡、黏液性腺泡、混合性腺泡、浆半月、肌上皮细胞。

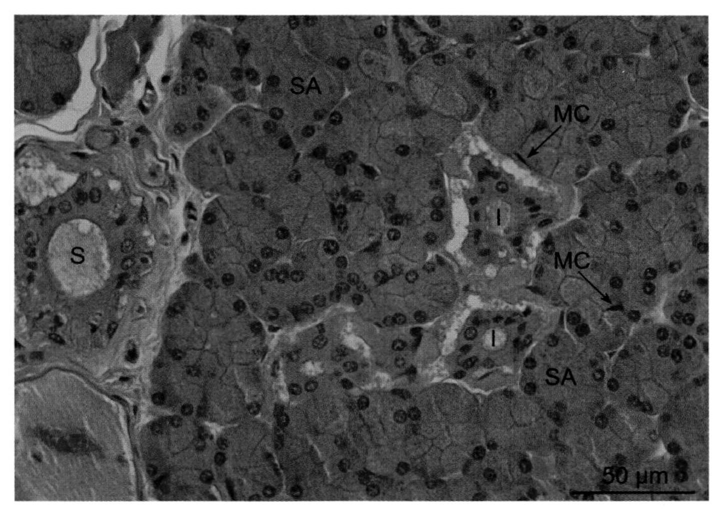

SA：浆液性腺泡；I：闰管；S：纹状管；MC：肌上皮细胞

图 12-18　腮腺

六、胰腺

标本　胰腺切片（图 12-19）。

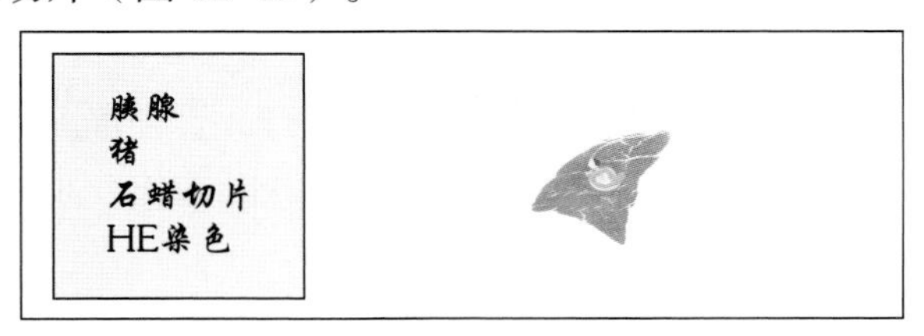

图 12-19　胰腺切片

肉眼观察　如图 12-19 所示，胰腺表面被覆薄层结缔组织被膜，结缔组织伸入实质将腺体分为若干小叶，切片正中的大导管为主胰管。

显微镜观察　如图 12-20 所示，胰腺实质由外分泌部和内分泌部（胰岛）组成。

1. 外分泌部　复管泡状腺，由浆液性腺泡构成。腺小叶内可见小叶内导管（intralobular duct），小叶间结缔组织内可见小叶间导管（interlobular duct）和管腔很大的主胰管（chief pancreatic duct）。

（1）腺泡：由锥形细胞围成。细胞核圆形位于中央，核上区含嗜酸性染色的分泌颗粒，核下区富含粗面内质网和游离核糖体而呈嗜碱性染色。腺泡中央有时可见胞核扁圆、胞质淡染的细胞，即泡心细胞（centroacinar cell，CC），是闰管伸入腺泡内的部分。

（2）导管：包括闰管、小叶内导管以及小叶间结缔组织内的小叶间导管和主胰管。

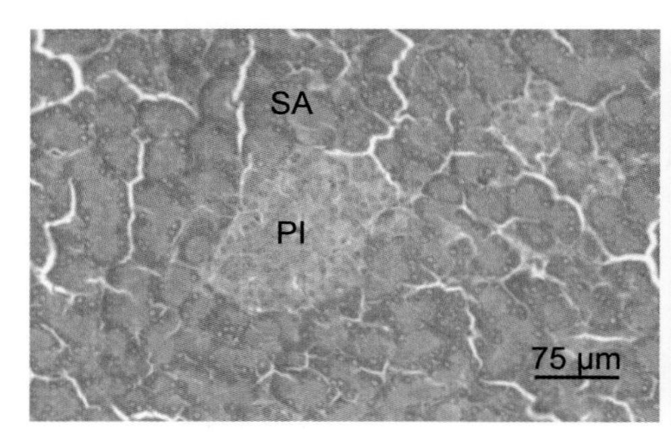

SA：浆液性腺泡；PI：胰岛。

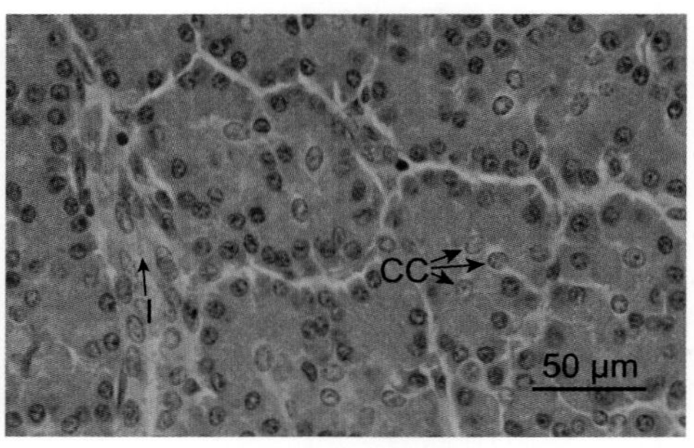

CC：泡心细胞；I：闰管。

图 12–20　胰腺

闰管：在腺泡附近可见一种由单层扁平或立方细胞构成的小管，即为闰管。切正的部位可见其与腺泡直接相通。

小叶内导管：与闰管相接，管壁为单层立方细胞。小叶内导管向小叶边缘移行，管径增粗，最后通入小叶间导管。

小叶间导管：单层柱状上皮。随着汇合后移行，管径逐渐增粗，柱状上皮间出现高柱状细胞，上皮下结缔组织内出现复管泡状黏液腺。小叶间导管最后汇成主胰管。

2. 内分泌部　分布于腺泡之间着色较浅，排列疏松的内分泌细胞团，又称胰岛（pancreatic islet，PI），细胞间有丰富的毛细血管。HE 染色无法区分胰岛各种类型的内分泌细胞。

作业：绘高倍镜下胰腺的局部。标注腺泡、泡心细胞、小叶间导管、胰岛。

七、肝

标本 肝切片（图 12-21）。

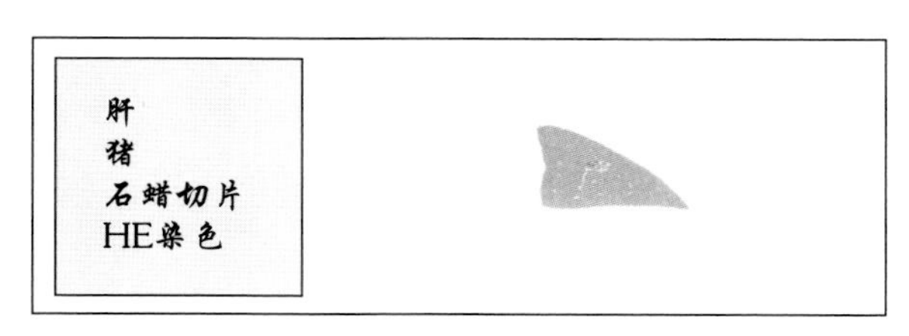

图 12-21 肝切片

肉眼观察 肝表面被覆结缔组织被膜，结缔组织伸入实质将其分为若干多边形的肝小叶（hepatic lobule，HL）。猪的肝小叶间结缔组织发达，肝小叶分界明显；牛、羊、犬、猫、兔等动物的肝小叶间结缔组织不发达，肝小叶分界不清。

低倍镜观察 如图 12-22 所示，肝小叶中央为中央静脉（central veins，CV），相邻肝小叶之间呈三角形的结缔组织区域为门管区（portal area，PA）。

小叶间结缔组织不发达的肝组织，可以中央静脉和门管区所在的位置来判定肝小叶的范围。在非门管区的小叶间结缔组织中可见单独走行的小叶下静脉（sublobular vein）。

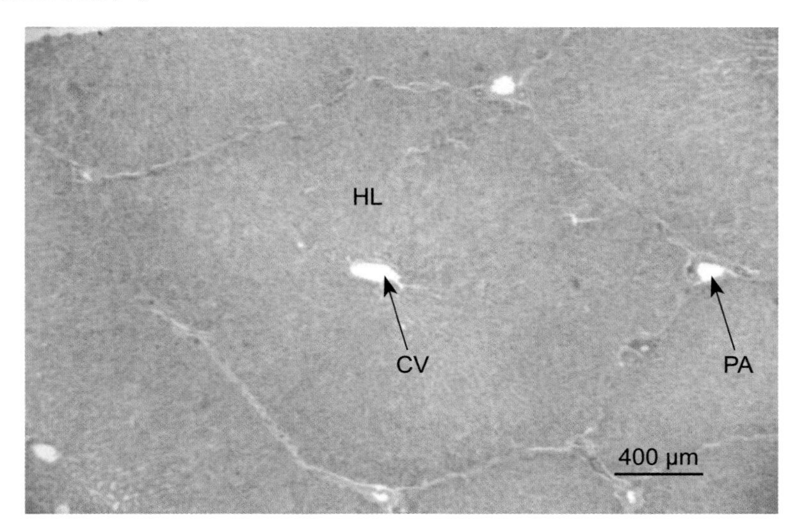

HL：肝小叶；CV：中央静脉；PA：门管区。

图 12-22 肝小叶和门管区

高倍镜观察

1. 肝小叶　以中央静脉为中心呈放射状排列的条索状结构为肝板（hepatic plate，HP），肝板间的不规则腔隙为肝血窦（hepatic sinusoids，HS）。

（1）中央静脉：位于肝小叶中央，管壁为单层扁平上皮，因与周围的肝血窦相通而管壁不完整。

（2）肝板：肝细胞单层排列构成。肝细胞呈多边形，核大而圆，位于细胞中央，有的细胞可见双核。

（3）肝血窦：窦壁紧贴肝细胞索，由内皮细胞构成，细胞核扁圆形，染色深，核的部位稍突于窦腔。在肝血窦内还可见一些体积大、形状不规则的星形细胞，核卵圆形，染色较浅，以胞质突起连于窦壁，这种细胞即枯否氏细胞（Kupffer's cell，KC）。在HE染色切片上，枯否氏细胞不易与内皮细胞区分，活体染色可较好地显示枯否氏细胞（图12–23）。

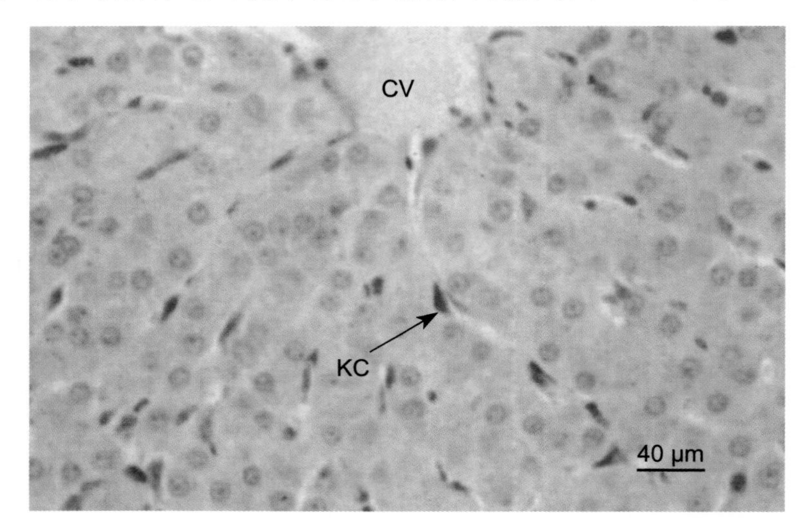

KC：枯否氏细胞；CV：中央静脉。

图12–23　枯否氏细胞（活体染色）

2. 门管区　如图12–24所示，门管区结缔组织内可见3种伴行的管道。

（1）小叶间静脉（interlobular veins，IV）：门静脉的分支，管腔较大而不规则，管壁薄。

（2）小叶间动脉（interlobular arteries，IA）：肝动脉的分支，管腔小，管壁相对较厚，可见平滑肌层。

（3）小叶间胆管（interlobular bile duct，IBD）：管壁为单层立方上皮，细胞排列整齐，胞质染色浅，胞核圆形。

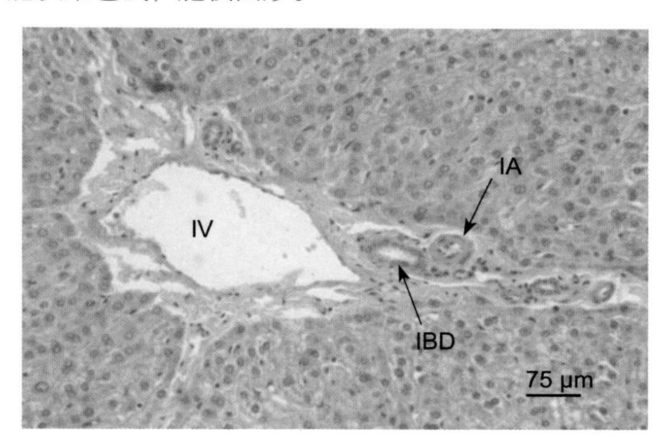

IV：小叶间静脉；IA：小叶间动脉；IBD：小叶间胆管。

图 12–24 门管区

作业：绘高倍镜下肝小叶的局部。标注肝小叶、肝板、肝血窦、中央静脉、门管区、小叶间动脉、小叶间静脉、小叶间胆管。

示教：胆小管（银染）

如图 12–25 所示，在经银染的切片上，可见小叶内有许多吻合成网状的黑色线条，即为胆小管。在银染的切片上，肝细胞不易识别。

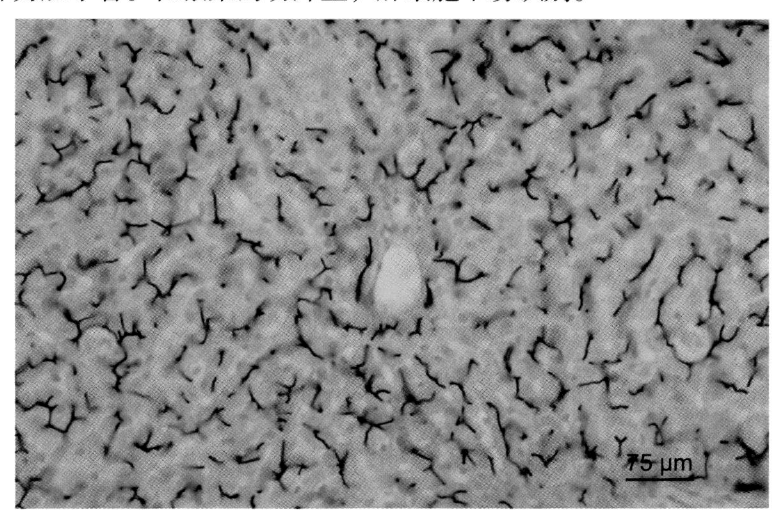

图 12–25 胆小管（银染）

示教：枯否氏细胞（活体染色）

利用枯否氏细胞的吞噬特性，给活体动物注射无毒或低毒的染料，如台盼蓝（trypan blue）。枯否氏细胞即可将染料吞入胞质内，再按照常规方法制作切片并用醛复红进行复染。如图 12–23 所示，胞质内含有蓝色染料颗粒的细胞即为枯否氏细胞，肝血窦内皮细胞及其他细胞呈红色，胞质内均无蓝色颗粒。

示教：肝糖原（PAS 染色）

如图 12–26 所示，高倍镜下可见肝细胞内富含紫红色颗粒，即为肝糖原(glycogen， G)。

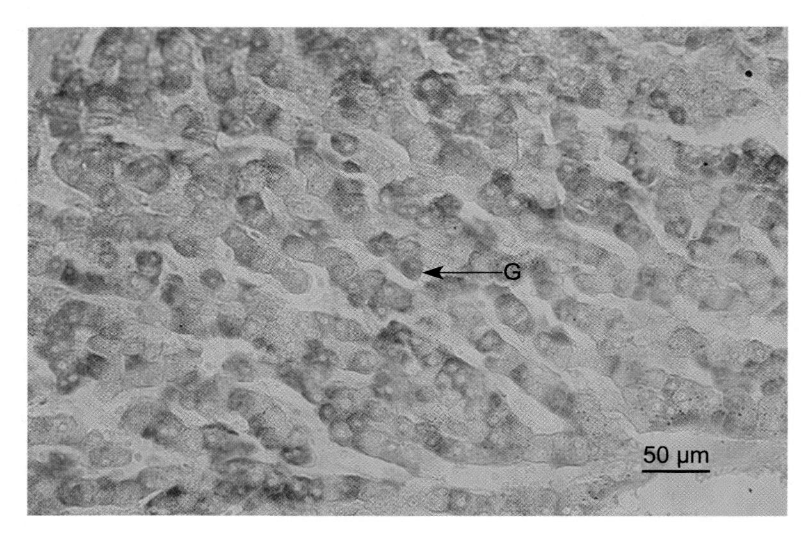

G：糖原。

图 12–26　肝糖原（PAS 染色）

示教：鸡肝

鸡肝板中肝细胞双层排列（图 12–27）。肝小叶分界不清，门管区内可见 3 种伴行的管道（图 12–28）。

示教：鲤鱼肝胰

鱼类的肝（liver，L）胰（pancreas，P）混合一处，统称为肝胰（图 12–29）。

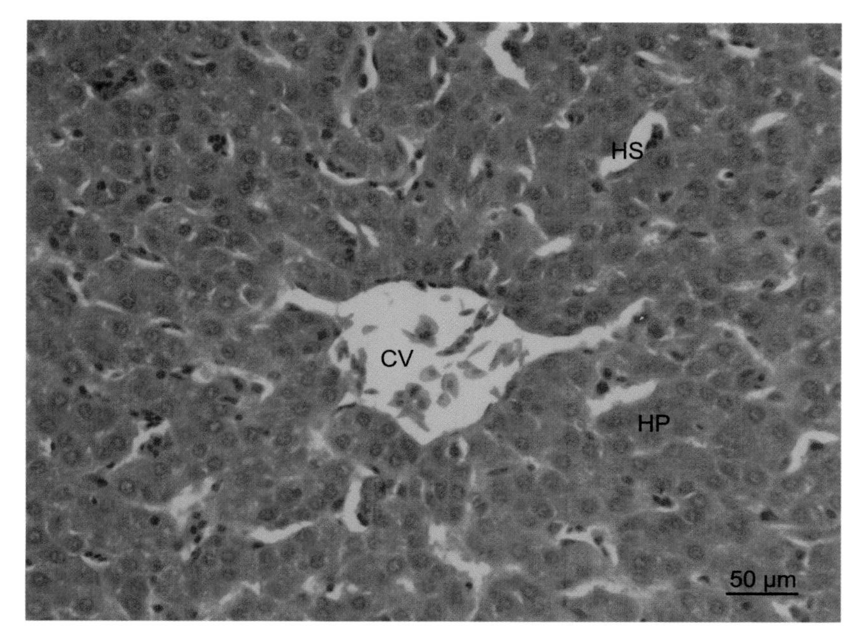

CV：中央静脉；HP：肝板；HS：肝血窦。

图 12-27 鸡肝小叶

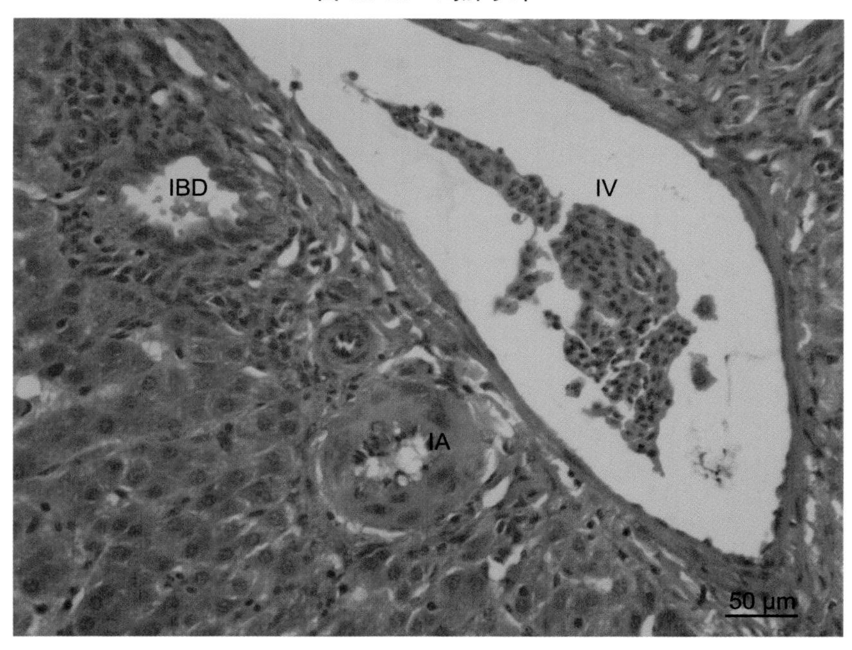

IV：小叶间静脉；IA：小叶间动脉；IBD：小叶间胆管。

图 12-28 鸡肝门管区

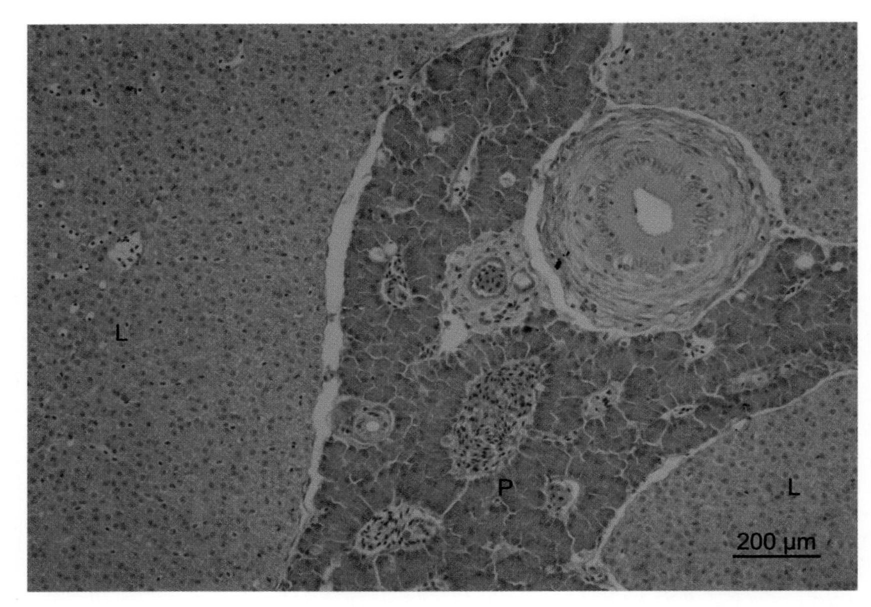

L：肝；P：胰。

图 12-29　鲤鱼肝胰

第十三章　呼吸系统

呼吸系统（respiratory system）由呼吸道（respiratory tract）和肺（lung）组成。呼吸道包括鼻、咽、喉、气管和支气管。从鼻腔到肺的终末细支气管是负责传送气体的导气部；从肺内的呼吸性细支气管至末端的肺泡，是负责气体交换的呼吸部。

实验目的：掌握气管至呼吸性细支气管管壁结构的变化特征。
掌握肺泡的组织结构。
实验内容：气管；肺。

一、气管

标本　气管切片（图 13-1）。

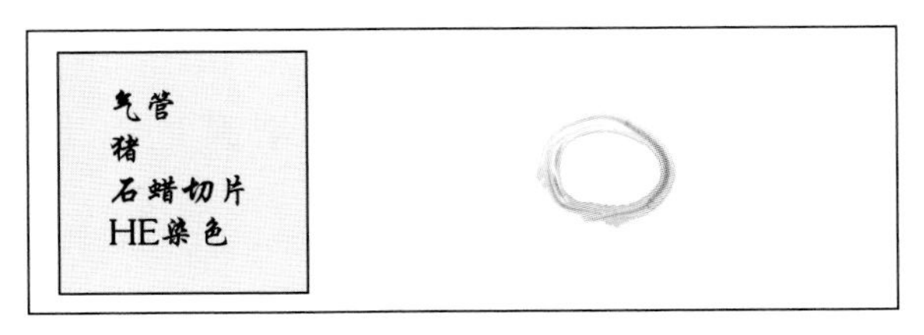

图 13-1　气管切片

肉眼观察　如图 13-1 所示，气管管腔大，呈圆形。管壁中央有一嗜碱性着色的“C”形软骨环，软骨环的缺口处可见平滑肌束。

低倍镜观察　如图 13-2 所示，气管管壁由内向外依次分为黏膜、黏膜下层和外膜。

1. 黏膜　由黏膜上皮和固有层组成。黏膜上皮为假复层纤毛柱状上皮（详见第二章上皮组织“假复层纤毛柱状上皮”部分）。固有层为富含弹性纤维的结缔组织，并可见腺导管、血管、淋巴细胞、浆细胞等。

2. 黏膜下层　疏松结缔组织，与固有层和外膜无明显界限，含气管腺（tracheal

gland，TG）。

3. 外膜（ectoblast,E） 致密结缔组织，较厚，（hyaline cartilage，HC）含“C”形透明软骨环，缺口处为平滑肌束。

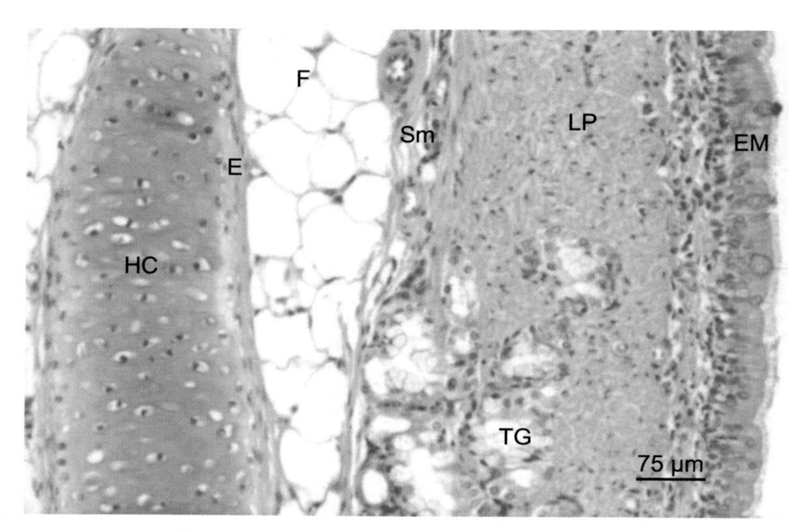

EM：黏膜上皮；LP：固有层；Sm：黏膜下层；TG：气管腺；
E：外膜；HC：透明软骨；F：脂肪。

图 13–2 气管壁

作业：绘低倍镜下气管壁的局部。标注黏膜、黏膜上皮、固有层、黏膜下层、气管腺、外膜、软骨环。

二、肺

标本 肺切片（图 13–3）。

图 13–3 肺切片

肉眼观察 如图 13–3 所示，肺呈海绵样组织。

低倍镜观察 肺表面被覆浆膜，肺分实质和间质两部分，实质即肺内的导气部和呼吸部，间质为结缔组织、血管、神经和淋巴管等。每个细支气管及其所属的分支和肺泡构成一个肺小叶。肺小叶（pulmonary lobule）是肺的结构单位，呈锥体形或不规则多边形。

1. 支气管（bronchus）　如图 13–4 所示，支气管管腔较大。黏膜逐渐形成明显的皱襞，黏膜上皮为假复层纤毛柱状上皮，固有层下出现不连续的平滑肌束；黏膜下层中的腺体逐渐减少；外膜中的“C”形软骨环逐渐变为短小的软骨片，着色也变浅。

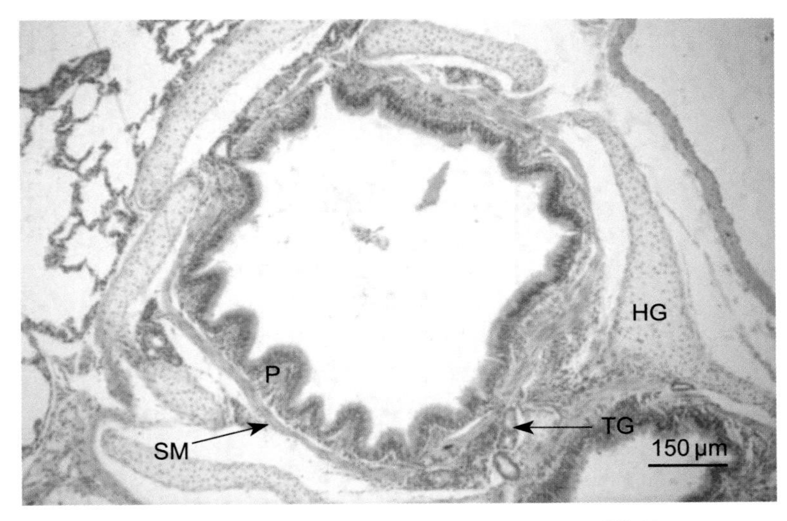

P：皱襞；SM：平滑肌；TG：气管腺；HG：透明软骨。

图 13–4　支气管

2. 细支气管（bronchiole）　如图 13–5 所示，细支气管黏膜皱襞发达，紧密排列。黏膜上皮为单层纤毛柱状上皮，杯状细胞极少；平滑肌增厚并形成完整的一层；软骨片逐渐消失。

3. 终末细支气管（terminal bronchiole，TB）　如图 13–6 所示，终末细支气管黏膜皱襞消失，黏膜上皮为单层纤毛柱状上皮，肌层薄。

4. 呼吸性细支气管（respiratory bronchiole，RB）　如图 13–6 所示，呼吸性细支气管管壁上出现少量肺泡开口。管壁上皮起始端为单层纤毛柱状上皮，随后逐渐过渡为单层柱状、单层立方，邻近肺泡处为单层扁平上皮；上皮下结缔组织内有少量平滑肌和胶原纤维。

5. 肺泡管（alveolar ducts，AD）　管壁上许多肺泡，自身的管壁结构很少，在切片上呈现为一系列相邻肺泡开口之间的结节状膨大。膨大表面被覆单层扁平上皮，薄层结缔组织内含弹性纤维和平滑肌。

6. 肺泡囊（alveolar sac，AS） 如图 13-6 所示，肺泡囊是由几个肺泡围成的具有共同开口的囊状结构，相邻肺泡开口之间无平滑肌，故无结节状膨大。

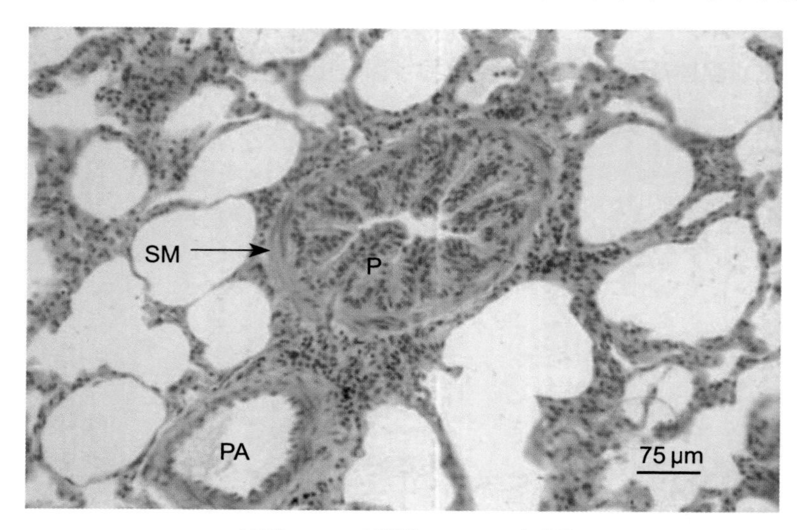

P：皱襞；SM：平滑肌；PA：肺动脉。

图 13-5 细支气管

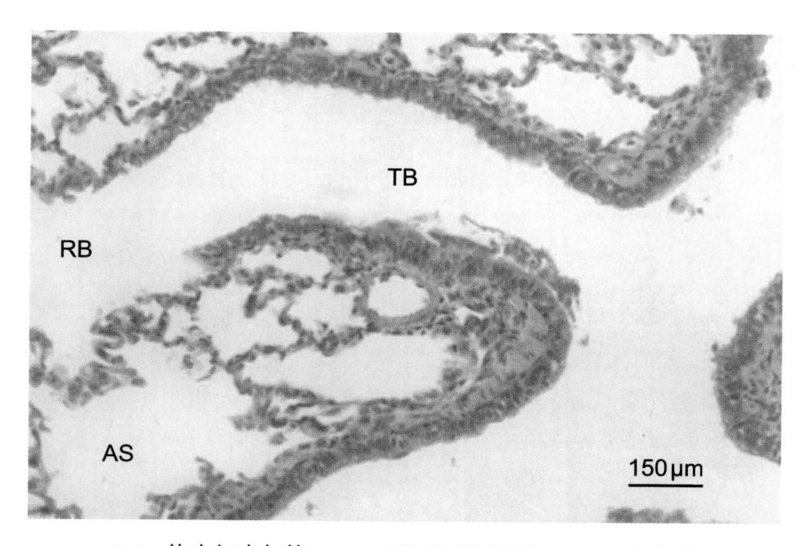

TB：终末细支气管；RB：呼吸性细支气管；AS：肺泡囊。

图 13-6 肺

高倍镜观察

如图 13–7 所示，肺泡（pulmonary alveoli）为半球形或多面形囊泡，开口于呼吸性细支气管、肺泡管或肺泡囊。肺泡壁很薄，由单层肺泡上皮细胞组成。相邻肺泡之间的组织称肺泡隔（alveolar septum）。

1. 肺泡上皮　由Ⅰ型肺泡细胞和Ⅱ型肺泡细胞组成。

Ⅰ型肺泡细胞（type Ⅰ alveolar cell）：数量多，细胞很薄，只有核的部位稍厚。

Ⅱ型肺泡细胞（type Ⅱ alveolar cell）：细胞较小，呈圆形或立方形，散在凸起于Ⅰ型肺泡细胞之间。胞核圆形，胞质着色浅，呈泡沫状。

2. 肺泡隔　内含密集的连续毛细血管和丰富的弹性纤维。肺泡隔内或肺泡腔内可见体积大、胞质内常含吞噬颗粒的细胞，即肺巨噬细胞（pulmonary macrophage），或称尘细胞（dust cell，DC）。

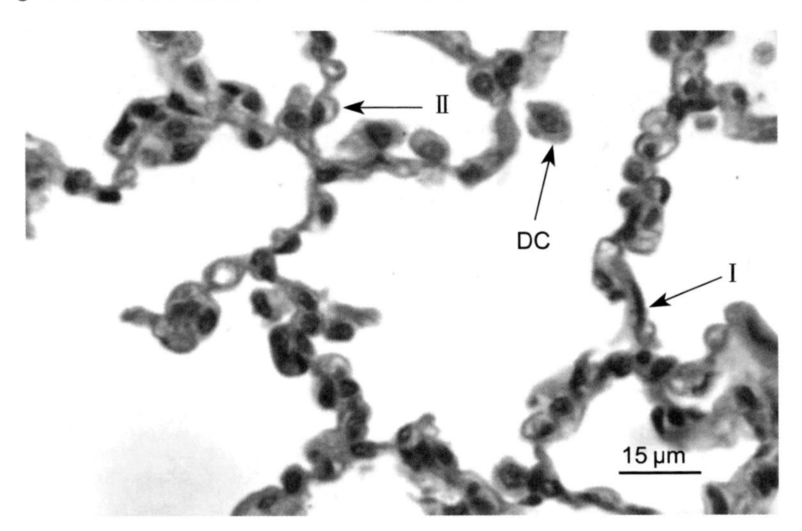

Ⅰ：Ⅰ型肺泡细胞；Ⅱ：Ⅱ型肺泡细胞；DC：尘细胞。

图 13–7　肺泡

作业：绘低倍镜下肺小叶的局部。标注肺小叶、小叶间结缔组织、细支气管、终末细支气管、呼吸性细支气管、肺泡管、肺泡囊、肺泡。

示教：肺泡隔和肺泡壁的超微结构（图 13–8）

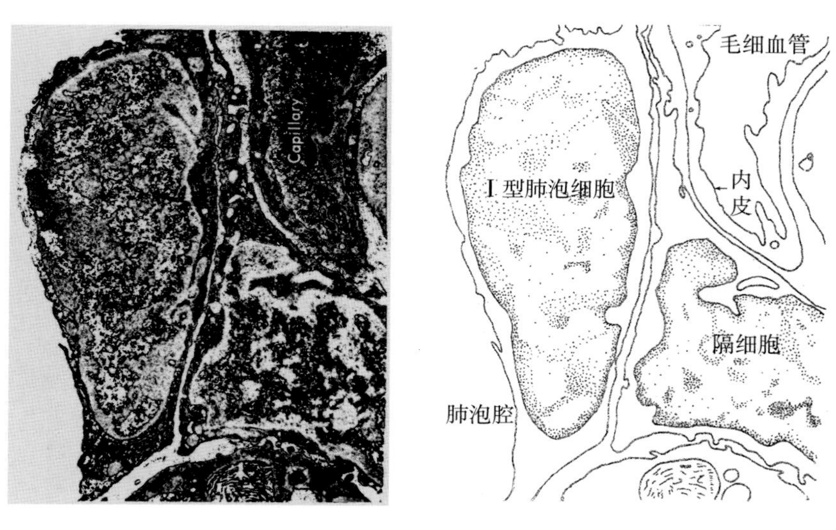

图 13–8 肺泡隔和肺泡壁的超微结构

示教：鸡肺

鸡肺由各级支气管、副支气管（parabronchus, P）、肺房（atrium, A）和呼吸毛细管（respiratory capillary, RC）组成（图 13–9）。

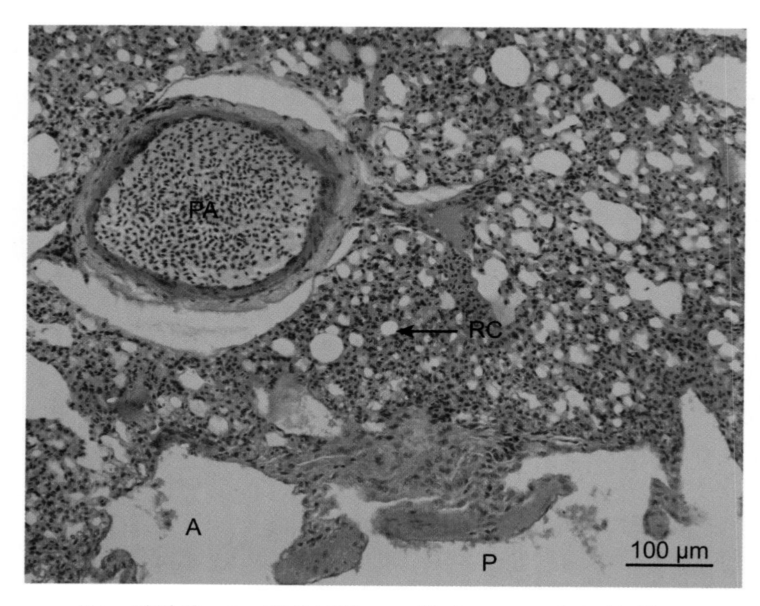

PA：肺动脉；P：副支气管；A：肺房；RC：呼吸毛细管。

图 13–9 鸡肺

示教：鱼鳃

鳃片由许多鳃丝(gill filament, GF)组成，鳃丝一端固着在鳃弓上，另一端游离，使鳃片呈梳状。每一鳃丝内许多细小的片状突起称为鳃小片（ branch leaf, BF ）如图 13–10 所示。

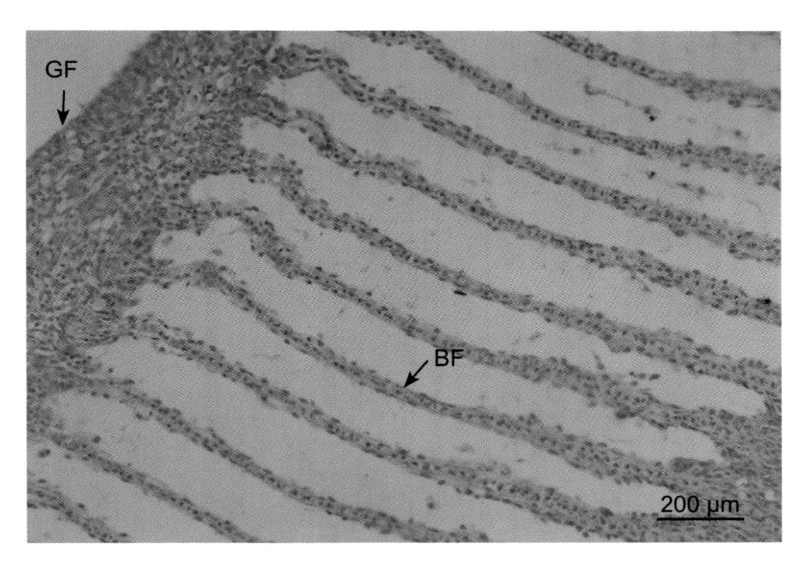

GF：鳃丝；BF：鳃小片。

图 13–10　鱼鳃丝

第十四章　泌尿系统

泌尿系统（urinary system）包括肾、输尿管、膀胱和尿道。肾产生尿液，输尿管、膀胱和尿道是排尿器官。

实验目的：掌握肾的组织结构。

实验内容：肾。

肾

标本　肾切片（图 14–1）。

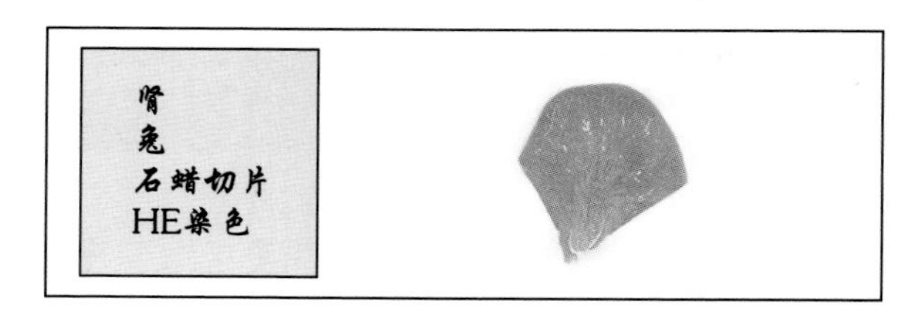

图 14–1　肾切片

肉眼观察　如图 14–1 所示，肾表面为致密结缔组织构成的被膜，肾实质的浅层为皮质，深层为髓质。

低倍镜观察

1. 皮质（cortex，C）　如图 14–2 所示，肾皮质位于肾的周边。皮质内可见球状的肾小体（renal corpuscle，RC）和髓放线（medullary ray，MR），髓放线之间的部分为皮质迷路（cortical labyrinth，CL）。

2. 髓质（medulla，M）　如图 14–3 所示，肾髓质位于皮质内侧，色浅，又称肾锥体。髓质内无肾小体。髓质内呈放射状行走的条纹伸入皮质构成髓放线。有时可见肾锥体旁有深染的肾柱，为肾锥体间的皮质部分。

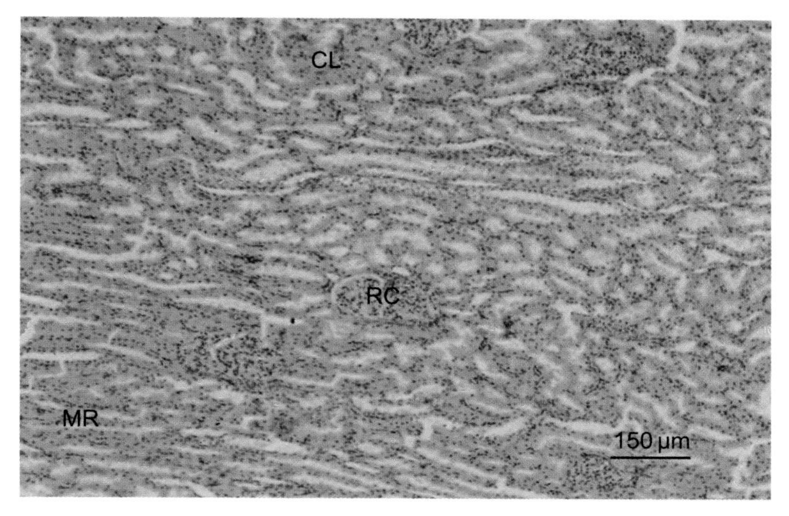

RC：肾小体；MR：髓放线；CL：皮质迷路。

图 14-2　肾皮质（低倍）

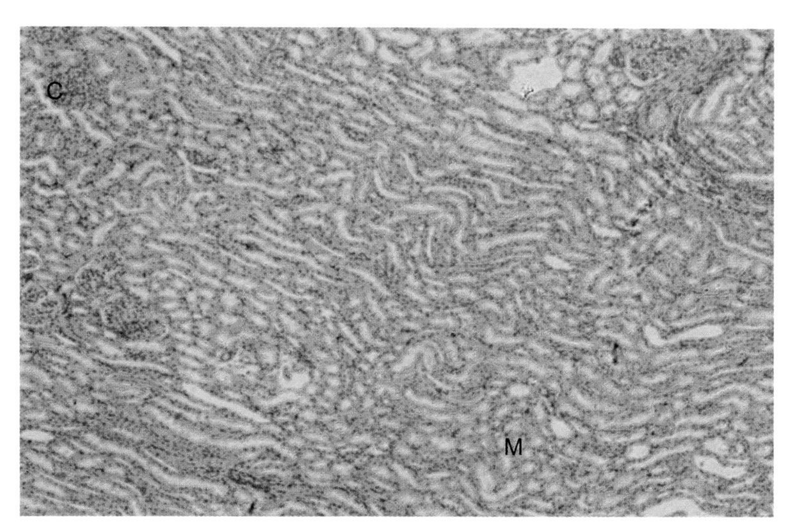

C：皮质；M：髓质。

图 14-3　肾髓质（低倍）

高倍镜观察

1. 皮质　如图 14-4 所示。

（1）肾小体：呈球形，由血管球和肾小囊组成。肾小体有两个极，与血管球相连，微动脉出入的一端称血管极（vascular pole，VP），对侧与近端小管曲部相连的一端称尿极（urinary pole，UP）。

血管球（glomus，G）：肾小囊中的一团盘曲的毛细血管。

肾小囊（renal capsule）：肾小管起始部膨大凹陷而成的杯状双层囊。壁层（parietal layer，PL）为单层扁平上皮，在肾小体的尿极处与近端小管曲部上皮相连续，在血管极处反折为肾小囊脏层（visceral layer，VL），由足细胞（podocyte，P）构成，附着在血管球内毛细血管表面。壁层与脏层之间的狭窄腔隙为肾小囊腔（capsular space，CS），与近端小管曲部管腔相通。

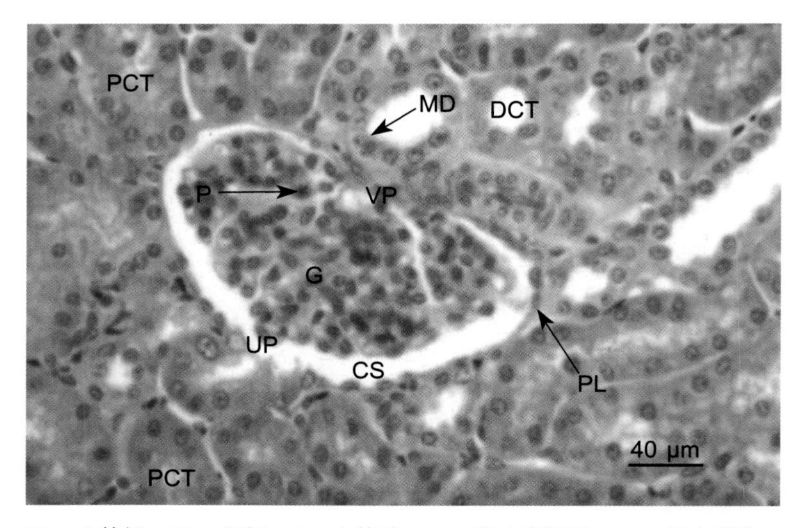

VP：血管极；UP：尿极；G：血管球；PL：肾小囊壁层；CS：肾小囊腔；
P：足细胞；PCT：近端小管曲部；DCT：远端小管曲部；MD：致密斑。

图 14–4　肾皮质（高倍）

（2）肾小管：近端小管曲部（proximal convoluted tubule，PCT）：盘曲于肾小体周围，与肾小囊壁层相连。管径较粗，管腔较小而不规则。上皮细胞呈锥形或立方形，细胞界限不清，胞体较大，胞质强嗜酸性，核圆，位于近基底部。上皮细胞腔面有刷状缘（brush border），细胞基部有纵纹。

远端小管曲部（distal convoluted tubule，DCT）：管径较细，管腔较大而规则。上皮细胞呈立方形，细胞界限不清晰，胞体稍小，胞质弱嗜酸性，核圆，位于中央。上皮细胞腔面无刷状缘，细胞基部纵纹不及近端小管曲部明显。

髓放线内可见近端小管和远端小管的直部，组织结构分别与其曲部相似。髓放线内还可见细段和集合管的纵断面。

（3）致密斑（macula densa，MD）：远端小管曲部靠近肾小体血管极一侧的上皮细胞增高，变窄，排列紧密，形成的椭圆形斑。

2. 髓质　如图 14-5 所示。

（1）细段（thin segment，TS）：管径较细，管腔偏狭，由单层扁平上皮构成，核突向管腔。细段与毛细血管的区别为：毛细血管腔内常有血细胞，管腔比细段更小，内皮细胞更扁平。

（2）集合管（collecting tube，CT）和乳头管（papilla duct）：集合管从髓放线伸向肾乳头，在肾乳头附近汇集为较大的乳头管，管径由小到大，管壁上皮由单层立方增高为单层柱状，至乳头管处成为高柱状。集合管上皮细胞界限清晰，胞质色淡而明亮，核圆形，居中，着色较深。至乳头孔附近，管壁上皮变为双层或多层，逐渐移行为肾小盏的变移上皮。

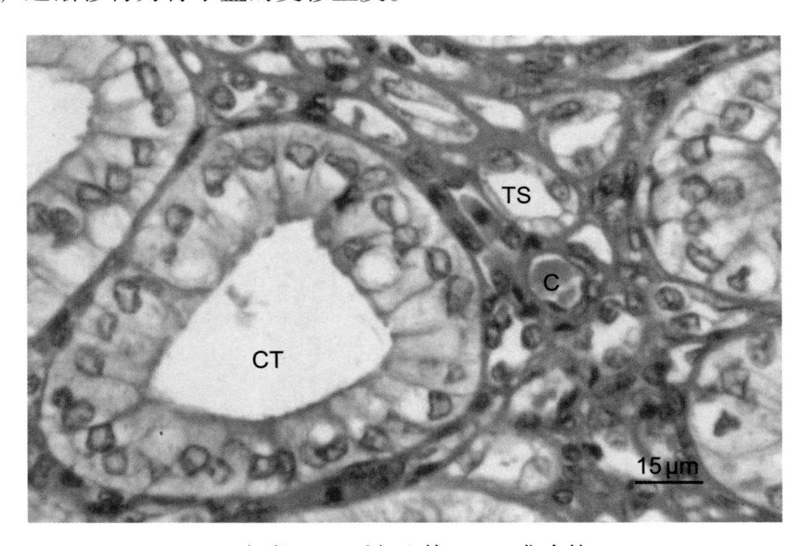

TS：细段；C：毛细血管；CT：集合管。

图 14-5　肾髓质（高倍）

作业：分别绘高倍镜下肾小体和泌尿小管各组成部分。标注血管球、血管极、尿极、肾小囊壁层、肾小囊脏层、肾小囊腔、近端小管曲部、远端小管曲部、致密斑、肾小管细段、集合管。

第十五章　雄性生殖系统

雄性生殖系统（male reproductive system）由睾丸、附睾、输精管、尿生殖道、副性腺和外生殖器官组成。睾丸（testis）是产生精子和分泌雄性激素的器官，附睾（epididymis）是精子成熟和储存的场所。

实验目的：掌握睾丸的组织结构。
了解精子的发生过程。
了解附睾的组织结构。
实验内容：睾丸；附睾。

一、睾丸

标本　睾丸切片（图 15–1）。

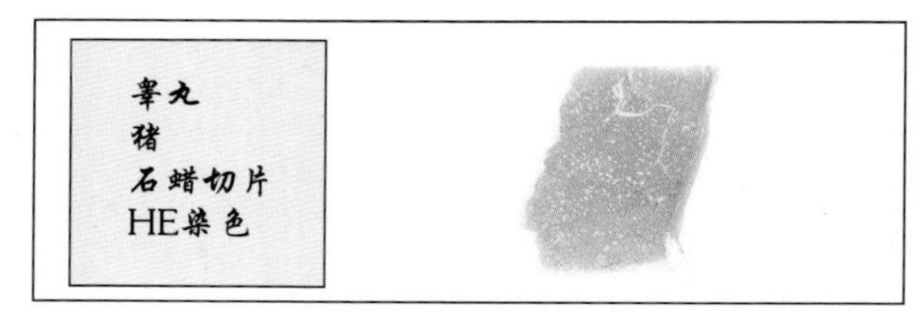

图 15–1　睾丸切片

肉眼观察　睾丸呈卵圆形，猪的睾丸如鸡蛋大小，制片时常取其局部。如图 15–1 所示，睾丸表面被覆浆膜，实质由许多大小、形状不一的生精小管集合而成。

低倍镜观察

1. 被膜和间质　睾丸表面覆盖着一层很薄的鞘膜（tunica vaginalis），鞘膜内侧是一层缺乏弹性纤维的致密结缔组织，称为白膜（tunica albuginea），白膜内富含血管。

2. 睾丸小叶　睾丸头端与附睾连接处，白膜增厚，沿长轴突入睾丸实质形成结缔组织纵隔，称睾丸纵隔（mediastinum testis）。睾丸纵隔的结缔组织呈放射状伸入睾丸实质，并与白膜相连，称睾丸小隔（septula testis）。睾丸小隔将实质分隔成许多睾丸小叶（testicular lobule）。睾丸小叶呈锥形，钝端位于睾丸周缘，尖端朝向睾丸纵隔。睾丸实质由生精小管组成，成熟个体的生精小管直径为 0.1~0.3 mm。每个睾丸小叶内有 1~4 条盘曲的生精小管，以盲端起始于小叶边缘，并向睾丸纵隔方向延伸。生精小管末端弯曲度逐渐降低，最终变为短而直的直精小管通入睾丸纵隔。直精小管在睾丸纵隔内相互吻合形成睾丸网。睾丸小叶内生精小管之间的疏松结缔组织是睾丸的间质，睾丸间质内可见成群的圆形或椭圆形细胞，体积较结缔组织细胞大，为睾丸间质细胞（leydigs cells of testis）。

高倍镜观察

1. 生精小管（seminiferous tubule，ST）　如图 15-2 所示，生精小管由生精上皮构成，上皮基膜外侧有胶原纤维和梭形的肌样细胞（myoid cell，MC）。生精上皮由支持细胞和多层生精细胞组成。

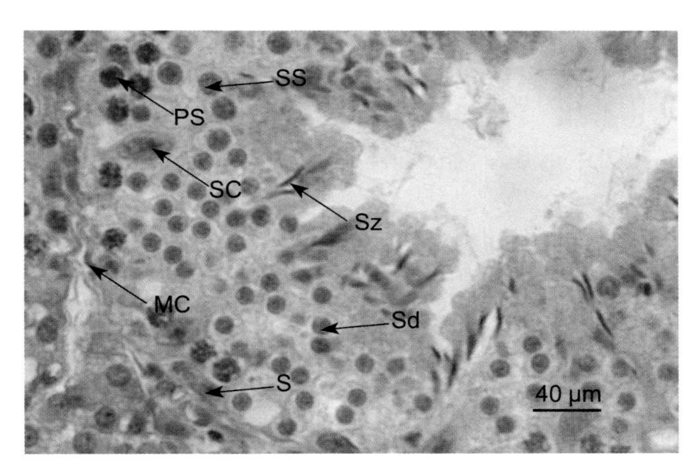

SC：支持细胞；S：精原细胞；PS：初级精母细胞；SS：次级精母细胞；
Sd：精子细胞；Sz：精子；MC：肌样细胞。

图 15-2　生精小管

（1）支持细胞（sustentacular cell，SC）：数量少，细胞呈不规则长锥形，底部宽并附着在基膜上，顶部伸达腔面。其侧面镶嵌着生精细胞，故细胞轮廓不清。支持细胞核大，呈三角形或椭圆形，位于细胞基部，染色浅，常染色质丰富，核仁明显。

（2）生精细胞（spermatogenic cell）：镶嵌在支持细胞之间。幼龄动物的生精细胞仅由精原细胞构成，至性成熟后，精原细胞分裂增殖，依次形成初级精母细胞、次级精母细胞、精子细胞和精子。

精原细胞（spermatogonium，S）：紧贴基膜，细胞小，呈圆形或椭圆形。

初级精母细胞（primary spermatocyte，PS）：位于精原细胞近腔侧，有2~3层，是生精细胞中最大的细胞，呈圆形，核大而圆。因第一次减数分裂的分裂前期历时较长，故在生精小管的切面中常可见处于不同增殖阶段的初级精母细胞。

次级精母细胞（secondary spermatocyte，SS）：位于初级精母细胞近腔侧，比初级精母细胞略小，核圆形，着色较深。次级精母细胞不进行DNA复制，迅速进入第二次减数分裂，因此较难观察到。

精子细胞（spermatid，Sd）：位于初级精母细胞或次级精母细胞近腔侧，比次级精母细胞更小，胞质少，核圆形，着色更深。有时可见处于精子形成过程中的精子细胞。

精子（spermatozoon，Sz）：靠近管腔面，头部呈深蓝色，嵌入支持细胞的顶部胞质中，尾部细长，呈红色，游离于生精小管内。

2. 直精小管（tubulus rectus，TR）和睾丸网（rete testis，RT） 如图15-3所示，生精小管在近睾丸纵隔处变成短而细的直行管道，称为直精小管，其在睾丸纵隔内移行为相互吻合的睾丸网。直精小管和睾丸网的管壁上皮均为单层立方或矮柱状，无生精细胞。

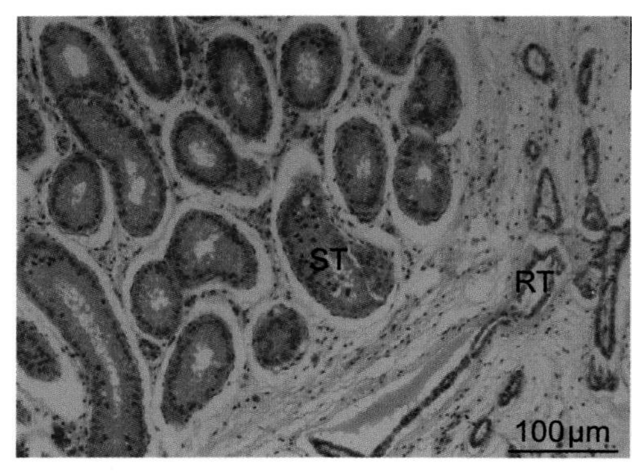

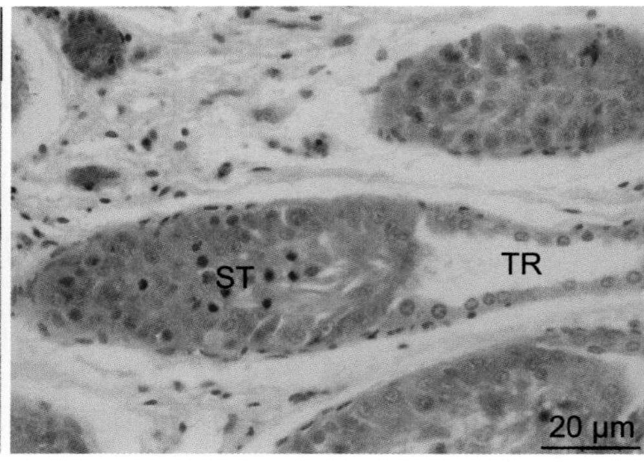

ST：生精小管；RT：睾丸网；TR：直精小管。

图15-3 直精小管和睾丸网（山羊）

3. 睾丸间质细胞（interstitial cells of testis，ICT） 又称莱迪希细胞（Leydig cell，L），如图15-4所示，睾丸间质细胞呈圆形或椭圆形（牛为纺锤形），核大而圆，居中，染色淡，胞质嗜酸性，有时可见黄色的色素颗粒（牛、羊、猪、犬无）。

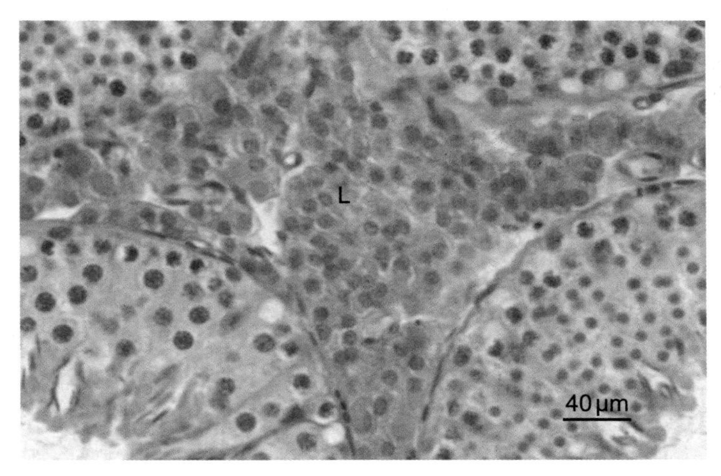

L：睾丸间质细胞。

图 15-4　睾丸间质细胞

作业：绘高倍镜下生精小管和睾丸间质的局部。标注基膜、支持细胞、精原细胞、初级精母细胞、次级精母细胞、精子细胞、精子、睾丸间质细胞。

附：猪的生精上皮周期

在生精小管管壁的横截面上，从紧贴基膜的精原细胞至游离于管腔中的精子，历经 5 个不同的发育阶段。生精细胞各发育阶段所需的时间不同，因而各级生精细胞的存在数目和排布形式呈现一定的规律，形成一定的细胞组合图像。从某一细胞组合图像出现，到这个细胞组合图像再次出现，称为一个生精上皮周期（cycle of seminiferous epithelium）。同种动物每个生精上皮周期所经历的时间是一定的，称周期时长（duration）。周期中的每个细胞组合图像称为一个时相。猪的生精上皮周期可分为 8 个时相，各时相生精细胞组合特征如下：

Ⅰ期　由基膜至腔面依次可见精原细胞、初级精母细胞、圆形精子细胞，管腔内无精子（图 15-5A）。

Ⅱ期　由基膜至腔面依次可见精原细胞、初级精母细胞，精子细胞开始变态，细胞变长，胞核着色深（图 15-5B）。

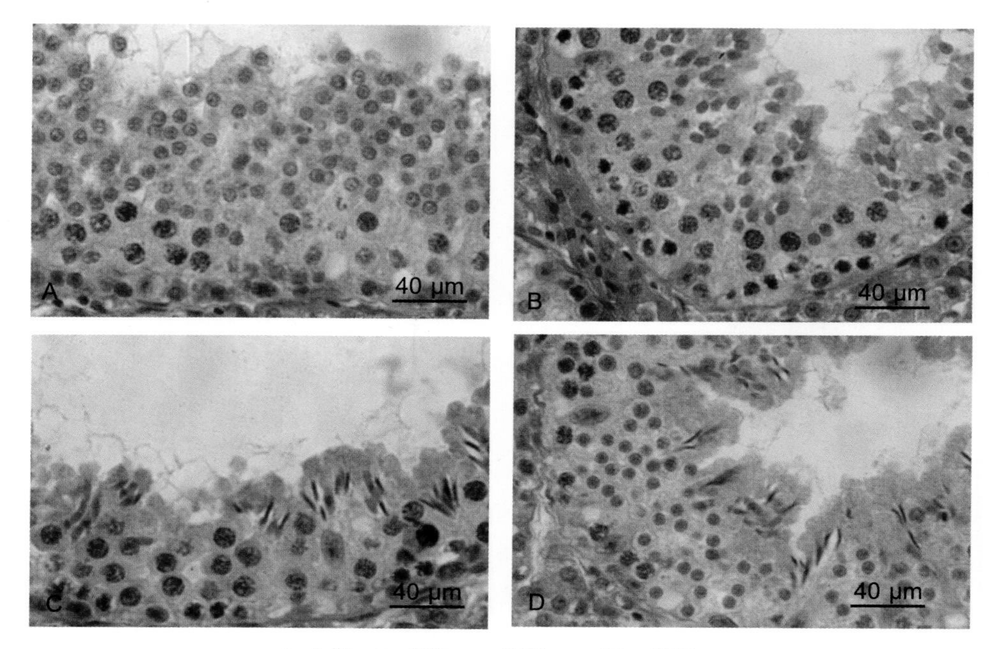

A：Ⅰ期；B：Ⅱ期；C：Ⅲ期；D：Ⅳ ~ Ⅴ期。

图 15-5　猪的生精上皮周期

Ⅲ期　初级精母细胞体积增大，精子细胞变得更长（图 15-5C）。

Ⅳ期　由于发生了第一次减数分裂，部分初级精母细胞消失，次级精母细胞出现，精子细胞继续形成精子（图 15-5D）。

Ⅴ期　由于发生了第二次减数分裂，次级精母细胞消失出现新一代精子细胞，老一代精子细胞继续形成精子（图 15-5D）。

Ⅵ期　新、老两代精子细胞同时存在，老一代精子细胞逐渐向管腔迁移。

Ⅶ期　老一代精子细胞结束变态过程成为精子，并逐渐围绕管腔排成一层，尾部游离于管腔。

Ⅷ期　精子脱离支持细胞，释放到管腔。

需要注意的是，各时相的变化是连续、渐进的，并非每一时相的特征都非常明显，通常Ⅰ期、Ⅲ期、Ⅳ期、Ⅴ期和Ⅷ期的特征较易区分。

二、附睾

附睾头部主要由睾丸输出小管（efferent ductules of testis，EDT）组成，附睾体部和尾部主要由附睾管（epididymal duct，ED）组成（图 15-6）。

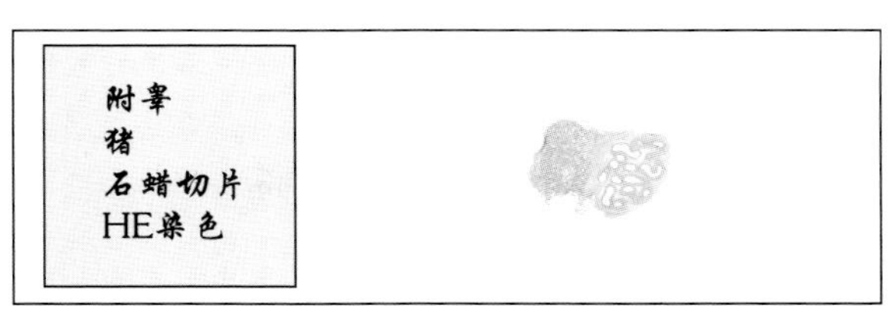

图 15-6　附睾切片

显微镜观察

1. 睾丸输出小管　如图 15-7 所示，位于附睾头内，自睾丸网延续而来，起始段直而细，直径约 0.5 mm。数条睾丸输出小管在附睾头处汇入一条附睾管。各种家畜睾丸输出小管数目不尽相同。

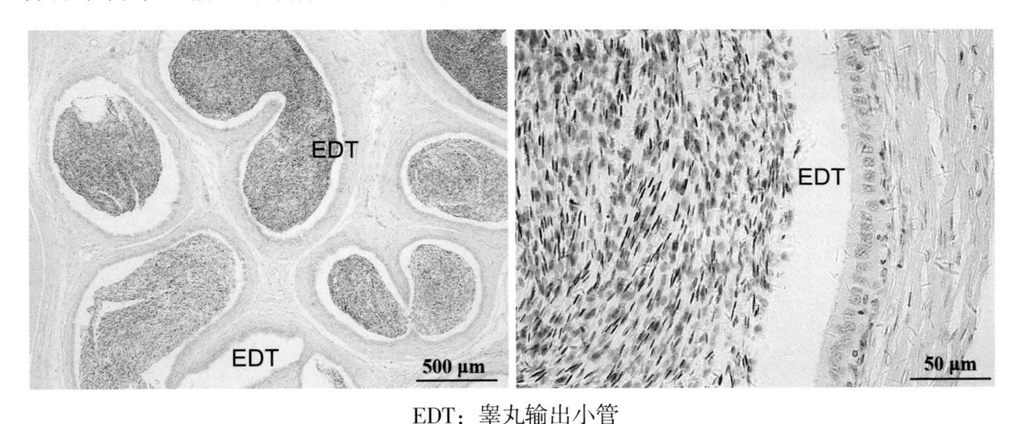

EDT：睾丸输出小管

图 15-7　睾丸输出小管（绵羊）

睾丸输出小管上皮由高柱状纤毛细胞和低柱状无纤毛细胞单层交替排列而成，反刍动物有时可见复层排列。基膜清晰。

2. 附睾管　如图 15-8 和图 15-9 所示，附睾管上皮为假复层柱状上皮（pseudostratified columnar epithelium，PCE），较厚，由主细胞和基细胞组成。主细胞在附睾管起始段为高柱状，而后逐渐变低，至末端变为立方形。细胞表面有成簇排列的粗而细长的静纤毛（stereocilium，S）。基细胞矮小，呈锥形，位于上皮深层。附睾管的上皮基膜外侧有薄层平滑肌围绕，管壁外为富含血管的疏松结缔组织。平滑肌越向末端越发达，可分为内环行和外纵行两层。

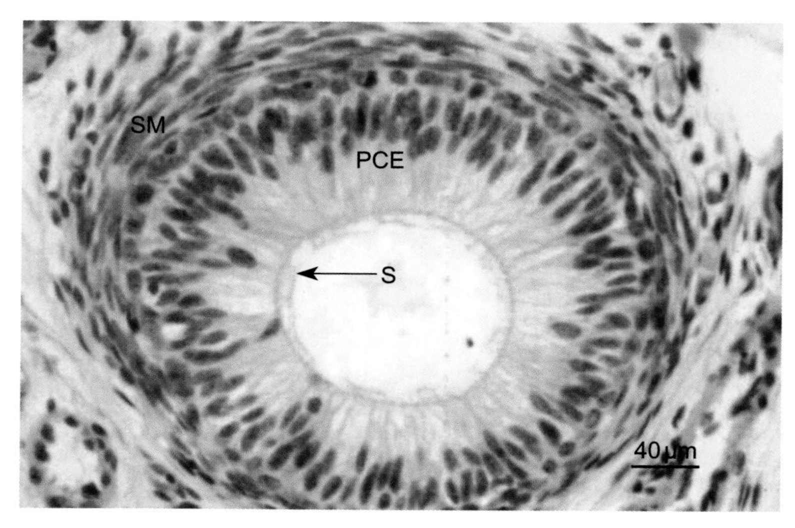

PCE：假复层柱状上皮；S：静纤毛；SM：平滑肌。

图 15–8　附睾管

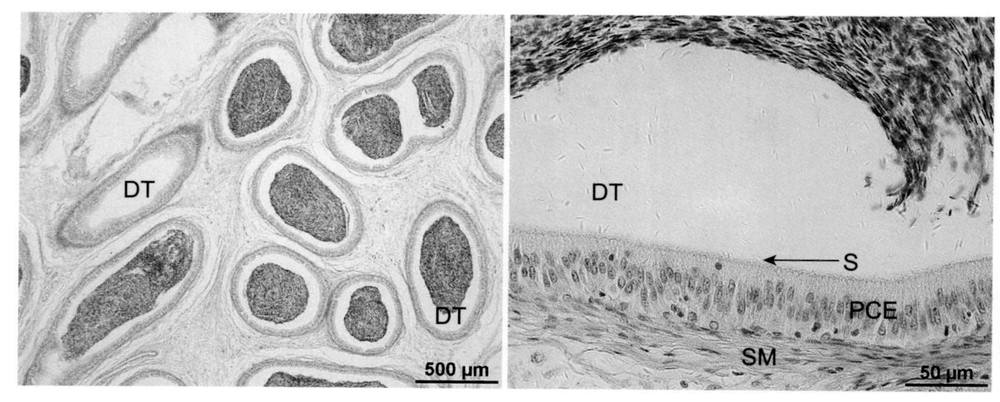

DT：附睾管；PCE：假复层柱状上皮；S：静纤毛；SM：平滑肌

图 15–9　附睾管（绵羊）

第十六章　雌性生殖系统

雌性生殖系统（female reproductive system）由卵巢、输卵管、子宫、阴道和外生殖器官组成。卵巢产生卵细胞，分泌雌激素；输卵管输送卵细胞，是受精的部位；子宫是孕育胎儿的器官。

实验目的：掌握各级卵泡的形态结构。
了解卵泡的发育过程。
掌握子宫内膜的组织结构。
了解发情周期中子宫内膜的变化规律。
了解家禽输卵管的组织结构。
实验内容：卵巢；子宫；输卵管。

一、卵巢

标本　卵巢切片（图 16-1）。

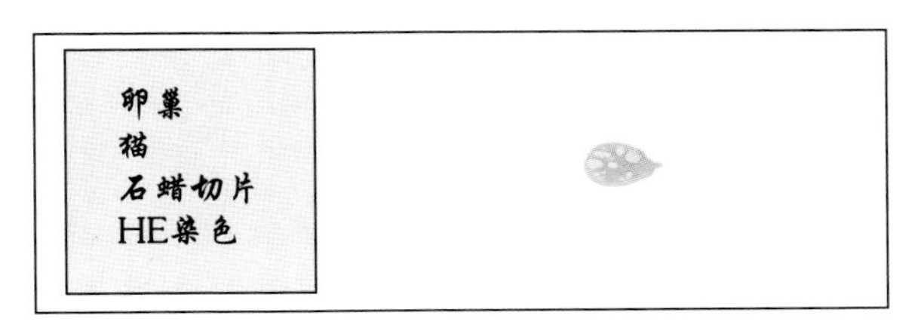

图 16-1　卵巢切片

肉眼及低倍镜观察　卵巢由被膜、皮质和髓质构成。

1. 被膜　卵巢表面被覆单层上皮（卵巢系膜附着部除外），称生殖上皮（germinal epithelium）。幼年和成年动物的生殖上皮多呈立方或柱状，老龄动物的生殖上皮变为扁平。生殖上皮下方为富含梭形细胞的致密结缔组织形成的白膜（tunica albuginea）。

2. 皮质　卵巢实质的外周部分，较厚。由发育不同阶段的卵泡、黄体、白体及结缔组织（基质）构成，占据卵巢的大部分。卵巢基质与白膜无明显界限，细胞成分较白膜少，胶原纤维含量比白膜丰富。基质胶原纤维走向不规则，无弹性纤维。皮质浅层含很多原始卵泡，皮质深层有由原始卵泡发育而来的较大的生长卵泡，成熟卵泡体积增大后移至皮质浅层并向卵巢表面隆起准备排卵。

3. 髓质　位于卵巢中央，较小，为富含弹性纤维的疏松结缔组织，内含大量血管和神经，无卵泡分布。偏离卵巢中轴的切片可能看不到髓质。

高倍镜观察

1. 原始卵泡（primordial follicle，PF）　如图16–2所示，原始卵泡位于皮质浅层，数量多，体积小。由一个初级卵母细胞（primary oocyte，PO）和周围一层扁平的卵泡细胞（follicular cell，FC）构成。初级卵母细胞为圆形，胞质嗜酸性，核大而圆，着色浅，核仁明显。

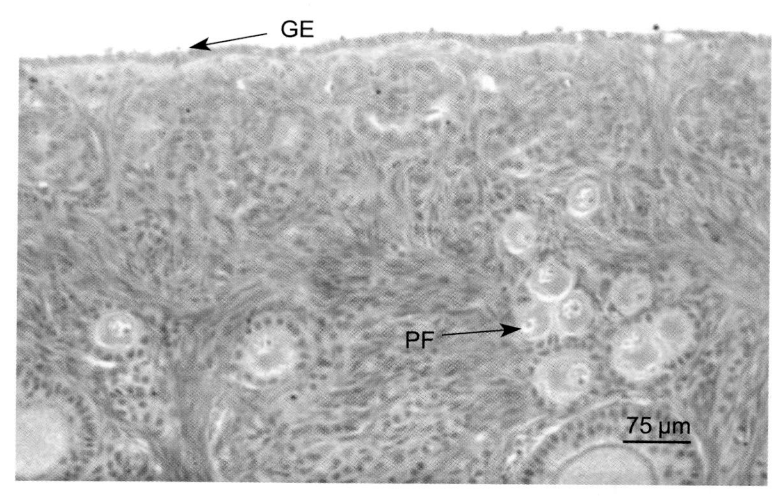

GE：生殖上皮；PF：原始卵泡。

图 16–2　卵巢皮质

2. 初级卵泡（primary follicle，PyF）　如图16–3所示，初级卵母细胞体积增大，卵泡细胞增殖，由扁平变为立方或柱状，由单层变为多层。在初级卵母细胞与卵泡细胞之间出现一层均质状、折光性强、嗜酸性的透明带（zona pellucida，ZP）。卵泡周围的基质结缔组织逐渐分化为卵泡膜（follicular theca，FT），但此时与周围组织界限不明显。

3. 次级卵泡（secondary follicle，SF）　如图16–4和图16–5所示，次级卵

泡体积增大，卵泡细胞间出现卵泡腔（follicular antrum，FA），腔内充满卵泡液。随着卵泡液增多，卵泡腔扩大，初级卵母细胞、透明带、放射冠及部分卵泡细胞突入卵泡腔内形成卵丘（cumulus oophorus，CO）。卵丘中紧贴透明带外表面的一层卵泡细胞随卵泡发育变为高柱状，呈放射状排列，称放射冠（corona radiata，CR）。卵泡腔周围的数层卵泡细胞形成卵泡壁，称颗粒层（stratum granulosum，SG），卵泡细胞改称颗粒细胞（granular cell）。卵泡膜分化为两层，内层 (theca interna，TI) 毛细血管丰富，基质细胞分化为多边形或梭形的膜细胞（theca cell），外层（theca externa，TE）有环行排列的胶原纤维和平滑肌纤维。

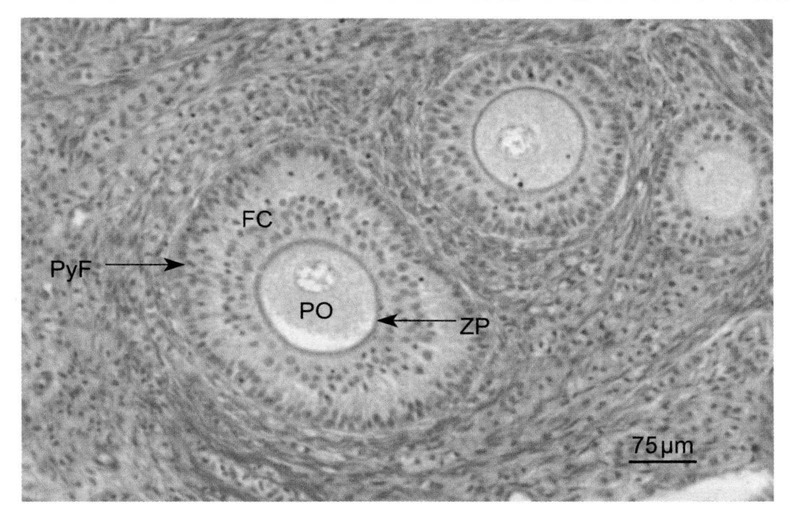

PyF：初级卵泡；PO：初级卵母细胞；FC：卵泡细胞；ZP：透明带。

图 16-3　初级卵泡

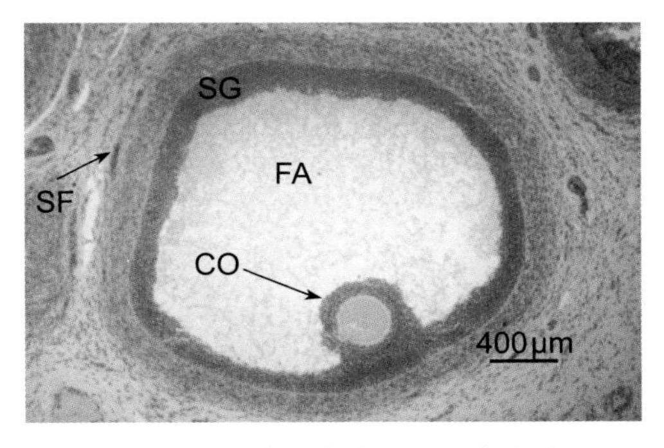

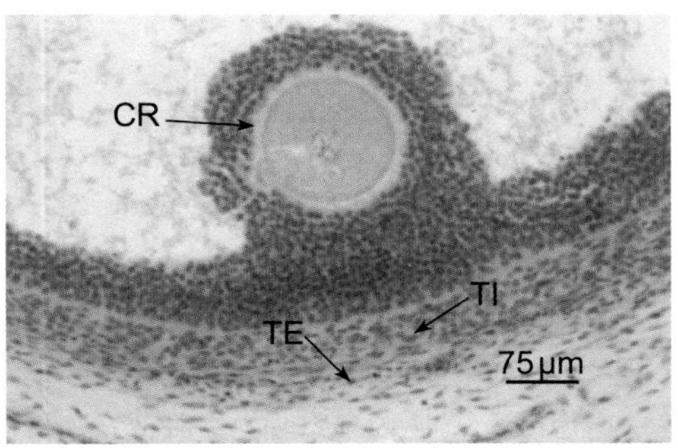

SF：次级卵泡；FA：卵泡腔；CO：卵丘；SG：颗粒层；CR：放射冠；
TI：卵泡膜内层；TE：卵泡膜外层。

图 16-4　次级卵泡

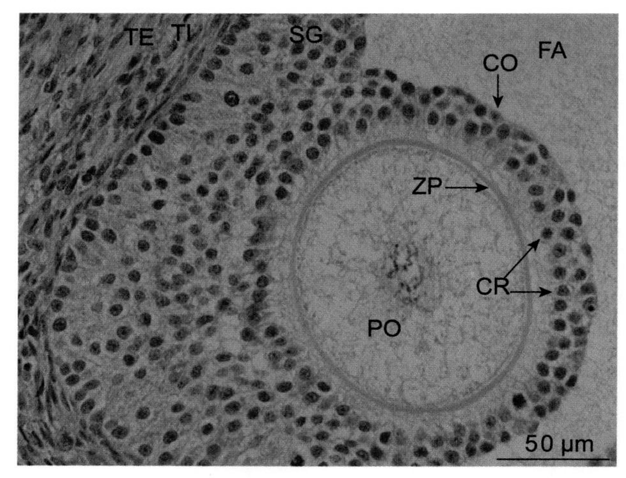

FA：卵泡腔；CO：卵丘；SG：颗粒层；CR：放射冠；PO：初级卵母细胞；
ZP：透明带；TI：卵泡膜内层；TE：卵泡膜外层。

图 16–5　次级卵泡，卵丘高倍

4. 成熟卵泡（mature follicle，MF）　如图 16–6 所示，成熟卵泡体积显著增大，但颗粒细胞的数目不再增加，因此卵泡壁变薄，卵泡向卵巢表面突出。成熟卵泡的透明带达到最厚，卵泡的其他结构与次级卵泡后期相似。

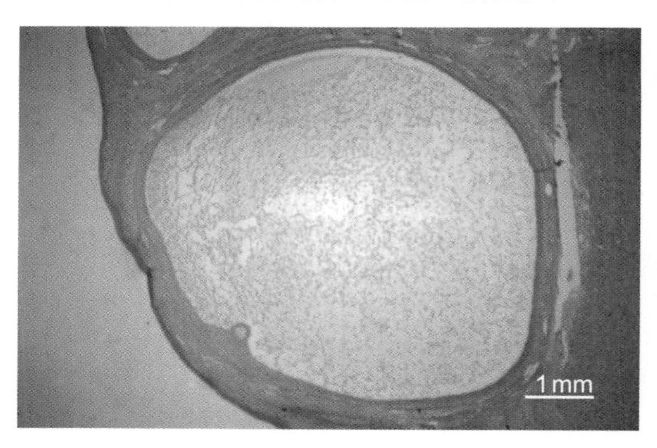

图 16–6　成熟卵泡（低倍）

5. 排卵后卵泡的变化

（1）红体（corpus rubrum）：排卵后，由于卵泡内压消失，卵泡壁塌陷形成皱襞，卵泡内膜毛细血管破裂，基膜破碎，卵泡腔内含有血液。

（2）黄体（corpus luteum，CL）：如图 16–7 所示，排卵后，颗粒层细胞和卵泡膜内层细胞增殖分化，形成一个体积很大、富含血管的内分泌细胞团，即黄体。由颗粒细胞分化来的黄体细胞称颗粒黄体细胞（granulosa lutein cell，GLC），数量多，体积大，呈多边形，着色较浅，核圆形，核仁清晰；由卵泡膜内层细胞分化来的黄体细胞称膜黄体细胞（theca lutein cell，TLC），数量少，体积小，胞质和胞核着色深，主要位于黄体周边。

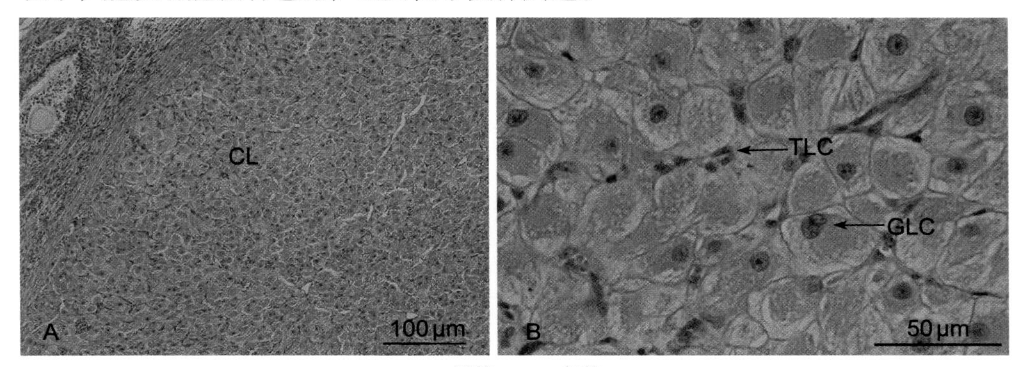

A：低倍；B：高倍。

CL：黄体；GLC：颗粒黄体细胞；TLC：膜黄体细胞。

图 16-7 黄体

（3）白体（corpus albicans，CA）：如图 16-8 所示，黄体退化后被致密结缔组织取代，成为斑痕样白体。

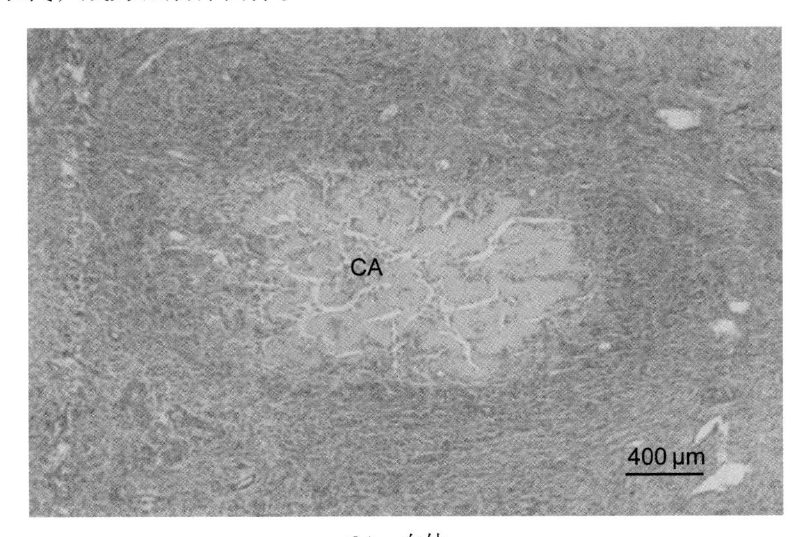

CA：白体。

图 16-8 白体（低倍）

（4）闭锁卵泡（atretic follicle，AF）：如图 16-9 所示，在卵泡生长发育的过程中，绝大多数卵泡不能发育到成熟而在不同阶段退化，退化的卵泡称为闭锁卵泡。卵泡的闭锁可发生在卵泡发育的任何阶段，形态结构不尽相同。原始卵泡和初级卵泡退化时，卵母细胞萎缩或消失，卵泡细胞变小而分散，最后变性消失；次级卵泡和接近成熟的卵泡退化时，卵母细胞和卵泡细胞萎缩溶解；透明带皱缩，并和周围的卵泡细胞分离；卵泡壁塌陷；中性粒细胞、巨噬细胞浸润；卵泡膜内层的膜细胞增生肥大，胞质中出现脂滴，形似黄体细胞，被结缔组织和血管分隔成分散的细胞团索，称为间质腺（interstitial gland，IG）（图 16-10）。闭锁卵泡最终被结缔组织取代，形成类似白体的结构，随后消失于卵巢基质。

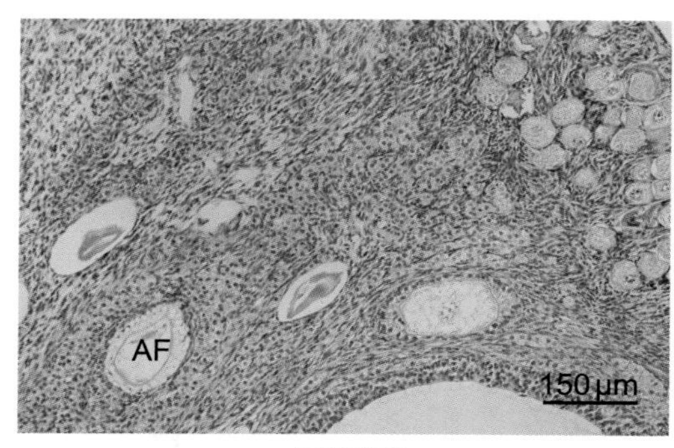

AF：闭锁卵泡。

图 16-9　闭锁卵泡

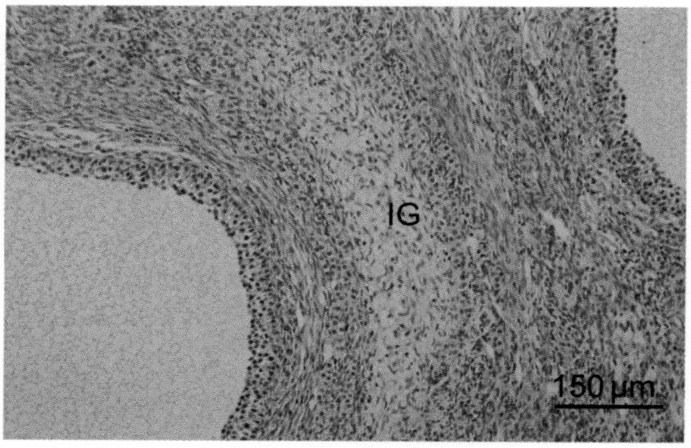

IG：间质腺。

图 16-10　间质腺

作业：绘高倍镜下的次级卵泡。标注初级卵母细胞、透明带、放射冠、卵丘、卵泡腔、颗粒层、卵泡膜。

示教：家禽卵巢的组织结构

标本　鸡卵巢切片（图 16-11）。

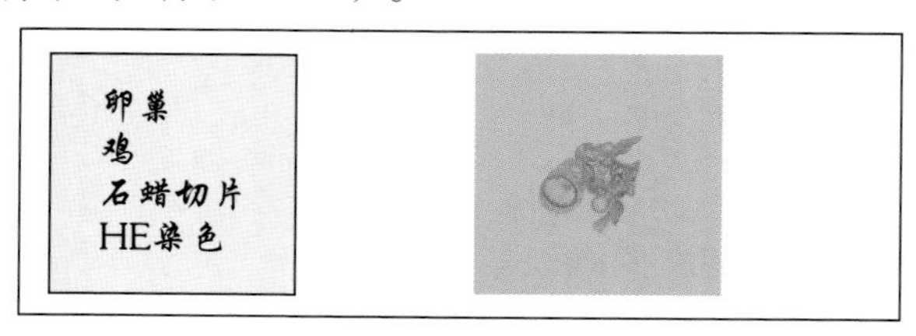

图 16-11　鸡卵巢切片

肉眼观察　如图 16-11 所示，产卵期的卵巢体积较大，表面可见一些体积依次增大的大型卵泡和许多小卵泡。与哺乳动物相比，家禽的卵细胞含有大量的卵黄，大的生长卵泡和成熟卵泡不位于卵巢基质，而是突出于卵巢表面，仅借卵泡柄与其相连。

显微镜观察　如图 16–12 所示，卵巢的组织结构与哺乳动物相似，由被膜、皮质和髓质构成。

1. 被膜　卵巢表面被覆单层生殖上皮，细胞形态不一，由扁平到柱状。生殖上皮下方由致密结缔组织构成白膜。白膜的结缔组织伸入卵巢内部形成基质。

2. 皮质　由卵巢基质和不同发育阶段的卵泡构成。卵泡内无卵泡腔，也无卵泡液，卵母细胞表面不形成透明带。

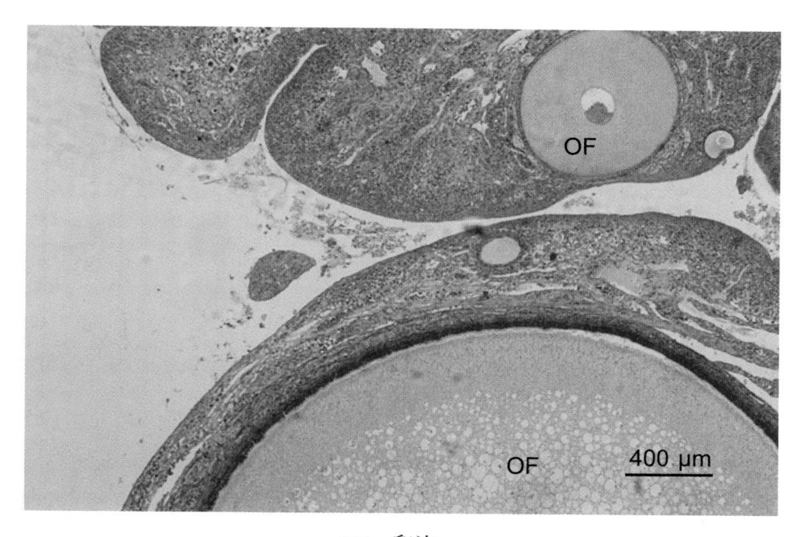

OF：卵泡。

图 16–12　鸡卵巢

二、子宫

标本　子宫切片（图 16–13）。

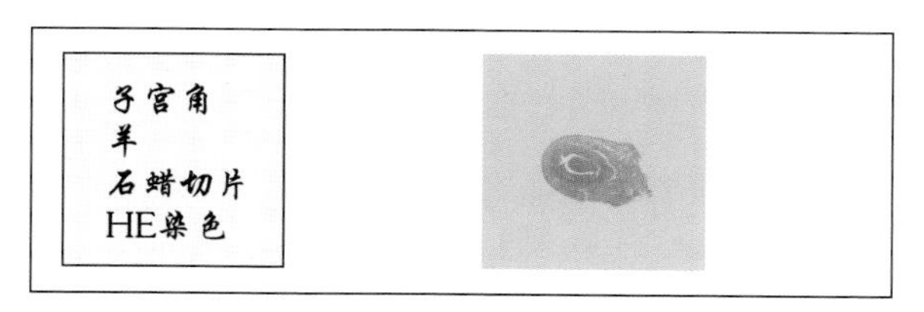

图 16–13　子宫切片

肉眼观察　如图 16–13 所示，羊子宫内膜突入宫腔形成子宫阜，使宫腔内呈现蘑菇状隆起。

低倍镜观察　子宫壁由内向外分为子宫内膜、子宫肌层和子宫外膜。

高倍镜观察　如图 16–14 和图 16–15 所示，重点观察子宫内膜的结构。

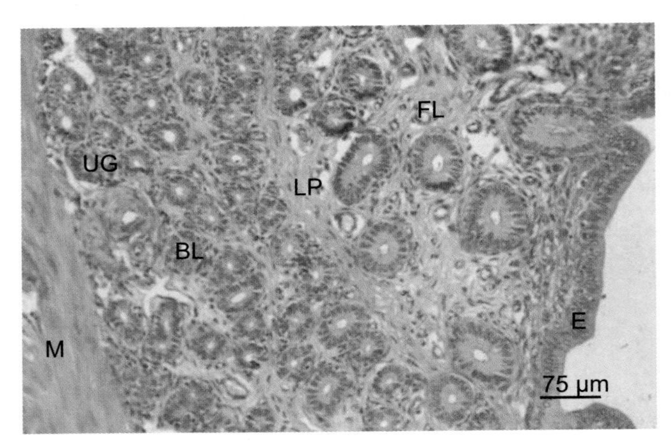

E：上皮；LP：固有层；FL：功能层；BL：基底层；UG：子宫腺；M：子宫肌层。

图 16–14　子宫壁

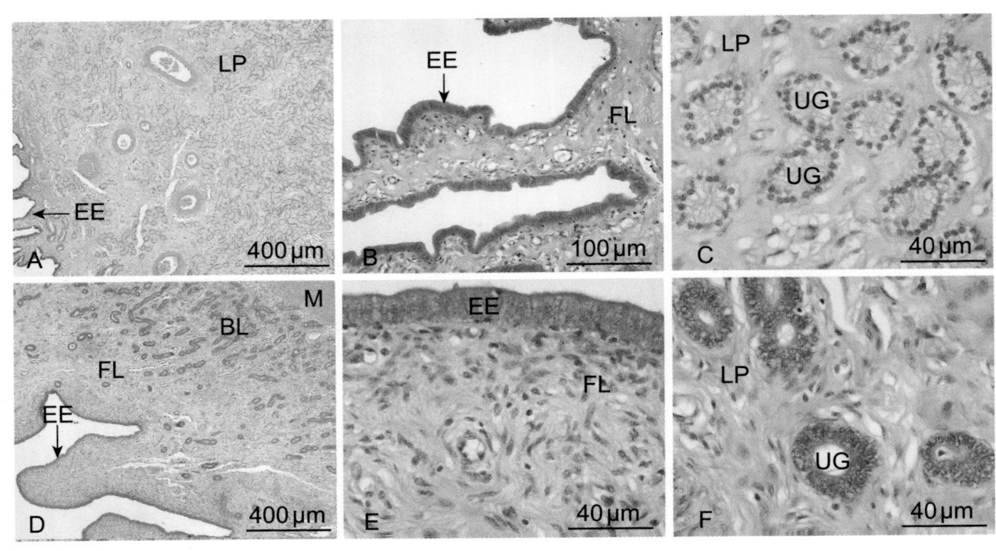

A、B、C：分泌期；D、E、F：增殖期。

EE：子宫内膜上皮；LP：固有层；FL：功能层；BL：基底层；UG：子宫腺；M：子宫肌层。

图 16–15　子宫壁（分泌期和增殖期比较）

1. 子宫内膜（endometrium）　很厚，分为上皮和固有层。

（1）上皮：随动物种类和发情周期而不同，马、犬、猫等为单层柱状上皮；猪、反刍动物为单层柱状或假复层柱状上皮。

（2）固有层：富含子宫腺和血管，分为浅、深两层。浅层为功能层（functional layer，FL），细胞成分多，细胞以梭形或星形的胚性结缔组织细胞为主，还可见巨噬细胞、淋巴细胞、浆细胞、白细胞和肥大细胞等；深层为基底层（basal layer，BL），细胞成分少，富含大量子宫腺及其导管。

子宫腺（uterine gland，UG）：分支管状腺，由单层柱状上皮构成，导管开口于子宫内膜表面。羊的子宫腺很发达。通常子宫腺密布于子宫角，向子宫体逐渐减少，子宫内口至子宫颈管完全没有腺体。幼龄动物子宫腺分布稀疏，腺体短，分支少。

子宫阜（caruncle，C）：如图 16-16 所示，子宫阜是反刍动物固有层形成的圆形加厚部分，此处无子宫腺分布。子宫阜参与胎盘的形成，属于胎盘的母体部分。

2. 子宫肌层（myometrium，M）　由发达的内环行肌和外纵行肌组成，两层间或内层深部存在大的血管和淋巴管。

3. 子宫外膜（perimetrium）　浆膜。

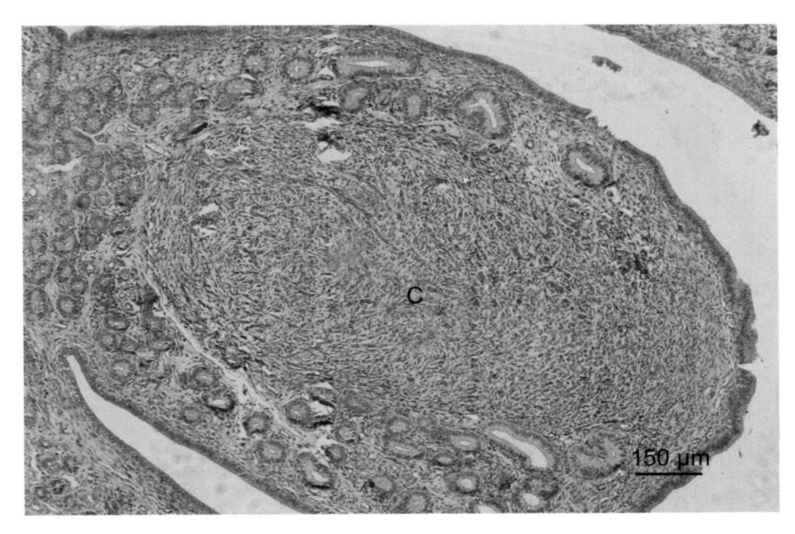

C：子宫阜。

图 16-16　子宫阜

三、输卵管（家禽）

家禽的输卵管长而弯曲，根据输卵管的结构和功能不同，可将其分为5段，从前向后依次为漏斗部（接受卵巢排出的卵）、膨大部（或称卵白分泌部，主要分泌蛋白）、峡部（分泌卵壳膜）、子宫部（分泌卵壳和卵壳色素）和阴道部（产生卵壳表面的角质）。各段均由黏膜层、肌层和外膜构成（图16–17）。

1. 黏膜　如图16–18所示，输卵管各段的黏膜均由上皮和固有层构成。上皮为单层纤毛柱状或假复层纤毛柱状上皮，由纤毛细胞和分泌细胞组成。漏斗部至子宫部纤毛细胞间散布分泌细胞。固有层内有分支管状腺，腺体在膨大部较为发达。

2. 肌层　在输卵管伞为平滑肌束，此后由内环行肌和外纵行肌两层构成，且越向后段肌层越厚。

3. 外膜　浆膜。

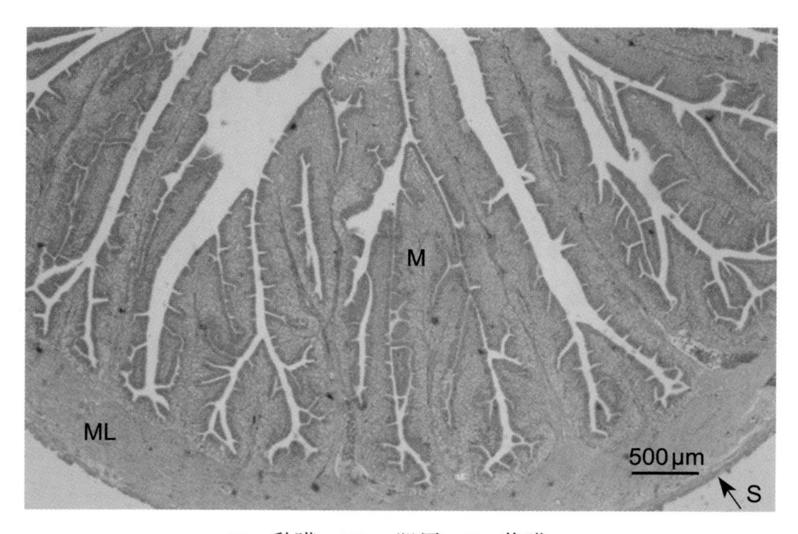

M：黏膜；ML：肌层；S：浆膜。

图16–17　鸡输卵管

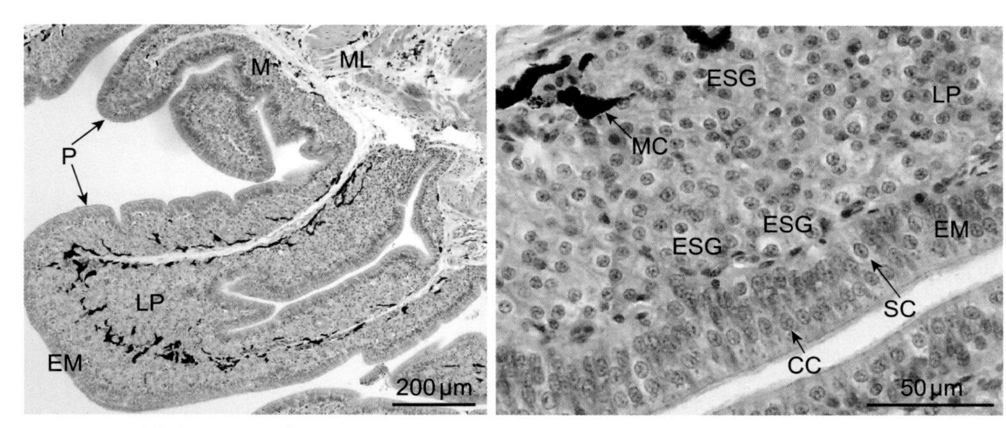

P：皱襞；M：黏膜；ML：肌层；EM：黏膜上皮；LP：固有层；ESG：蛋壳腺；CC：纤毛细胞；SC：分泌细胞；MC：黑色素细胞。

图 16-18　鸡输卵管子宫部（壳腺部）

第十七章　畜禽胚胎学

动物个体由受精卵（合子）发育成新个体的过程称为个体发育（ontogeny）。动物的个体发育通常分为3个阶段：胚前发育、胚胎发育和胚后发育。畜禽胚胎学是研究家畜与家禽胚胎发育的科学，也常包括对胚前发育的研究。

实验目的：掌握家畜和家禽早期胚胎发育的基本过程。
掌握胎膜和胎盘的结构和类型。

实验内容：生殖细胞；受精；卵裂与囊胚形成；原肠作用与三胚层形成；三胚层的早期分化；鸡的胚外膜；家畜的胎盘。

一、生殖细胞

构成动物体的细胞可分为两大类：一类是维持有机体生存所必需的体细胞（somatic cell），另一类是维持物种延续所必需的生殖细胞（germ cell）。生殖细胞也称配子（gamete），包括雄性生殖细胞——精子和雌性生殖细胞——卵子。配子发生（gametogenesis）是从原生殖细胞（primordial germ cell）发育分化成生殖细胞的过程。

1. 精子

标本：猪精液涂片（铁矾苏木精染色）。

显微镜观察：如图17–1所示，精子头部呈扁卵圆形，前端的淡染区是顶体帽，后部深染的是细胞核，尾部细长，在光镜下不易分辨分段。

2. 猪卵

标本：猪卵湿封片（图17–2）。

如图17–2所示，卵母细胞大而圆，胞质呈细颗粒状，卵母细胞与透明带之间为卵周隙（perivitelline space，PS），在卵周隙中可见第一极体（first polar body，FPB）。

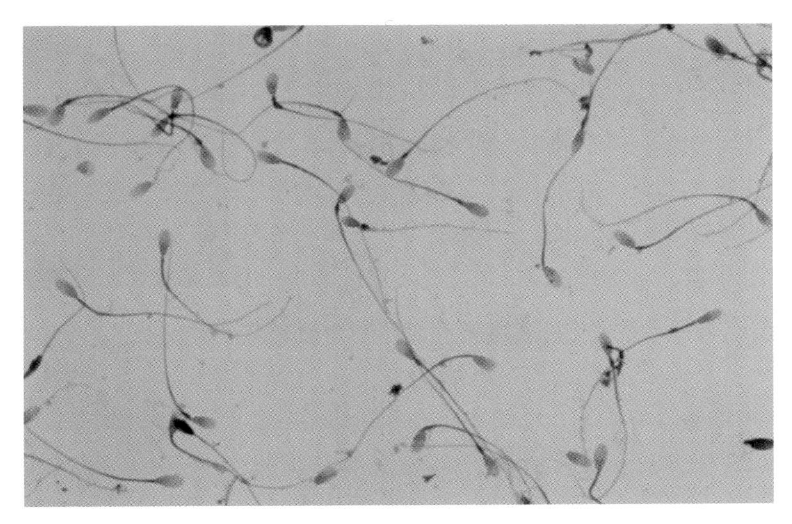

图 17-1 精液涂片

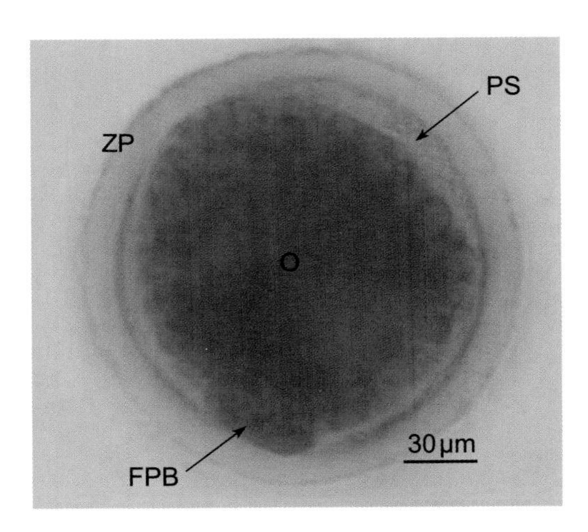

O：卵母细胞；ZP：透明带；PS：卵周隙；FPB：第一极体。

图 17-2 猪卵湿封片

3. 鸡卵 如图 17-3 所示，取一只种蛋，敲开钝端的卵壳，依次剥离卵壳、壳膜和蛋白，辨认鸡卵的结构。在卵黄一端，表面可见一白色圆盘状结构。如卵未受精，圆盘结构体积较小，称胚珠（ovule），内有卵细胞核和少量细胞质。若卵已受精，圆盘结构较大，称胚盘（embryonic disc），此时胚胎已发育至原肠胚期。

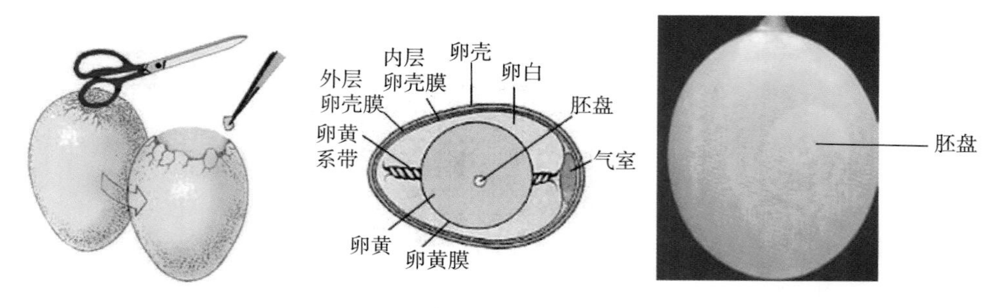

图 17-3 鸡卵的结构

二、受精

受精是指已获能的精子与卵子融合形成合子(zygote)的过程。在形态学上，受精过程可分为穿过放射冠时期、穿过透明带时期和穿过卵细胞膜时期 3 步（图 17-4）。

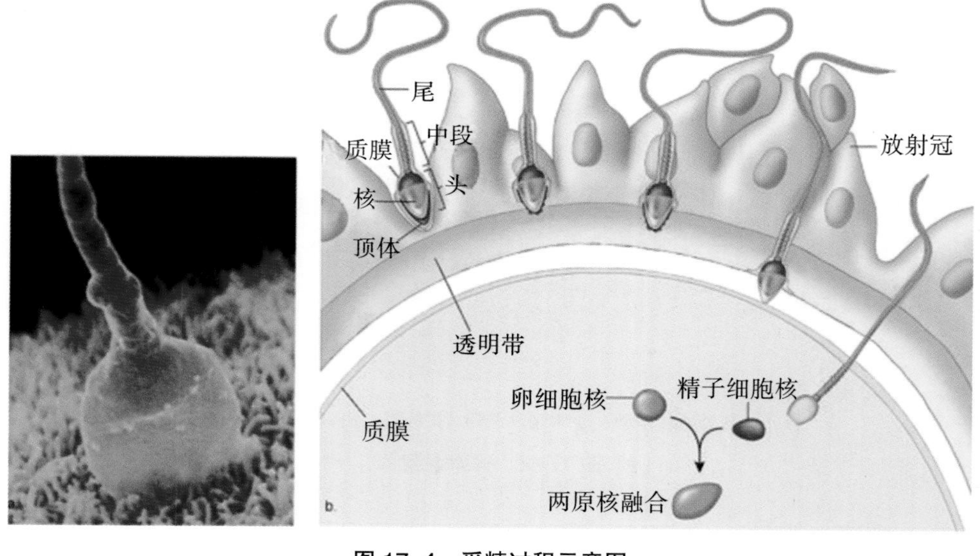

图 17-4 受精过程示意图

1. 穿过放射冠时期　精子借助其发生、成熟和获能期间获得的附着在表面上的透明质酸酶、顶体蛋白酶和 β–半乳糖苷酶的作用和精子的机械运动穿过放射冠。

2. 穿过透明带时期　当精子抵达透明带表面时，释放顶体蛋白酶，在透明带上开出微孔，精子由微孔穿过透明带而与卵细胞膜接触，并引发透明带反应（zona reaction）和卵黄膜反应（vitelline reaction），以保证单精入卵受精。

3. 穿过卵细胞膜时期　穿过透明带后的精子头部立即通过卵周隙附着到卵质膜上。精子的顶体赤道段处质膜首先与卵质膜融合，随后，精子头部的后区和精子尾也经膜融合并入卵胞质，精子头部的前区被卵子以胞吞的方式卷入胞质内。在精子入卵的刺激下，卵细胞完成第二次成熟分裂，排出第二极体。卵子核膨胀，形成雌原核（female pronucleus），卵细胞膜稍收缩，卵周隙清晰可见。随后，精子核膨胀，形成雄原核（male pronucleus），两原核在卵细胞中央相会后融合，至此受精完成。

三、卵裂与囊胚形成

受精卵最初发生的数次细胞分裂称为卵裂（cleavage），卵裂所产生的子细胞称为卵裂球（blastomere，B）。

如图 17–5 所示，首先雌原核和雄原核之间出现纺锤丝。随后，核膜消失，染色体出现，来自精卵的染色体共同排列在赤道板，每条染色体纵裂，进行有丝分裂。第一次卵裂形成 2 个卵裂球，称为 2 细胞期（2–cell stage）。随后依次经历 4 细胞期、8 细胞期等。哺乳动物各卵裂球分裂速度不同，常可见到 3 细胞期、6 细胞期这样的过渡期。随着卵裂的进行，卵裂球数量逐渐增加，体积逐渐减小，细胞排列紧密，失去球状外形。至 12~16 细胞期，胚胎外形似桑葚，故称桑葚胚

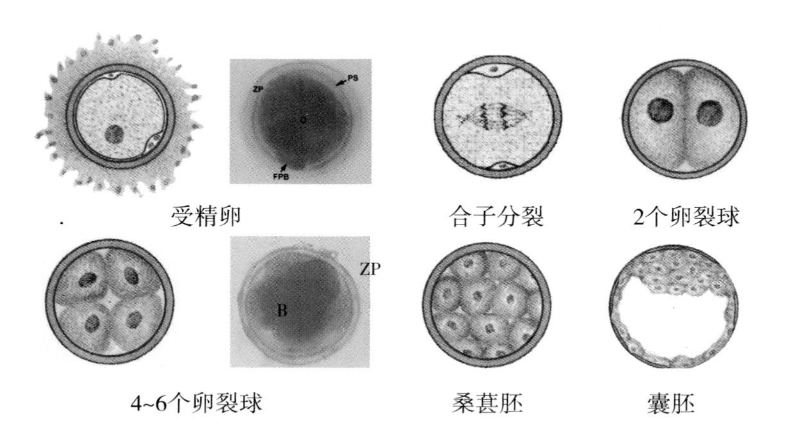

O：卵母细胞；ZP：透明带；PS：卵周隙；FPB：第一极体；B：卵裂球。

图 17–5　卵裂过程示意图

（morula）。

当桑葚胚达到子宫时，胚胎中央出现腔隙，此时改称囊胚（blastula）。卵裂球细胞发生分化，外侧细胞逐渐变成单层，构成滋养层（trophoblast），内部细胞构成内细胞团（inner cell mass）。形成了由滋养层、胚泡腔和内细胞团构成的胚泡（blastocyst）。

四、原肠作用与三胚层形成

随着胚泡的增大，透明带逐渐变薄，最后溶解消失，胚泡与子宫内膜接触，植入过程开始。内细胞团暴露于胚胎表面改称胚盘（germinal disc，GD）（图 17–6）。同时，内细胞团细胞重排为一上皮性结构，沿滋养层内侧扩展，增殖分化，逐渐形成一圆盘形的由原始外胚层（primary ectoderm）和原始内胚层（primary endoderm）组成的二胚层胚盘。

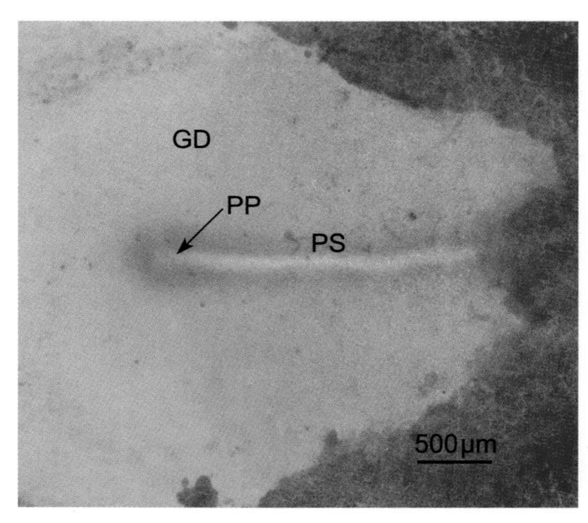

GD：胚盘；PS：原条；PP：原窝。

图 17–6　鸡胚 16 h 装片（示原条）

随后，原始外胚层细胞迅速增殖，在胚盘中轴形成一条增厚的细胞索，称原条（primitive streak，PS）(图 17–6)。原条头端外胚层隆起如帽遮盖，形成原结（primitive knot）。原条的中线出现一浅沟，称原沟（primitive groove，PG）(图 17–7)，原结外胚层细胞下陷，在原结中心出现一浅凹，称原窝(primitive pit，PP）。

原条形成后，原始外胚层细胞向原条边缘迁移，进入囊胚腔内。通过原结进入囊胚腔内的细胞向前端迁移，形成前肠、头部中胚层和脊索（notochord）；通过原沟进入囊胚腔的细胞部分在原始内、外胚层之间向左右两侧扩展，形成一新的细胞层，即中胚层（mesoderm，M），在胚盘的周缘与胚外中胚层相连；部分细胞进入原始内胚层，逐渐替代此处的细胞，形成一新的细胞层，即内胚层（endoderm，En），此时，原始外胚层改称外胚层（ectoderm，Ect）。至此，3个胚层形成（图 17-7）。随着胚盘的发育，脊索不断延伸，原条逐渐缩短，到脊索完全形成后，原条消失。

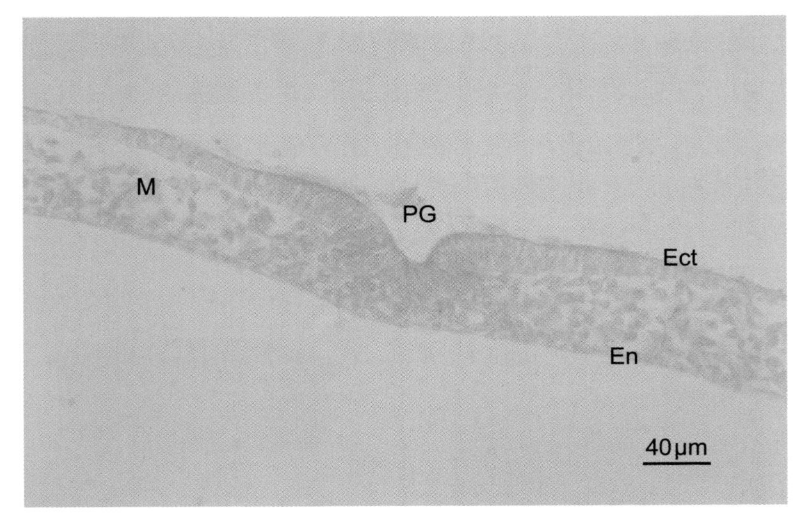

PG：原沟；Ect：外胚层；M：中胚层；En：内胚层。

图 17-7 孵化 16 h 鸡胚过原条横切

五、三胚层的早期分化

1. *外胚层的早期分化* 脊索（chorda vertebralis，CV）开始形成时，脊索背侧的外胚层增厚形成神经板(neural plate),神经板两侧边缘上举形成神经褶(neural fold)，中央下凹形成神经沟（neural groove，NG）。随后，两侧神经褶在背侧中部合并而形成两端开口的神经管（neural tube），同时一部分细胞自两侧分出，形成左右两条神经嵴（neural crest）。

2. *中胚层的早期分化* 中胚层形成后，其细胞增殖，由内向外分化为轴旁中胚层、间介中胚层和侧中胚层，此外，散在分布的中胚层细胞称为间充质细胞（mesenchymal cell）。

（1）轴旁中胚层（paraxial mesoderm）：紧邻脊索的中胚层细胞快速增殖，形成纵行细胞索，随后分化为左右对称的块状细胞团，称为体节（somite，S），体节进一步分化为生肌节（myotome）、生皮节（dermatome）和生骨节（sclerotome）。

（2）间介中胚层（intermediate mesoderm）：位于轴旁中胚层与侧中胚层之间，分化为泌尿系统与生殖系统的主要器官。

（3）侧中胚层（lateral mesoderm）：位于中胚层的最外侧。侧中胚层分为背、腹两层，背侧与外胚层相贴，称体壁中胚层（parietal mesoderm），腹侧与内胚层相贴，称脏壁中胚层（visceral mesoderm），两层之间的腔为原始体腔（primitive body cavity，PBC）。

3. 内胚层的早期分化　原肠（primitive gut，PG）的前方、后方及两侧卷折，将胚体分成了胚内（原始消化道）和胚外（卵黄囊）两个部分。原始消化道的头端称为前肠（foregut），尾端称为后肠（hindgut），中间仍与卵黄囊（yolk sac，YS）相连的部分称为中肠（midgut）。

三胚层的早期分化如图 17–8、图 17–9 所示。

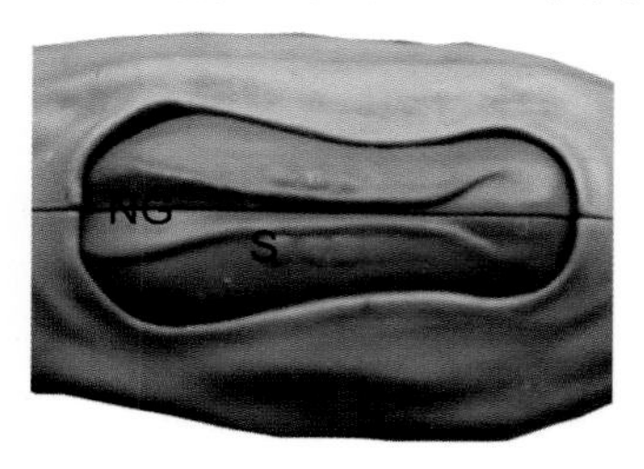

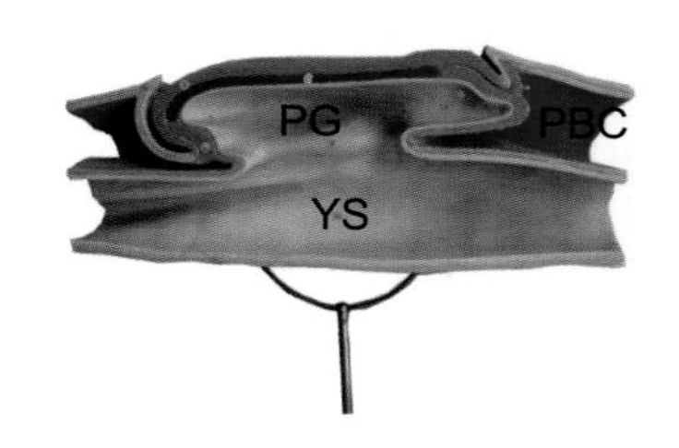

内胚层：黄色；中胚层：红色；外胚层：蓝色；脊索：紫色。

NG：神经沟；S：体节；PBC：原始体腔；YS：卵黄囊；PG：原肠。

图 17–8　三胚层的分化 (14 d 猪胚模型)

六、鸡的胚外膜

取孵化 6~8 d 的鸡胚，用镊子在钝端轻轻敲破蛋壳，除去碎壳，扩大破口至直径 2 cm 左右，挑破卵壳膜，将鸡胚轻轻倒入平皿中观察各种胚外膜（图 17–10）。

1. 羊膜（amnion，A）　直接包着胚体，鸡胚浮在羊水中。

2. 卵黄囊（yolk sac，YS）　包裹在卵黄表面，近卵黄侧有许多皱襞。

3. 尿囊（allantois，Al）和浆膜（chorion，C）　包在羊膜和卵黄囊外面，尿囊中有胚胎发育产生的代谢废物，尿囊浆膜的外层与卵壳膜相邻。

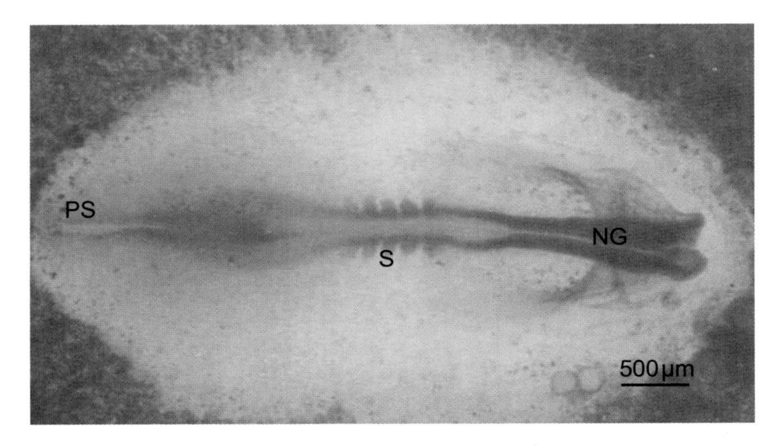

NG：神经沟；S：体节；PS：原条。

图 17-9　24 h 鸡胚装片

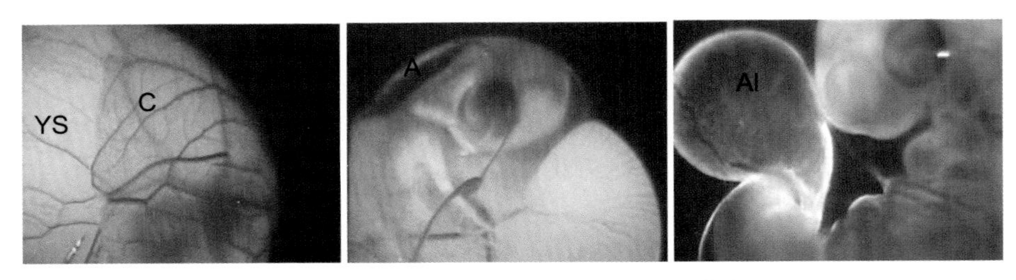

A：羊膜；YS：卵黄囊；Al：尿囊；C：浆膜。

图 17-10　鸡的胚外膜

七、家畜的胎盘

观察哺乳动物各种类型胎盘的浸制标本，并从绒毛膜与子宫内膜结合方式的差异理解胎盘的分类（图 17-11）。

家畜的胎盘为尿囊绒毛膜胎盘，胎盘类型不同，胎儿尿囊绒毛膜的组织结构变化不大，但母体的子宫内膜的组织结构变化很大（图 17-12）。

上皮绒毛膜胎盘（epitheliochorial placenta）：如图 17-12A 所示，所有的 3 层子宫组织都存在，绒毛膜的绒毛嵌合于子宫内膜相应的凹陷中。猪和马的散布胎盘属于此类。

结缔绒毛膜胎盘（syndesmochorial placenta）：如图 17-12B 所示，子宫上皮变性脱落，绒毛上皮直接与子宫内膜结缔组织接触。牛、绵羊、山羊等反刍类动物的子叶胎盘属于此类。

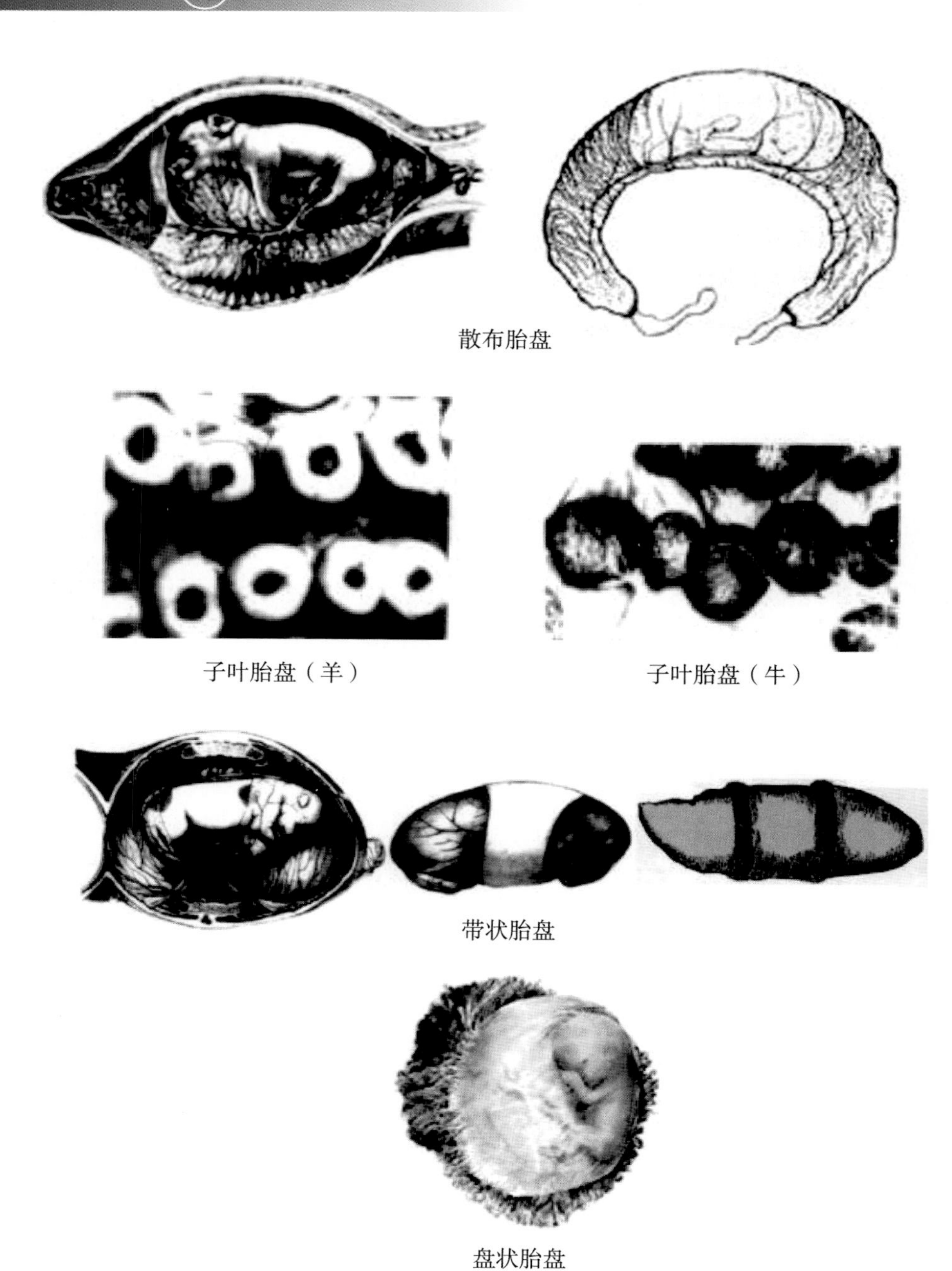

图 17-11　根据绒毛膜上绒毛分布方式的胎盘分类

内皮绒毛膜胎盘（endotheliochorial placenta）：如图 17–12C 所示，子宫上皮和结缔组织缺如，胎儿绒毛膜上皮直接与母体血管内皮接触。犬和猫等食肉类动物的环状胎盘属于此类。

血绒毛膜胎盘（hemochorial placenta）：这是一种更加进化的胎盘，所有的 3 层子宫组织都缺如，滋养层绒毛直接浸泡在母体血管破裂后形成的血窦中。人和啮齿类动物的盘状胎盘属于此类。

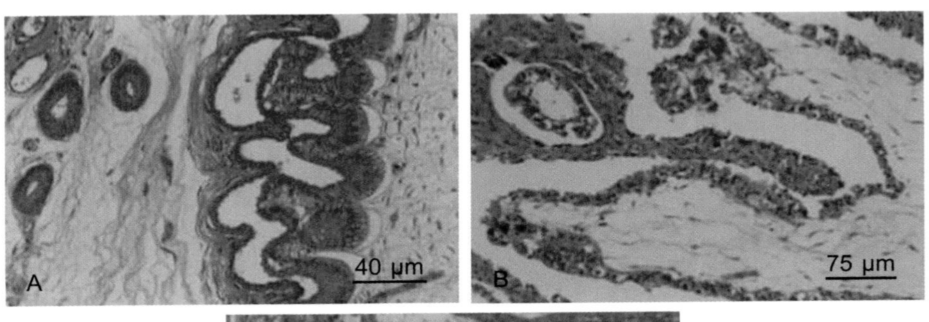

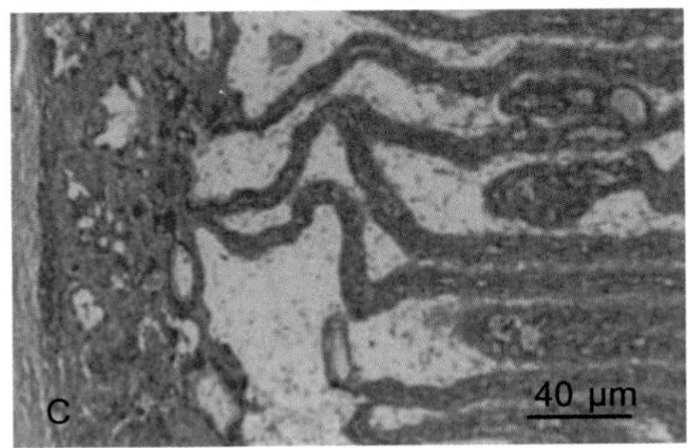

A：猪；B：羊；C：猫。

图 17–12　家畜的胎盘

附录　组织学技术基础知识

附录一　生物制片技术

研究动物组织时，为了能准确而清晰地显示其结构，首先要制备适合于显微镜下观察的薄片。由于各种组织材料的性质及观察研究的目的不同，因而产生了多种生物制片技术。如对易于分离的组织可在载玻片上涂抹或铺放薄片，而多数组织则要利用锋利的刀具将其切成薄片。因此，切片技术在组织学技术中占有极其重要的地位。

动物细胞的平均直径约 10 μm，为了能看清楚组织结构且不会因细胞的重叠而影响辨认，组织切片的厚度最好在 5 μm 左右。这一厚度的切片必须借助切片机来完成，并且在切片以前通常使组织内渗入某些支持物质，以使组织具有一定的硬度和韧性。根据所用的支持物质不同，切片方法分石蜡切片、火棉胶切片、冰冻切片、半薄切片和振动切片等多种。虽然制备切片的方法各异，但大部分方法都需经过取材、固定、脱水、透明、包埋和切片等主要步骤。本章以最常用的石蜡切片为例，详细介绍制片方法，并着重介绍冰冻切片的特点以及涂片的制作方法。

第一节　石蜡切片

一、取材

取材应根据需要选定动物及取材部位，做好计划和准备工作。处死动物的方法有断颈、放血、空气栓塞、麻醉、窒息等多种。无论采用何种方法，都应遵循动物福利，尽量避免使动物长时间陷于痛苦和濒死状态，以免出现使动物的组织或细胞结构发生变化，甚至人为引起病变的假象。动物被处死后应立即取材，将取下的组织迅速放入适宜的固定剂中，避免细胞发生如自溶、腐败等死后变化现象，而失去原有结构。

取材的顺序应根据动物死后组织发生变化的快慢而定。消化管在血液循环停止后，黏膜很快发生自溶现象。因此，取材时通常先打开腹腔，将整个消化管取出，立即分段取材，或先将固定剂注入肠腔，以防止黏膜发生死后变化。若同一个体取材部位较多，可多人分工协作，尽量缩短取材时间。

取材时还应注意保持脏器各组织结构完整，根据观察的部位确定好切面方向。如应保持消化管黏膜、肌层及浆膜的完整，肝、脾的被膜完整；有些脏器如唾液腺、胰腺等既无明显的被膜，又没有切面方向的差别，这类组织取材相对比较随意；有些脏器如眼球、睾丸、卵巢、脑垂体、神经节等应整个初步固定一段时间后再作修整，修整后继续固定。

取材时应避免机械损伤，凡用镊子夹过或用手压过的组织均不可留用。正确的方法是用镊子夹住组织周围的部位，用锋利的剪刀或手术刀将所需的组织取下。

切取组织块既要保证组织的完整，又不可过大，以免固定剂不能穿透深层组织。通常组织块的厚度为 2~3 mm 较为合适。

二、固定与固定剂

应用化学试剂使组织或细胞中的无机成分和有机成分凝固或沉淀，以保持其生活状态的过程称为固定。用于固定的试剂称为固定剂。固定是标本制作过程中的关键环节。此外，固定还能使组织硬化，便于切片。有些固定剂还有媒浸作用，利于组织着色。固定剂的种类很多，各种固定剂的作用均有选择性，且渗透力不同，对组织的收缩和膨胀亦不相同。单一成分的固定剂往往不能将组织的各种成分均保存下来，因而常将几种试剂配制成混合固定剂，以增强组织的固定效果。

（一）固定剂的选择

固定剂对组织有硬化、收缩或膨胀的作用。硬化作用较强且可造成组织收缩的固定剂有铬酸、升汞、苦味酸、丙酮、乙醇等；酸化或碱化后的固定剂对组织均有膨胀作用。无水乙醇能固定糖原却溶解脂肪；甲醛能固定多种组织成分，但可溶解糖原和色素。各种固定剂对蛋白质、脂肪、类脂、糖等作用各不相同，单一固定剂不能固定所有成分，必要时可根据要求选择合适的混合固定剂。因此，在取材前就应根据研究目的选好固定剂。

（二）常用固定剂

1. 甲醛（HCHO）　甲醛溶于水后即为甲醛溶液，其质量浓度为 36%~40%。

甲醛溶液的商品名称为福尔马林。组织学中通常将甲醛溶液的浓度当作 100%。如配制 10% 的甲醛溶液，是取甲醛溶液 10 mL，加水 90 mL，其中的甲醛含量实际为 3.6%~4%。

甲醛易挥发，其溶液有强烈的刺激性气味。甲醛易被氧化成甲酸而增加其酸性。甲醛溶液受热、受冷或长时间储存易产生乳白色沉淀，沉淀物为三聚甲醛。

对于一般组织的固定可用中性甲醛。较简单的方法为加入适量的碳酸镁，使其 pH 为 7.6，或加入适量的碳酸钙，使其 pH 为 6.5，也可配制 10% 的甲醛磷酸盐缓冲液，该溶液渗透力强，固定均匀，可使蛋白质凝固，并能保存脂肪及类脂。经甲醛固定的标本，根据染色的需要，还可转入其他固定剂继续固定。

经甲醛固定的组织细胞核染色甚佳，胞质着色较差，应用混合固定剂可弥补这一缺陷。不要将组织长期固定在甲醛溶液中，因为用甲醛长期固定的组织呈酸性，染色时不易着色。对于已经在甲醛溶液中长期固定的组织可用流水冲洗的方法降低其酸性，改善着色效果。甲醛为还原剂，不能与铬酸、重铬酸钾、四氧化锇等氧化剂混用，在特殊情况下混用不得超过 24 h。

2. 乙醇（CH_3CH_2OH）　乙醇与水以任意比例互溶。它对组织有固定、硬化及脱水作用，但对组织的收缩作用较强烈。乙醇是脂溶剂，所以用于观察脂肪、类脂的组织不能用浓度高于 70% 的乙醇固定。乙醇对糖原虽有固定作用，但遇水仍能溶解。乙醇一般不单独作固定剂使用，常与乙酸或甲酸等配成混合固定剂。乙醇为还原剂，不能与氧化剂混合使用。

3. 乙酸（CH_3COOH）　乙酸渗透力强，具有明显的防止组织自溶、固定染色质，减少组织的收缩和硬化等作用。乙酸因在室温 17 ℃以下便结成冰状结晶，又称冰醋酸。如乙酸呈结晶状，应加热至冰晶液化后再用。

4. 氯化汞（$HgCl_2$）　又名升汞，为白色结晶状粉末，剧毒。经氯化汞固定的组织，细胞核能显示出更细微的结构，并可增加对酸性染料的亲和力，故含氯化汞的混合固定剂应用较为广泛。但是经氯化汞固定的组织在其内部一般都含有呈棕黑色结晶的汞盐沉淀。这种结晶可能是氯化汞与组织内的含磷物质作用的产物。汞盐沉淀在组织内不仅影响观察，对切片刀也有一定程度的机械损害。因此，经氯化汞或含氯化汞的混合固定剂（如 Helly，Zenker，Susa 等固定剂）固定的组织在染色前需将汞盐沉淀除去。常用的脱汞方法是：将固定后的组织流水冲洗后浸于加碘酒至葡萄酒色的 70% 乙醇中，根据组织块的大小一般需几小时至 48 h。脱汞的效果可在切片染色前作镜下检查，若仍有汞盐沉淀，则需再经碘酒数分钟脱净，然后转入 5% 硫代硫酸钠水溶液将碘脱去，经充分水洗后再染色。

5. 重铬酸钾（$K_2Cr_2O_7$） 橘红色结晶，水溶液呈弱酸性。重铬酸钾可使染色质溶解，造成胞核着色不佳，但对细胞质固定较好。经重铬酸钾固定的组织必须经流水冲洗 12~24 h。重铬酸钾对酸性染料染色较好而对碱性染料染色较差，常与其他试剂配成混合固定剂使用。重铬酸钾为强氧化剂，不能与乙醇等还原剂混合使用。

6. 苦味酸（$C_6H_2(NO_2)_3OH$） 黄色晶体，强酸，在空气中可自燃，密闭会爆炸。为了运输和使用安全多在苦味酸中加水，或以苦味酸饱和液储存（饱和度：水溶液 0.9 %~1.2 %，酒精溶液 4.9 %），饱和液多以水溶液配制。

苦味酸可沉淀一切蛋白质，固定的组织为黄色，用 70% 乙醇加少量碳酸锂饱和液浸洗即可褪色。苦味酸与碳酸锂结合产生易溶于水的盐类，在乙醇脱水时即可除去。即使留下少许黄色，对染色并无影响。但苦味酸固定时间不宜过久，否则会使组织对碱性染料不易着色。苦味酸不作为单一固定剂使用。因其有软化皮肤和肌腱的作用，多采用含有苦味酸的 Bouin 液固定皮肤和肌腱。

7. 四氧化锇（OsO_4） 又名锇酸，淡黄色结晶，强氧化剂。光照和还原剂等能将其还原为氢氧化锇，变为黑色沉淀而失效，因此配制的储备液须置暗处冷藏。锇酸是易挥发的气体，对黏膜、眼球有损伤作用，使用时应注意安全。

锇酸可使蛋白质呈凝胶状态而不发生沉淀，且对组织收缩作用小。锇酸还是脂肪和类脂的优良固定剂，固定后的脂肪、类脂呈黑色。这是由于组织中的不饱和脂肪酸将锇酸还原成氢氧化锇而形成黑色沉淀。

锇酸穿透力弱，固定组织不均匀，时间过久，又会因过度氧化而损伤组织，此外锇酸价格昂贵，因此，在制作组织切片时不常使用。目前，锇酸是制备电镜样本常用的固定剂。

8. 三氯乙酸（CCl_3COOH） 无色结晶，易潮解变为浅褐色溶液。固体最高含量为 98.5%，凝固点为 55~58℃。三氯乙酸可使蛋白质沉淀，对染色质固定很好，与乙酸作用相似。三氯乙酸与其他固定剂配合使用，可加快固定剂对组织的穿透速度，同时减少对组织的硬化。含三氯乙酸的 Susa 固定剂是一种固定速度快且效果较好的固定剂。

上述固定剂只是多种固定剂中的一部分，此外，丙酮（CH_3COCH_3）、铬酸

（CrO_3）、戊二醛（$(CH_2)_3(CHO)_2$）等也是组织学中的常用固定剂。

（三）常用混合固定剂的配方与性能

1. Bouin 固定剂

饱和苦味酸水溶液	15 mL
甲醛溶液	5 mL
乙酸（使用前加入）	1 mL

Bouin 固定剂穿透速度快，收缩较小，固定均匀，对组织可产生适当的硬度，能保持细胞的微细结构，组织易于着色，是一种固定效果较好的固定剂，依据组织的种类和大小通常固定 12~24 h。其中，苦味酸可沉淀蛋白质并保持组织适当的硬度，乙酸可固定染色质，甲醛可避免苦味酸对细胞质和乙酸对染色质产生粗大沉淀。

2. Zenker 固定剂

氯化汞	5.0 g
重铬酸钾	2.5 g
蒸馏水	100 mL
乙酸（使用前加入）	5 mL

配制时将氯化汞、重铬酸钾分别用蒸馏水加热溶解，混合，自然冷却后过滤制成储备液。使用前加入乙酸。

Zenker 固定剂是组织学常用的固定剂，固定后的组织细胞质和细胞核的着色均较好且稳定。经 Zenker 固定剂固定的组织需以流水冲洗并在后续的脱水过程中除去汞盐沉淀。固定时间一般为 24 h。Zenker 固定剂中的氯化汞和乙酸可增强细胞核的固定效果，乙酸可防止氯化汞对组织的过度硬化，亦可减少重铬酸钾引起的组织收缩，并可增加组织对酸性染料的亲和力。

3. Helly 固定剂

氯化汞	5.0 g
重铬酸钾	2.5 g
蒸馏水	100 mL
甲醛溶液（使用前加入）	5 mL

Helly 固定剂以等量的甲醛溶液代替 Zenker 固定剂中的乙酸，固定剂的 pH

为 4.7。因甲醛为还原剂，重铬酸钾为氧化剂，二者反应生成沉淀，故甲醛溶液应在使用前加入，混合 24 h 后固定剂失效。组织经 Helly 固定剂固定后需流水冲洗 12~24 h。

Helly 固定剂因用甲醛代替乙酸，不产生铬酸成分，其固定机理与 Zenker 固定剂不同。甲醛具有媒染细胞质的作用，能增强组织对酸性染料的亲和力；氯化汞能减少重铬酸钾对染色质的破坏。Helly 固定剂对染色质的固定效果很好，可用于一般组织的固定，不亚于锇酸的固定效果，且最大的优点是产生人工假象少，被固定的组织接近生活状态。Helly 固定剂多用于骨髓、肝、脾、淋巴结等组织的固定。

4. Heidenhain Susa 固定剂

氯化汞	4.5 g
氯化钠	0.5 g
三氯乙酸	2.0 g
蒸馏水	80 mL
乙酸（使用前加入）	4 mL
甲醛溶液（使用前加入）	20 mL

配制时先将氯化汞、氯化钠和三氯乙酸溶解于蒸馏水中，制备成 Susa 固定剂的储备液。使用前加入乙酸和甲醛溶液。Susa 固定剂的固定速度快，组织收缩较小，适合固定各种组织。制备的组织样本适用于各种染色方法。因此，Susa 固定剂是组织学和病理学中常用的效果较好的固定剂。

5. Rageud 固定剂

3 %重铬酸钾溶液	40 mL
甲醛溶液（使用前加入）	10 mL

Rageud 固定剂是显示嗜铬细胞的优良固定剂，也是固定线粒体和分泌颗粒的常用固定剂。为增强固定效果，可在固定 2~3 d 后，再以 3% 重铬酸钾铬化 3~5 d。固定剂和重铬酸钾溶液需每天更换。固定后的组织需充分水洗。

三、水洗

组织块经固定后，通常要用水冲洗。冲洗的目的是除去组织中残留的固定剂和沉淀，以终止固定作用并消除固定剂对组织着色的影响。用含氯化汞、铬酸、重铬酸钾和锇酸等的固定剂固定的组织块必须充分水洗。中性甲醛、Bouin 固定剂等对组织着色无明显影响，经这些固定剂固定的组织块可不经水冲洗，直接浸入 50% 或 70% 的乙醇中清洗、脱水。

水洗的方法很多，为了达到完全洗净的目的，常采用流水冲洗法。较简单的方法是单瓶流水冲洗法。具体方法如下：将组织块放入广口瓶内，用纱布盖上瓶口并用细棉线或橡皮筋扎紧瓶颈。取一玻管直插瓶底，玻管另一端接橡皮管后与自来水相通，使水从瓶底流经瓶内自瓶口缓慢溢出，水流控制在使瓶底的组织块微微摆动即可。冲洗的时间与固定的时间成正比。各实验室可根据具体条件和需求设计各种流水冲洗法，如串列式玻瓶冲洗法、水槽冲洗法、倒置冲洗法等。

四、脱水与脱水剂

组织经固定和水洗后含有大量的水分，但石蜡为非水溶性物质，因此在石蜡包埋前，必须除去组织中的水分，这一过程称为脱水。用于脱水的试剂称为脱水剂。可用作脱水剂的试剂必须能与水以任意比例互溶，才可使组织中的水分被脱水剂逐渐取代而最终除去，同时该试剂还必须能与石蜡互溶或通过媒浸物能与石蜡互溶。脱水剂的种类很多，如乙醇、乙醚、丙酮、正丁醇、异丁醇等，其中最常用的是乙醇。

1. 乙醇（CH_3CH_2OH）　既可作固定剂又可作脱水剂。高浓度乙醇对组织有较强的收缩及脆化的缺点，因此，脱水时应从低浓度梯度上升至高浓度。成体组织常从 60% 或 70% 乙醇过渡到无水乙醇，胚胎组织因含水量较高一般从 30% 或 40% 乙醇开始。这样既能使组织脱水彻底，又可避免高浓度乙醇处理时间过久而使组织过度收缩、硬化。

脱水的时间应根据组织块的大小和类型而定。通常 3~5 mm 厚的组织块在各级乙醇中脱水数至 12 h，整个过程需 24~48 h，其中无水乙醇中停留 2~4 h，为使脱水彻底，无水乙醇需更换一次。对含结缔组织和脂肪组织较多的脏器应用较长的脱水时间，对肝、脾、肾等应缩短脱水时间以免组织变脆。具体脱水时间应在实际操作中反复摸索，灵活运用。

2. 丙酮（CH_3COCH_3）　既可作固定剂又可作脱水剂，性质与乙醇相似，但脱水能力更强，对组织的收缩作用更大，在组织学制片中较少使用。

3. 正丁醇（$CH_3CH_2CH_2CH_2OH$）　能与乙醇和石蜡互溶。脱水时可先经过各浓度梯度的乙醇－正丁醇混合液，最后使用正丁醇；石蜡包埋时，可先将组织浸入正丁醇－石蜡（1∶1）混合液，然后浸蜡包埋。正丁醇作脱水剂的优点是很少改变组织的收缩和硬度，可替代二甲苯，但由于价格昂贵，不常使用。

五、透明与透明剂

组织经固定、水洗、脱水之后，要制成石蜡切片，必须用石蜡包埋，但乙醇与石蜡不互溶。这时需用一种试剂作为乙醇与石蜡之间的媒浸物，这种媒浸物取代乙醇后常使组织呈透明状态，因而将这种媒浸的过程称为透明，所用的媒浸物称为透明剂。透明剂种类很多，如二甲苯、甲苯、苯、香柏油、氯仿、丁香油、松节油、安尼林油等。

1. 二甲苯（$C_6H_4(CH_3)_2$） 易燃、易挥发、有毒，溶于醇和醚，不溶于水，可溶解石蜡，透明力强，易使组织收缩，变硬变脆，是最常用的透明剂。通常，在浸入二甲苯透明前，应先将组织浸入脱水剂与二甲苯的混合液，以减少组织收缩。并且组织在二甲苯中不宜停留过久，一般厚度为 3 mm 的组织块透明 30 min 即可。组织块在二甲苯内透明必须适度，如透明不彻底，石蜡难以浸入组织，透明过度则组织变硬发脆，均会影响切片的效果。为确保透明彻底，也可在浸蜡前用透明剂配制的石蜡（熔点 52~54℃）媒浸一次。

用二甲苯透明的组织易变硬发脆，所以有些组织如肌肉、肌腱、软骨、皮肤、眼球等不宜用二甲苯透明。

二甲苯还常用作石蜡切片染色前的脱蜡剂和染色后的透明剂，经二甲苯透明的切片不易褪色。

2. 甲苯（$C_6H_5CH_3$） 性质与二甲苯相似，更易挥发，透明速度较慢，但对组织的收缩作用小，不易使组织变脆，透明时间比二甲苯长。

3. 苯（C_6H_6） 性质与二甲苯相似，沸点为 80℃，易挥发，易吸水，故透明时应密封。苯对组织的收缩作用小，不易使组织变硬发脆，利于切片，是较好的透明剂，但透明速度较慢，一般需 12~24 h 才能彻底透明。

4. 香柏油 香柏油的透明效果很好，对组织的硬化及收缩程度比其他透明剂都小，但透明速度较慢，2~3 mm 厚的组织块需 12~36 h，而且香柏油与石蜡不互溶，因此经香柏油透明的组织，需经二甲苯短时间媒浸后再进行包埋。

肌肉、皮肤、血管、膀胱、垂体、肾上腺等用香柏油透明效果较好。

5. 三氯甲烷（$CHCl_3$） 又名氯仿，可与醇、苯、醚等互溶，透明力较弱，比二甲苯、甲苯、苯等透明速度慢，但组织不易变脆，适用于大块脊髓、脑组织的透明。三氯甲烷易挥发，易吸水，故透明时应密封并在瓶底放置无水硫酸铜。

六、浸蜡与包埋

浸蜡是包埋的前期准备过程。因透明剂可与石蜡互溶，所以将已透明的组织浸入熔化的石蜡中，石蜡即可浸入组织，起到充分支持作用并使组织内部硬度均匀，利于切片。

包埋是将组织埋入石蜡，凝固成块的过程。包埋的容器可用商品化的包埋盒或自制的小纸盒。组织块放入包埋容器时预定的切面应朝盒底，并做好标记以防混淆。

浸蜡和包埋所用的石蜡可分为软蜡和硬蜡。熔点为 45~54℃的石蜡为软蜡，熔点为 56~58℃或 60~62℃的石蜡称为硬蜡。组织浸蜡时先经软蜡 0.5~1.5 h，再入硬蜡（56~58℃）0.5~1.5 h。浸蜡的全过程在 60℃的恒温箱中进行。浸蜡的温度和时间十分关键，温度过高或浸蜡时间过长，组织收缩程度较大且组织发脆。浸蜡后的组织用硬蜡（60~62℃）包埋。包埋后使包埋盒内的石蜡自然冷却。当石蜡表面凝结后将蜡块放入冷水中，加速凝固，并可避免蜡块中出现白色结晶，以提高蜡块的包埋质量。

包埋后的蜡块应呈均质半透明状，如果在组织周围出现白色混浊，表明浸蜡或包埋不佳，可能的原因有：脱水不彻底；浸蜡不彻底；包埋蜡温度低，包埋时蜡已凝结；石蜡不纯。

包埋好的蜡块在切片前先要用刀片修整成梯形或矩形，组织周围留有约 2 mm 的蜡边，较宽的两个面应互相平行，以便在用轮转式切片机切片时能切成连续的蜡带。将修好的蜡块用烧烫的蜡铲焊接在木块上并做好标记。

七、切片

切片是切片标本制作过程中的关键步骤。要制作高质量的切片，除拥有良好的仪器外，还应具备娴熟的技术。

（一）切片机

1. 切片机的类型　根据切片方式的不同，常规使用的切片机分为轮转式（手摇式）切片机和滑走式（推拉式）切片机两类。前者适用于石蜡切片，特别适用于制作连续切片。后者不仅适用于石蜡切片，还可适用于火棉胶切片或与制冷装置结合制备冰冻切片，但不易制作连续切片。

2. 切片机的选择　目前国内外均可生产质量较好的轮转式切片机和滑走式切

片机。各实验室可根据实际情况选购。切片机的质量要求精密度高，稳定性好。切片机的可调厚度范围为0~50 μm。切片时应保证每张切片的厚度和指示刻度完全符合。

3. 切片机的调试　使用前应了解切片机各主要部件的性能，掌握切片机的调试方法，以便随时调试和排除故障。新切片机使用前，应先用二甲苯擦洗机件的防锈油脂，然后在每个滑动或滚动面滴加润滑油（如钟表油或液态石蜡）以减少摩擦。轮转式切片机用手速摇轮柄，突然撒手后，轮仍能转两周左右，即是合用。若手摇时感觉费力或松旷则需调试。

切片机的刻度指示盘上显示了切片厚度的范围，如0~50 μm，切片的厚度是可调的，切片时按照需求调至合适的刻度即可。在切片之前，应首先核对指示刻度与实际切片的厚度是否吻合，具体方法为：分别将切片厚度调至0和1 μm，各按照正常切片方法切片。正常情况下，0位时切片刀与蜡块不会接触，而1 μm时切片刀可将蜡块切下一薄片。如果0位时即可切出切片或1 μm时切片刀仍不接触蜡块，均应对切片厚度指示盘进行复位调整。

如果切片机在切较小的蜡块时，切片厚度与切片机指示刻度一致，而蜡块稍大或组织稍硬时，则出现切片厚薄不一致的现象，则说明切片机的稳定性差，严重时甚至可出现几微米的误差。这种情况下通常需检查相关部件的螺丝有无松动现象，如有松动拧紧即可。

（二）切片刀

切片刀的质量和锋利程度直接影响切片的质量。各实验室可根据需要选用切片刀或一次性切片刀片代替切片刀。

（三）切片的技术环节

切片质量的好坏与操作者的技术水平密切相关，下面以轮转式切片机切片为例，对切片的主要技术环节加以说明。

1. 固定蜡块　将焊接有组织蜡块的木块固定到切片机的组织块固定夹上，使组织块的宽面做上、下面，且上、下面均呈水平。调整固定夹上的变向螺丝，使切面平行于切片刀面。

2. 固定切片刀　将切片刀的一端固定在刀架上，以便切片过程中能依次移动刀位，充分利用整个锋利的刀刃。调节刀刃磨面与组织切面之间的夹角，通常为5°~15°。夹角大小是否合适可通过试切来判断。夹角过小易引起刀刃振动，造成切片呈波形厚薄不匀；夹角过大切片易卷曲。

3. *移动刀架* 通常切片机的刀架均可作前、后、左、右方向的水平移动。移动刀架使刀刃靠近组织切面，但不得使刀刃与组织切面相接触。

4. *调节厚度* 切片的厚度通常为4~6μm，试切时可调节切片厚度，尽量切出薄而平整的切片。

5. *手轮的使用* 切片机上的手轮装有固定装置，转动前应先打开固定锁，使蜡块慢慢接近刀刃。当蜡块与切片刀接近时，应仔细观察切面是否对好，距离是否合适，要避免第一片切得过厚。停止切片时，要及时固定手轮，确保安全。

6. *切出蜡带* 每转动一次手轮就可切出一张切片，若连续转动则可切出连续呈带状的蜡带。用毛笔将蜡带托起，随切片速度向前移动，可保持蜡带连续不断。至合适的长度时，将蜡带断开，光面向下，平放在装蜡带的盒内。收藏时注意防风防尘。

（四）检查切片质量的方法

仅凭肉眼观察有时不易准确判断切片的质量，使用显微镜观察可达到较好的效果。镜检方法如下：将待检切片光面向下，平放在载玻片上，盖上盖玻片，从盖玻片边缘滴加二甲苯，使蜡基本溶解。用弱光检查切片有无裂纹，厚薄是否一致，组织是否切全。

（五）石蜡切片常见问题的原因及对策

问　题	原　因	对　策
切片卷曲	(1)包埋蜡熔点较高	换较低熔点包埋蜡或适当增加蜡块温度，可将台灯靠近所切蜡块
	(2)切片较厚	适当降低切片厚度
	(3)切片刀与蜡块切面夹角较大	减小夹角
	(4)切片刀不够锋利	移动刀位或更换切片刀

问　题	原　因	对　策
切片破碎	(5)组织块脱水、透明、浸蜡过程时间不够	破碎若不严重，可以冰水浸泡后用较锋利的切片刀切；若较严重，需将蜡块除去包埋蜡，从脱水透明过程返回无水酒精，重新脱水至包埋
	(6)浸蜡时温度过高，使组织块脆硬	切开组织切面，用水或1∶1甘油水浸泡10～20 min再切，至不能切完整时再重复此过程
组织块与包埋蜡脱离	(7)同(5)	同(5)
	(8)包埋时组织块已冷，包埋蜡温度又不够高	除去包埋蜡后将组织块浸蜡数分钟后重新包埋
切片横向皱褶多	(9)切片过薄	适当增加切片厚度
	(10)若组织有褶而包埋蜡无褶，是因为组织太硬而蜡太软	重新换硬蜡包埋或将蜡块用冰水降温后再切
同一切片或相邻切片厚度不一致	(11)组织块过大或过硬，使切片　机不能正常工作	更换切片机或适当增加切片厚度
	(12)切片机松旷	对切片机进行修理
	(13)切片时速度不匀，过快或过慢	切片速度应适中
切片有纵向裂纹	(14)切片刀有缺口	移动刀位或更换切片刀
	(15)切片刀口上有异物	用棉花蘸二甲苯将异物清除
	(16)组织块中有较难切的成分	用水浸泡或更换较锋利的切片刀
切片不能连成蜡带	(17)包埋蜡黏度不够	包埋蜡中加入适量蜂蜡
	(18)切片速度过慢	适当加速
	(19)组织块周围包埋蜡太少	重新包埋或在周围焊加包埋蜡
	(20)切片过厚	减小切片厚度
	(21)同(1)	同(1)
切出的蜡带弯曲	(22)蜡块上下两面不平行	重新修块，使上下面平行

问　题	原　因	对　策
切片粘在组织块上	(23)切片刀后面有蜡附着	用棉花蘸二甲苯擦除附着的蜡
切片有静电吸附现象	(24)空气太干燥	在地面洒水或使用其他方法增加空气湿度
切过的蜡块表面发白	(25)切片刀与切面虽有很小的夹角，但切片刀的刀面与切面的实际夹角已为负数。调整切片刀与切面的夹角	

八、展片、贴片与烘片

石蜡切片必须展平，粘贴到载玻片上后方能进行脱蜡和染色。可使用展片台在载玻片上直接展片或利用恒温水浴箱漂浮法展平切片，然后用载玻片捞取。这两种方法的原理都是利用 45~50℃的温水将切片自行展平。若切片上皱褶较多较大，可用拨针辅助轻轻拨开。

为了使切片与载玻片之间粘贴牢固，贴片前需在载玻片上涂抹一薄层蛋白甘油。蛋白甘油配制方法如下：将鲜鸡蛋清倒入烧杯中，用洁净竹筷急速搅至蛋清全呈泡沫状，且倒置烧杯蛋清不会流出为止。静置后取蛋清加入等量甘油混匀过滤。加入麝香酚数小块防腐，可长期保存使用。也可以使用商品化的明胶、多聚赖氨酸等黏片剂。

贴片时将切片的光面与载玻片相贴，控去多余的水分，及时放入干燥箱中烘片，防止自然风干的切片与载玻片之间形成空气膜而使二者不能贴紧。烘片温度一般为恒温 45~50℃，烘片时间不得少于 4 h。

九、染色与封固

染液多为水溶液，因此烘干的切片在染色前需脱蜡。脱蜡使用二甲苯，时间为 5~10 min，室温较低时需延长脱蜡时间或将切片稍加预热后再入二甲苯脱蜡。切片长时间浸泡在二甲苯中一般不会影响染色效果。切片经二甲苯脱蜡后再逐级移入 100%，95%，90%，80%，70%，60% 的乙醇，最后移入蒸馏水，才可入染液进行染色。每级乙醇各需 1~2 min，时间过短易使切片发生弥散性分裂，而时间过长一般不会影响染色效果。

为使切片便于观察并能长期保存，染色后的切片要进行封固。通常使用中性树胶进行封固。中性树胶不溶于水而溶于二甲苯，因此需将染色后的切片脱水、透明后再封固。主要程序如下：将染色后的切片依次经 70%，80%，90%，95%，100% 的乙醇逐级脱水，每级 1~2 min。浓度低于 90% 的乙醇对某些染料有脱色作用，应注意控制脱水时间。为使脱水彻底，可在 95% 和 100% 的乙醇中适当延长时间。切片脱水后进入二甲苯透明，二甲苯需更换 2~3 次，共需 15 min 或更长时间。切片透明后即可以滴加适量的中性树胶，加盖玻片封固。

第二节　冰冻切片

冰冻切片过程比较简单，组织无须经过脱水、透明，组织中的水分就起着包埋剂的作用。与石蜡切片相比，冰冻切片省略了许多化学试剂的处理和加温过程，因此组织收缩小，更接近生活状态，且可使组织中的某些不耐热成分如脂类、酶、抗体等得以保存。所以，冰冻切片在组织化学、免疫组织化学、快速临床诊断等领域被广泛应用。冰冻切片的局限性在于体积过大的组织不易冰冻，不易切出连续切片，不易切出 5 μm 以下的薄切片。因此，在制作切片时应根据实际需要选用适当的切片方法。

制作冰冻切片使用冰冻切片机。冰冻切片机采用电能制冷。低温恒冷切片机使用较方便，但价格较高，如无条件使用，也可用冷冻石蜡两用切片机，在制作冰冻切片时采用半导体制冷器制冷。

一、切片

将冰冻切片机冷冻室预冷至合适的温度（约 −20 ℃）。

将要切的组织修切成长宽约 1 cm，厚 3~4 mm 的小块，组织块太大不易冷冻均匀。

在冷冻台上滴加少量冷冻包埋剂，迅速将组织块放置在冷冻台上，随后在组织块周围滴加包埋剂使其完全冷冻于包埋剂中。待组织块彻底冷冻后即可开始切片。切片过程中如冷冻温度不合适，要随时调整。

特别注意冰冻切片的组织不得含有乙醇。因为乙醇的冰点很低，含有乙醇的组织不能牢固地冻结在冷冻台上。

冰冻切片机通常为轮转式，切片时转动速度要缓慢而均匀。若切片温度过低，组织破碎不易切片，可适当调高温度或用手指稍按组织块略行加温之后再切。

二、贴片

每切一片用毛笔轻轻从切片刀上取下，可直接将平整的冰冻切片贴附在经多聚赖氨酸预处理的载玻片上。如室温较高，可将载玻片放在冰块上预冷，以防止切片一接触载玻片即熔化而不易展平。还可采用捞片法贴片，即先将冰冻切片放在盛有生理盐水或10%蔗糖水溶液的广口器皿内，用细玻棒或小毛笔将冰冻切片缓缓引至载玻片上，手执载玻片迅速旋出水面，切片即贴附于载玻片上。

三、染色

冰冻切片的染色方法有两种：一种是贴片染色，即将贴附好的切片自然风干或用冷风机吹干或放入37℃干燥箱10~15 min烘干后进行染色；另一种是游离片染色，即先不贴片，直接用细玻棒或小毛笔作传递染色。这种方法适用于较厚切片特别是肝、肾、脑等结缔组织较少的器官组织。

第三节 涂片技术

一、血涂片

采血方法：通常在动物的耳缘采血，鼠类动物可由尾尖采血，禽类可从冠、蹼、翅下等处采血。

涂片方法：将沾有血滴的载玻片用左手食指和拇指夹持，右手持另一边缘平齐的载玻片接近血滴，两载玻片夹角呈35°~45°。待血滴沿载玻片相交处展开，形成一条血线后，右手推动载玻片，使血线均匀铺开形成血膜。推片的角度和速度与血膜厚度直接相关。角度大、速度快则血膜厚，反之则薄。涂片后将载玻片用手甩动几下，干后放入切片盒，备染。

二、骨髓涂片

用钳子压挤含红骨髓的肋骨或长骨，将挤出的骨髓加入血清10倍稀释。搅拌均匀后，按血涂片方法涂片。如不能涂薄或涂不均匀时，可用两张载玻片将骨髓滴轻轻按压后再涂抹成薄膜。涂片时只能向一个方向涂抹，不能来回反复。

附录二 染料与染色

未经染色的细胞各部分结构的折光率很相似，难以分辨。染色使生物组织的各部分结构清晰可见，为组织学观察提供了极大的便利。

第一节 染 料

一、染料的一般性质和分类

染料多为有机化合物，其分子结构中含有发色团和助色团。其中，发色团使染料具有颜色，助色团使染料具有盐的性质，更易与被染组织亲和。发色性和助色性是染料的重要特性。例如苦味酸是一种黄色染料，其分子结构式为：

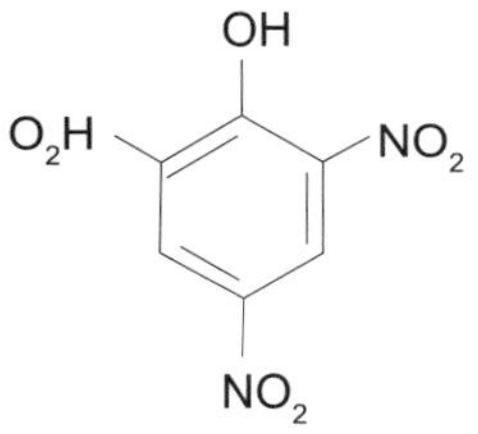

OH

O_2H NO_2

NO_2

其中，$—NO_2$ 是发色团，—OH 是助色团。

组织学中经常提到的“酸性染料”和“碱性染料”是以染料主要部分的离子性质来确定的。如染料的主要部分以阴离子为主，则称为酸性染料，例如伊红；如果染料中的主要部分以阳离子为主，则称为碱性染料。

染料根据来源不同可分为天然染料和人工合成染料。天然染料是从动物或植物体中提取的天然产物。随着化工合成技术的进步，许多天然染料已经可以由人工低成本合成。目前，仍在使用的天然染料只有苏木精、胭脂红、地衣素、靛蓝等少数几种。人工合成染料则种类极多。所有的人工合成染料均由煤焦油中的一种或数种物质制备，因而人工合成染料又称为煤焦油染料。人工合成染料的化学组成和性状都比较明确，分类时常把一些结构相似的染料归并成类。了解各种染料的性质是正确使用染料的前提条件。

二、各种常用染料的主要特性和分子结构

（一）天然染料

1. 苏木精（haematoxylin，$C_{16}H_{14}O_6$，CAS#517–28–2）　又名苏木色精、苏木色素或苏木精，是一种用乙醚从苏木中浸提的优质天然染料。商品化的苏木精多为淡黄色或棕黄色粉末，微溶于冷水，易溶于乙醇。配制染液时，常将苏木精先溶于乙醇后再与水混合。苏木精的分子结构式为：

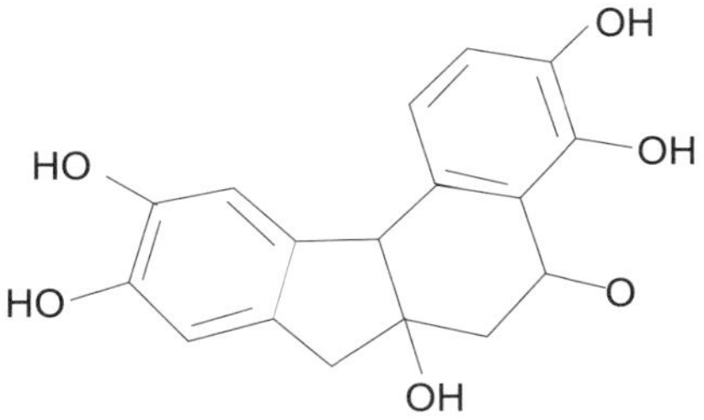

苏木精的分子结构中无醌式结构（，即无发色团），必须氧化成苏木红才有染色作用。一种氧化方法是在苏木精溶液中加入氧化剂，如氧化汞、高锰酸钾、碘酸钠或重铬酸钾等；另一种氧化方法是将 10% 的苏木精溶液放入广口瓶内并用纱布扎好瓶口，置于阳光或光线充足的地方并经常摇动，使其自然氧化。自然氧化成熟一般需经数月。苏木精染液的染色能力与苏木精的氧化程度相关，当苏木精氧化为苏木红时染色能力较强，而过度氧化为四氧化苏木红时染色能力减弱甚至消失。

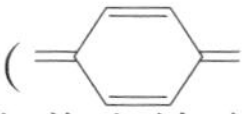

氧化形成的苏木红为弱酸性，染色能力仍较弱，还必须加入电解质，如铁矾或铵矾，才能使染液成为带强阳性电荷的碱性染料。

苏木精是十分重要的生物学染色剂。经苏木精染色的结构，颜色鲜艳且不易褪色。

2. 胭脂红　又名卡红或洋红，是一种从胭脂虫（热带甲壳虫）中提取的染料。将雌性胭脂虫的干燥虫体经研磨提炼可得到呈深红色的虫红，虫红再经明矾处理，除去一部分杂质，即为胭脂红。

商品化的胭脂红通常为胭脂红酸的铝钙盐，等电点为 pH 4.07~4.50。胭脂红在等电点时难溶于水，易溶于高于或低于等电点的水溶液。使用时常配制成胭脂红的碱性或酸性水溶液。碱性染液如硼砂胭脂红可使细胞核和细胞质同时着色；酸性染液如醋酸胭脂红可使组织中的嗜碱性物质染色质、黏液、糖原等着色。

虫红和胭脂红中的有色成分为胭脂红酸（carminic acid，$C_{22}H_{20}O_{13}$，CAS#1260－17－9），其分子结构式为：

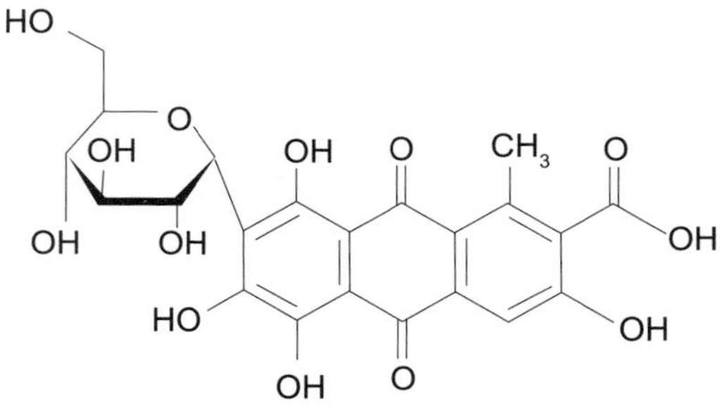

胭脂红应用于组织学染色已有近 200 年的历史，目前仍被广泛使用。胭脂红特别适用于胚胎学中的整体染色。

3. 地衣红（orcein，CAS#1400－62－0）　又名苔红素，是从茶渍地衣中提取的染料。地衣是无色的，经空气氧化和氨处理后则成为蓝色或紫色，这是因为地衣红中含有地衣酚（orcinol，$C_7H_8O_2$，CAS#504－15－4），其分子结构式为：

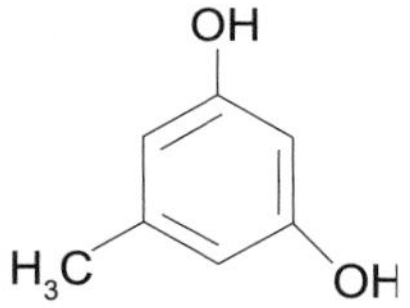

地衣红为弱酸，在碱性溶液中呈紫色，常用于弹性纤维的鉴别染色。

在使用时应注意区分地衣红和藏花猩红 7B。藏花猩红 7B（crocein scarlet 7B，$C_{24}H_{18}N_4O_7S_2Na_2$，CAS#6226－76－2）是常用的细菌学染料，其化学结构和染色特性与地衣红差别很大。藏花猩红 7B 的分子结构式为：

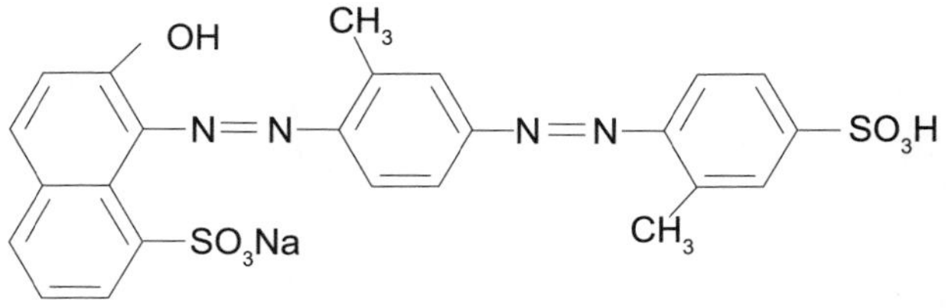

4. 靛蓝胭脂红（indigo carmine，$C_{16}H_8N_2Na_2O_8S_2$，CAS#860－22－0）　可与某些红色染料如胭脂红、碱性品红等做对比染色。靛蓝胭脂红是目前仍用于组织

染色的靛蓝类染料，其分子结构式为：

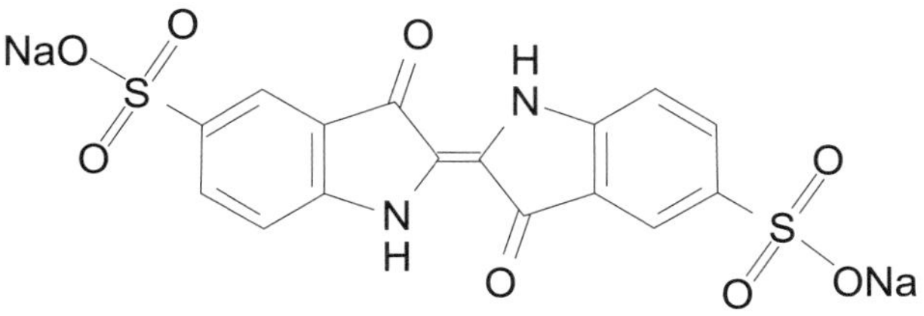

靛蓝（indigo，$C_{16}H_{10}N_2O_2$，CAS#482－89－3）是使用最早的染料之一，以前多从木蓝属植物中提取靛甙，再经发酵后获得靛蓝，目前多人工合成。靛蓝的分子结构式为：

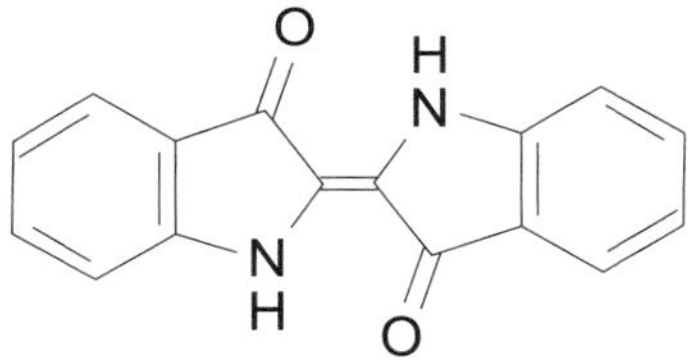

5. *矿物颜料*　是天然染料中较特殊的一类，有色成分为无机化合物。如普鲁士蓝（prussian blue，$Fe_4[Fe(CN)_6]_3$，CAS#14038－43－8）、朱砂（mercuric sulfide red，HgS，CAS#1344－48－5）、墨汁（Chinese ink）等可作为血管铸型剂中的颜料。

（二）人工合成染料

1. *硝基染料*　硝基染料的发色团是硝基，硝基的酸性很强，所以这类染料都是酸性染料。

苦味酸（picric acid，$C_6H_3N_3O_7$，CAS#88－89－1），常用作固定剂和细胞质染色，其分子结构式为：

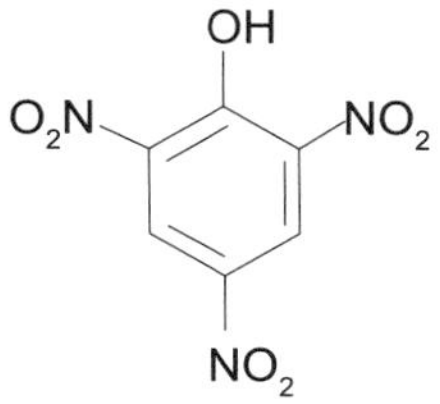

2. *亚硝基染料*　亚硝基染料的发色团是亚硝基，为酸性染料。

萘酚绿 B（naphthol green B，$C_{30}H_{15}FeN_3Na_3O_{15}S_3$，CAS#19381－50－1），又名酸性绿 1，酸性染料，用于细胞质染色，其分子结构式为：

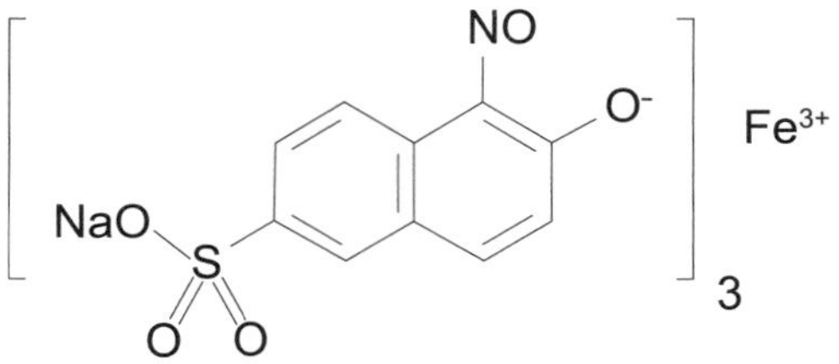

3. 偶氮染料　偶氮染料的特征是染料分子结构中的苯环或萘环之间含有偶氮基（—N ＝ N—）发色团。分子中只含一个偶氮基的染料称单偶氮染料，含两个偶氮基的染料称双偶氮染料。偶氮染料通常呈碱性，但当分子中含羟基时则染料趋于酸性，含氮基时则染料趋于碱性。偶氮染料的种类很多，常用于组织学染色的有：橙黄 G、苏丹Ⅲ、苏丹Ⅳ、丽春红 BS、丽春红 S、俾斯麦棕 Y、刚果红、活性红、台盼蓝、伊文思蓝等。

（1）橙黄 G（orange G，$C_{16}H_{10}N_2Na_2O_7S_2$，CAS#1936－15－8）：又名橘黄 G，强酸性染料，易溶于水，较易溶于乙醇，用于细胞质染色。橙黄 G、偶氮胭脂红 G 和苯胺蓝共同构成 Mallory 结缔组织染色法的染色剂。橙黄 G 还可用于显示胰岛、垂体的腺细胞，其分子结构式为：

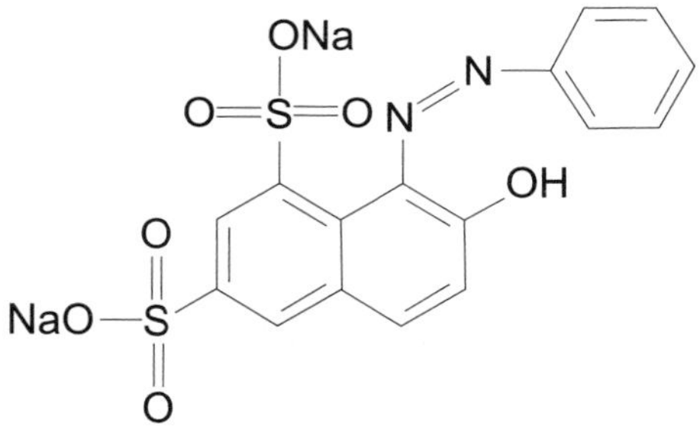

（2）苏丹Ⅲ（sudan Ⅲ，$C_{22}H_{16}N_4O$，CAS#85－86－9）：又名三号苏丹红，酸性脂溶性染料，用于脂肪染色，常用浓度为 1%～2%的苏丹Ⅲ 70%乙醇－丙酮（1∶1）混合液。苏丹Ⅲ的分子结构式为：

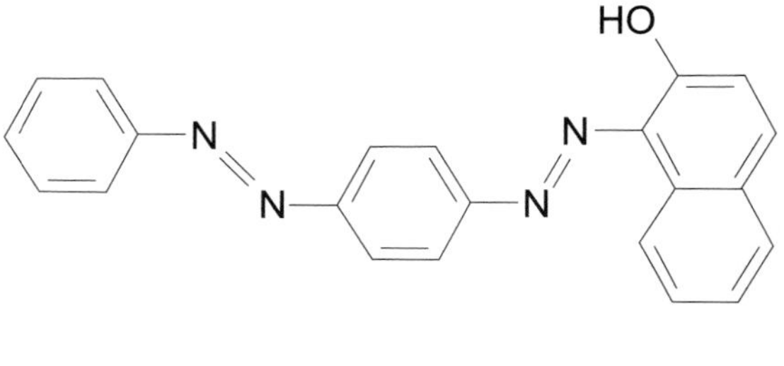

（3）苏丹Ⅳ（Sudan Ⅳ，$C_{24}H_{20}N_4O$，CAS#85-83-6）：又名四号苏丹红或猩红，为苏丹Ⅲ的二甲基衍生物，性质与苏丹Ⅲ相似，用于脂肪染色，比苏丹Ⅲ易着色。苏丹Ⅳ的分子结构式为：

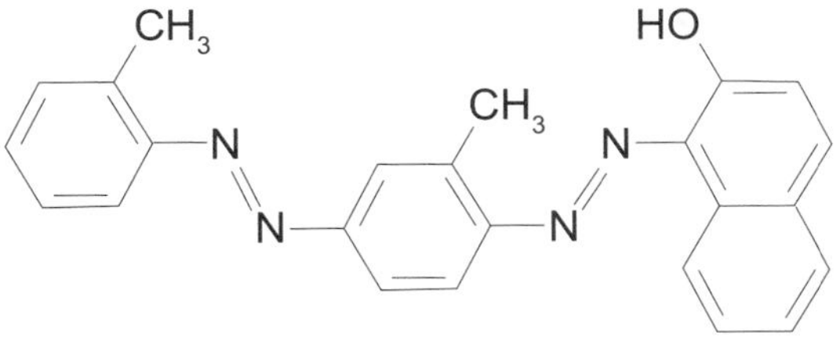

（4）丽春红 BS（ponceau BS，$C_{22}H_{14}N_4Na_2O_7S_2$，CAS#4196-99-0）：酸性染料，用于细胞质染色，其分子结构式为：

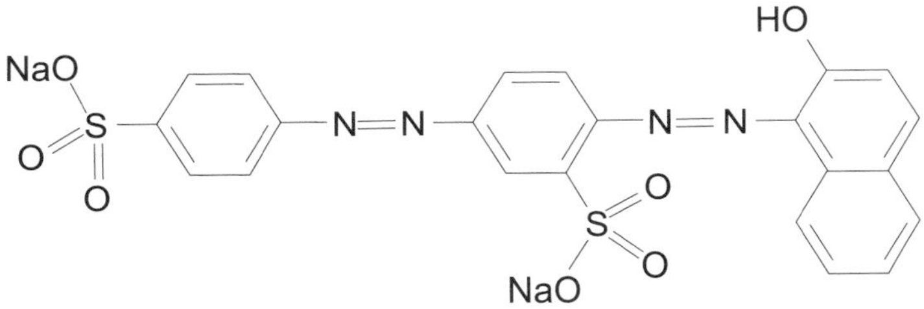

（5）丽春红 S（ponceau S，$C_{22}H_{12}N_4Na_4O_{13}S_4$，CAS#6226-79-5）：又名猩红 S，酸性染料，可在 Van Gieson 染色法中代替酸性品红，其分子结构式为：

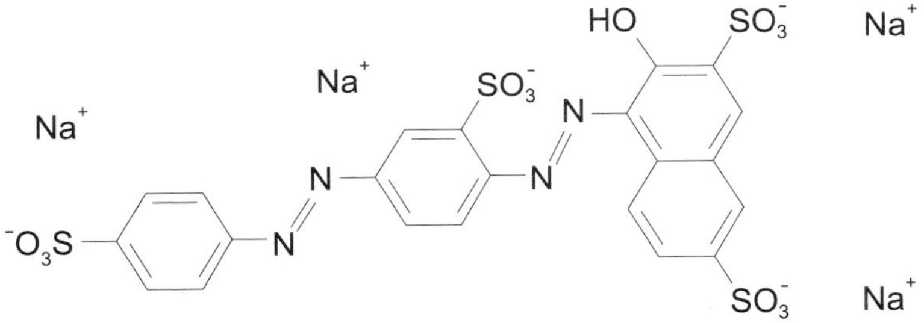

（6）俾斯麦棕 Y（bismarck brown Y，$C_{18}H_{18}N_8 \cdot 2HCl$，CAS#10114-58-6）：又名碱性棕、苯胺棕，碱性染料，棕褐色粉末，易溶于乙醇。配制溶液时不宜煮沸，否则易变质。用于细胞核、肥大细胞颗粒、软骨和黏蛋白染色。俾斯麦棕 Y 的分子结构式为：

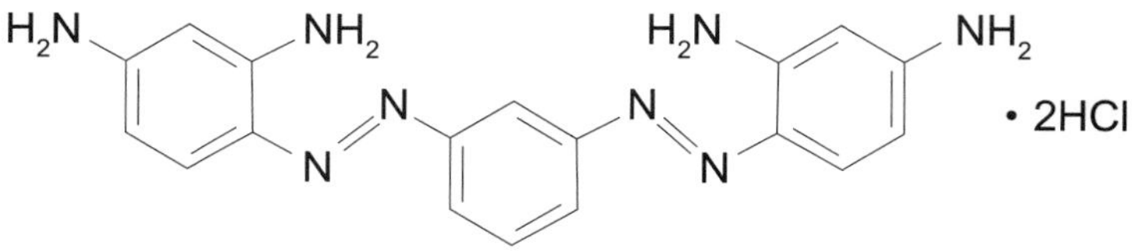

H2N NH2 H2N NH2 N N N N ·2HCl

（7）刚果红（congo red，$C_{32}H_{22}N_6Na_2O_6S_2$，CAS#573－58－0）：酸性染料，其酸性溶液为蓝色，钠盐呈红色。用于神经纤维、弹性纤维和胚胎切片染色，还可用于酸碱指示剂。刚果红的分子结构式为：

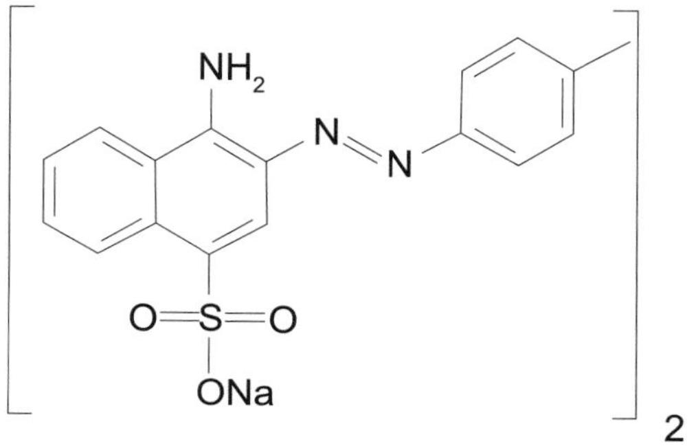

NH2 N N O S O ONa 2

（8）活性红（vital red）：又名活染红，酸性染料，由多种活性红组分构成，如活性红 1、活性红 2、活性红 3 等，用于活体染色。

（9）台盼蓝（trypan blue，$C_{34}H_{24}N_6O_{14}S_4Na_4$，CAS#72－57－1）：又名锥蓝，酸性染料，是目前广泛应用的活体染色剂。将台盼蓝注入循环系统以后，可使肾小管着色。台盼蓝也可用于其他组织的活体染色，其分子结构式为：

H3C CH3 NH2 OH N N N N OH NH2 NaO S O O S ONa O O NaO S O O S ONa O O

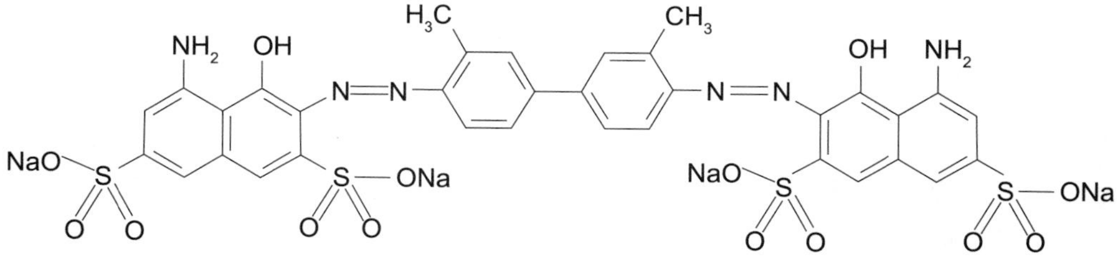

（10）伊文思蓝（evans blue，$C_{34}H_{24}N_6Na_4O_{14}S_4$，CAS#314－13－6）：又名偶氮蓝，酸性染料，性质与台盼蓝相似，用于活体染色，其分子结构式为：

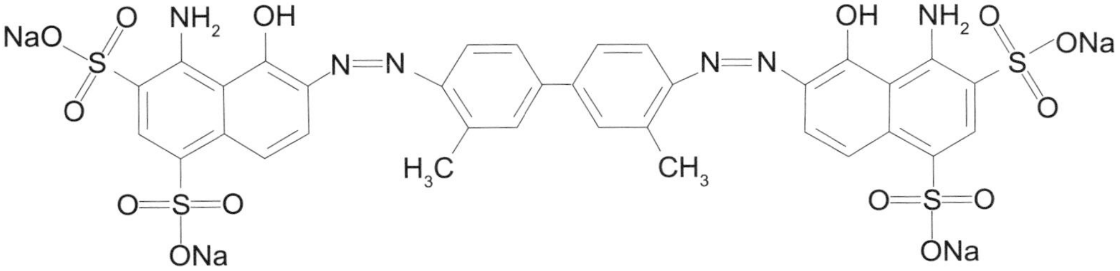

4. 醌亚胺染料　醌亚胺染料有两个发色团，一个是印胺基（—N＝），一个是醌型苯环（ 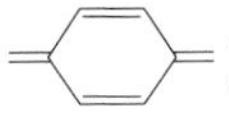 ）。根据分子结构的相似性，醌亚胺染料可分为噻嗪类、嗪类和噁嗪类。

（1）噻嗪类：

①硫堇（thionin acetate，$C_{12}H_9N_3S \cdot C_2H_4O_2$，CAS#78338－22－4）：又名劳氏紫，强碱性染料，蓝紫色粉末，溶液呈紫色。硫堇具有异染性，但这种异染性经乙醇脱水时易被破坏。硫堇在组织学染色中用途较广，可用于肥大细胞、浆细胞、骨组织、尼氏体等的染色。硫堇的分子结构式为：

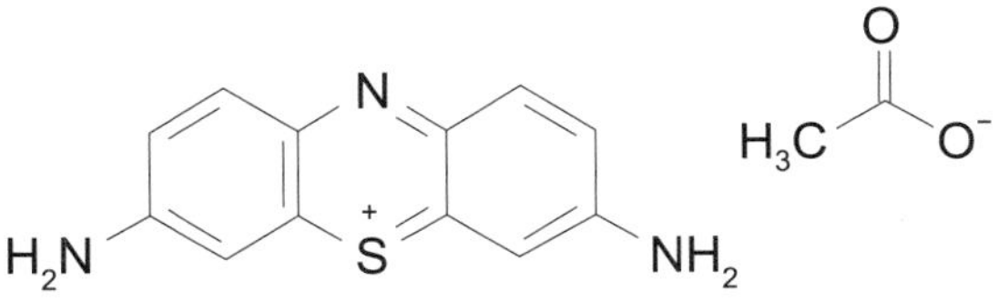

②亚甲基蓝（methylene blue，$C_{16}H_{18}ClN_3S$，CAS#61－73－4）：又名亚甲基蓝或次甲基蓝，碱性染液。久置、加碱或煮沸等可被氧化。亚甲基蓝染液中常含有天青 A、天青 B、天青 C 和亚甲紫，因而被称为“多色性亚甲基蓝”。多色性亚甲基蓝具有异染性，在组织学染色中应用广泛。亚甲基蓝可用于细胞核染色，也可与伊红混合配制成 Wright 染液，用于血液和骨髓染色。亚甲基蓝还可用于肥大细胞、神经细胞、浆细胞、黏液细胞等的染色。亚甲基蓝的分子结构式为：

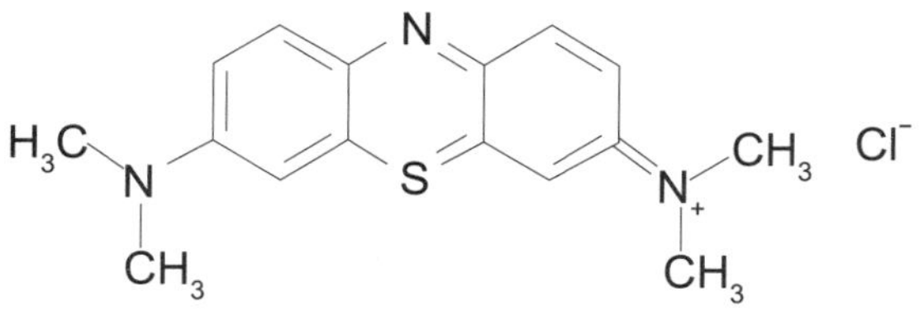

天青 A（azure A chloride，$C_{14}H_{14}ClN_3S$，CAS#531－53－3）的分子结构式为：

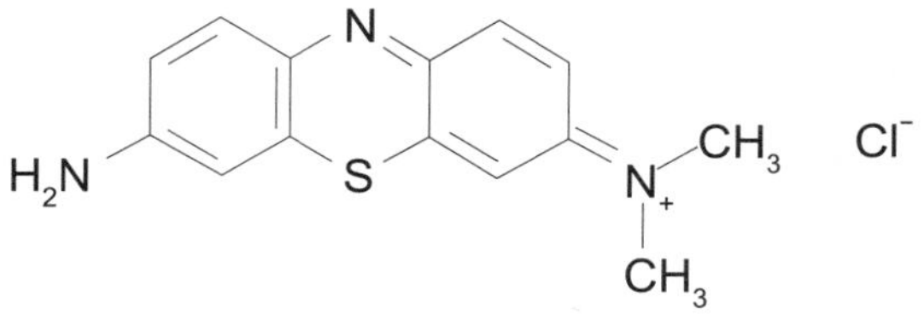

天青 B（azure B，$C_{15}H_{16}ClN_3S$，CAS#531－55－5）的分子结构式为：

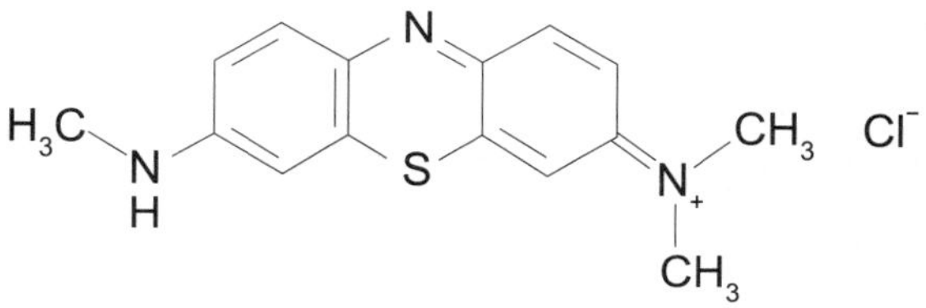

天青 C（azure C，$C_{13}H_{12}ClN_3S$，CAS#531－57－7）的分子结构式为：

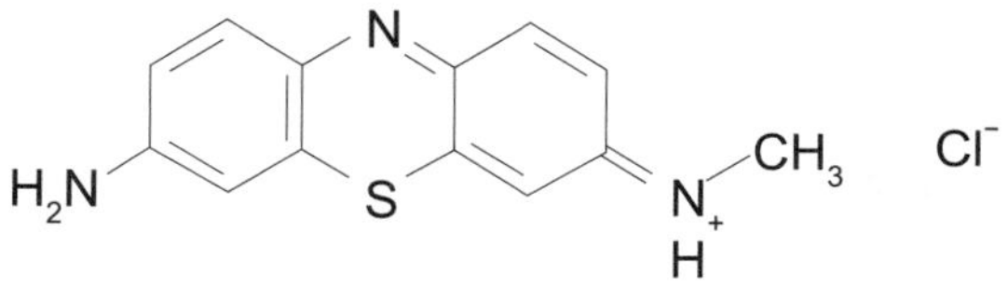

亚甲紫（methylene violet，$C_{14}H_{12}N_2OS$，CAS#2516－05－4）的分子结构式为：

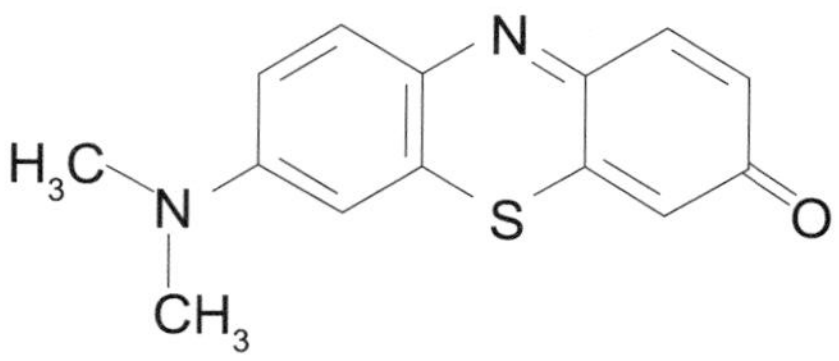

③天青Ⅰ：又名一号天青，为商品名称。天青Ⅰ主要含天青 A 和天青 B，且以天青 B 为主。天青Ⅰ是碱性染料，用于细胞核染色，且具有异染性，在组织学染色中广泛应用。

④天青Ⅱ（azure Ⅱ，$C_{16}H_{18}N_3S \cdot C_{15}H_{16}N_3S \cdot 2Cl$，CAS#37247－10－2）：又名二号天青，为商品名称。天青Ⅱ由天青B和亚甲蓝等量混合而成，是碱性染料，用途与天青Ⅰ相似。天青Ⅱ的分子结构式为：

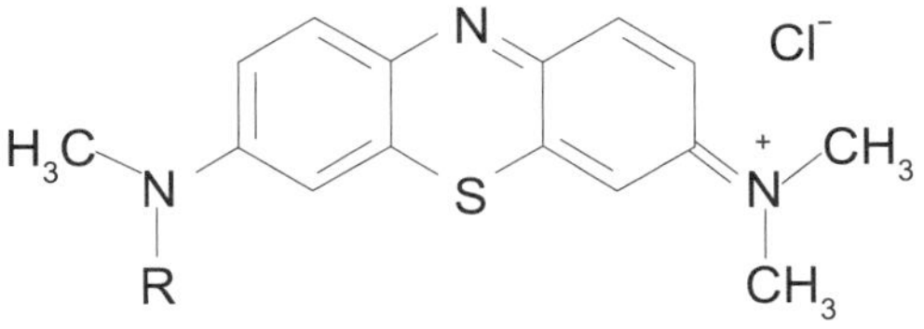

R = H 或 CH_3，1:1混合

⑤甲苯胺蓝O（toluidine blue O，$C_{15}H_{16}ClN_3S$，CAS#92－31－9）：蓝色粉末，性质与硫堇相似，且较易制备，因此常用甲苯胺蓝O代替硫堇。甲苯胺蓝O可用于细胞核、尼氏体、黏液、软骨基质、肥大细胞颗粒等染色，其分子结构式为：

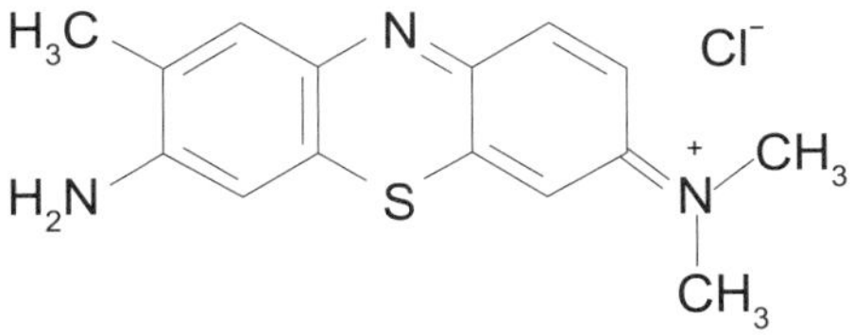

（2）嗪类：嗪类染料是吩嗪的衍生物。吩嗪（phenazine，$C_{12}H_8N_2$，CAS#92－82－0），弱碱性。吩嗪不含助色团，只含发色团，因而不是染料。吩嗪的分子结构式为：

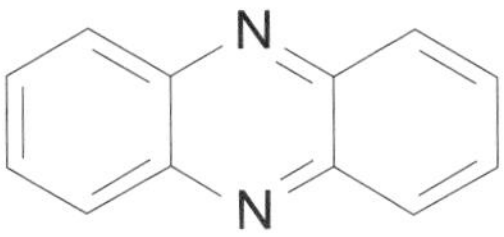

嗪类染料就是在吩嗪的分子结构基础上衍生出羟基或氨基作为助色团，这类染料通常呈弱酸性或碱性，如中性红、沙黄O和偶氮胭脂红G等。

①中性红（neutral red，$C_{15}H_{17}ClN_4$，CAS#553－24－2）：弱碱性染料。中性红在碱性溶液中呈黄色，在弱酸性溶液中呈红色，在强酸性溶液中呈蓝色，可依据这一特性用作酸碱指示剂。在组织学中，中性红可用于活体染色或高尔基复合体、肥大细胞、尼氏体、细胞核染色，其分子结构式为：

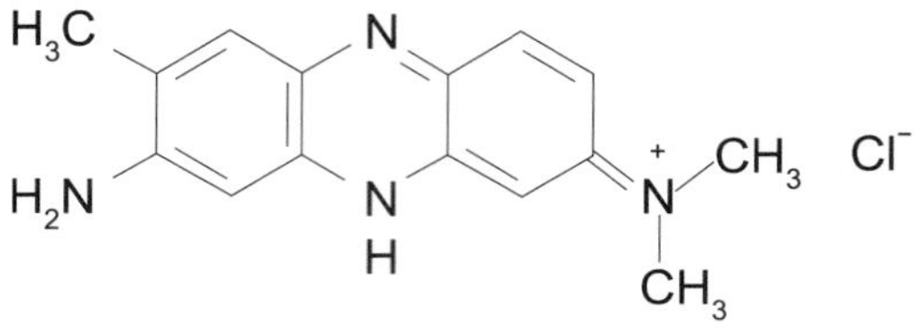

②沙黄 O（safranin O，$C_{20}H_{19}ClN_4$，CAS#477－73－6）：又名碱性藏花红，碱性染料。主要成分为二甲基酚藏花红，还含有少量三甲基酚藏花红。混合物中二者的比例不同，颜色略有差异，三甲基酚藏花红含量越高，红色越深。沙黄 O 用于细胞核染色，其分子结构式为：

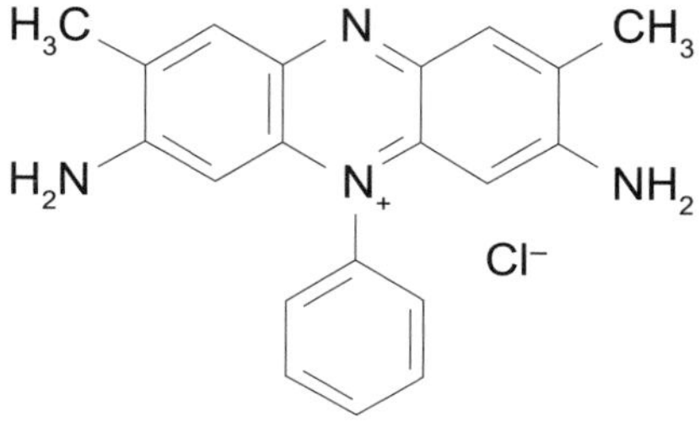

③偶氮胭脂红 G（azocarmine G，$C_{28}H_{18}N_3NaO_6S_2$，CAS#25641－18－3）：又名偶氮卡红，弱酸性染料，染色时需加乙酸促染。偶氮胭脂红 G 是 Mallory 结缔组织染色法中的染料之一，还可用于胰岛、垂体染色。偶氮胭脂红 G 的分子结构式为：

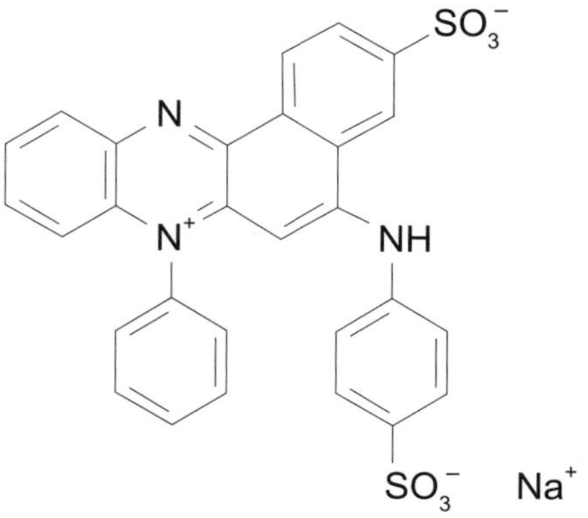

（3）噁嗪类：这类染料用于组织学染色的种类不多，且用途较狭窄，如天青石蓝 B、棓酸菁蓝、硫酸尼罗蓝等。

①天青石蓝 B（celestine blue，$C_{17}H_{18}ClN_3O_4$，CAS#1562－90－9）：将天青石蓝 B 在 5% 硫酸铁铵中煮沸 2~3 min，即可制得一种很好的核染色剂，可用来代替苏木精。天青石蓝 B 的分子结构式为：

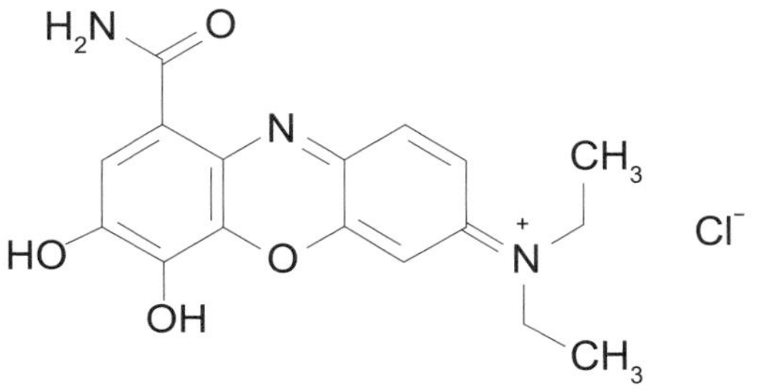

②棓酸菁蓝（gallocyanine，$C_{15}H_{13}ClN_2O_5$，CAS#1562－85－2）：又名没食子蓝，性质与天青石蓝 B 相似，其分子结构式为：

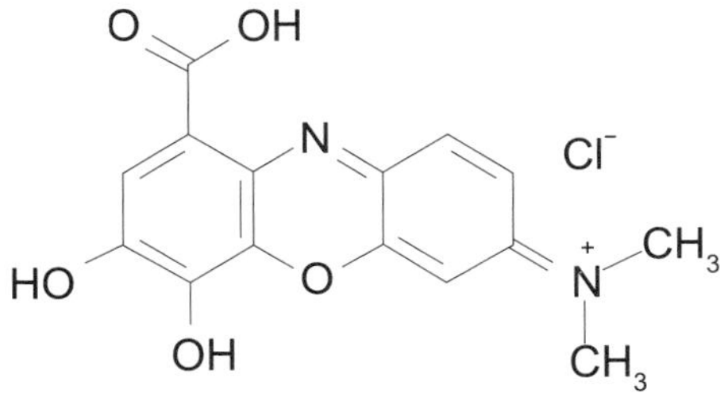

③硫酸尼罗蓝（nile blue sulfate，$2C_{20}H_{20}N_3O \cdot SO_4$，CAS#3625－57－8）：碱性染料。将硫酸尼罗蓝与稀硫酸作用，可生成一部分红色脂溶性化合物，染液呈红色。染液中的红色脂溶性化合物可将中性脂肪染成红色，硫酸尼罗蓝可将脂肪酸染成蓝色，利用这一特性可区别中性脂肪和脂肪酸。硫酸尼罗蓝的分子结构式为：

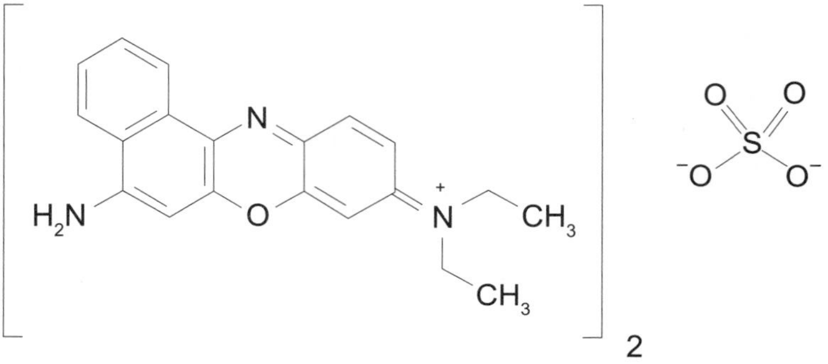

5. 苯甲烷染料　染料中最重要的一类，发色团为醌型苯环（ 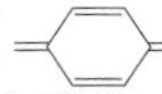 ）。最常用的苯甲烷染料主要是三苯甲烷衍生物，可分为二氨基三苯甲烷类和三氨基三苯甲烷类。

（1）二氨基三苯甲烷类：这类染料是二氨基三苯甲烷的衍生物，如快绿FCF、亮绿等。

快绿FCF（fast green FCF，$C_{37}H_{34}N_2O_{10}S_3Na_2$，CAS#2353－45－9）：酸性染料，用于细胞质染色和植物组织的细胞壁染色，其分子结构式为：

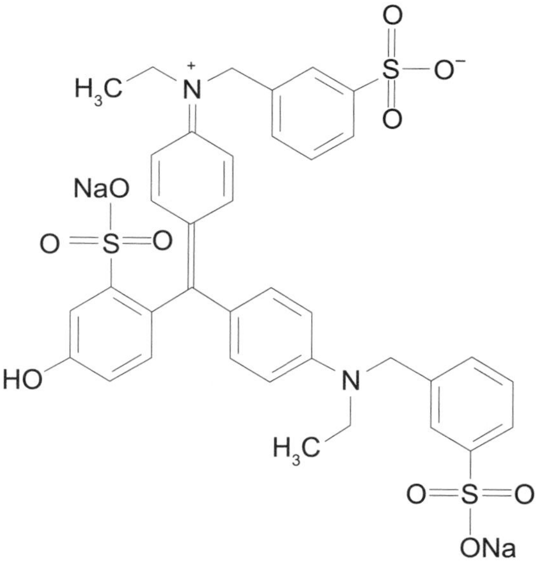

亮绿与快绿FCF的性质相似，但亮绿因较易褪色已不常使用。

（2）三氨基三苯甲烷类（品红碱类）：这类染料是三氨基三苯甲烷的衍

生物，种类较多，如碱性品红、新品红、酸性品红、甲基紫，结晶紫、甲基绿、甲基蓝、水溶性苯胺蓝等。

①碱性品红：碱性染料，主要由副品红碱和品红碱组成，还含有少量的二号碱性品红。副品红碱、品红碱、二号碱性品红三者的颜色差别很小，染料性质相似，使用时不必区分。碱性品红用于细胞核染色，着色力很强。碱性品红还可用于黏原颗粒、弹性纤维染色。在组织化学染色中，碱性品红可配制成Schiff试剂检测醛基，用以显示细胞中的糖原或DNA，主要原理为：碱性品红经亚硫酸盐还原为无色的品红，品红在醛的作用下可生成含醌型结构的紫色化合物。

副品红碱（basic parafuchsin，$C_{19}H_{17}N_3 \cdot HCl$，CAS#569－61－9）的分子结构式为：

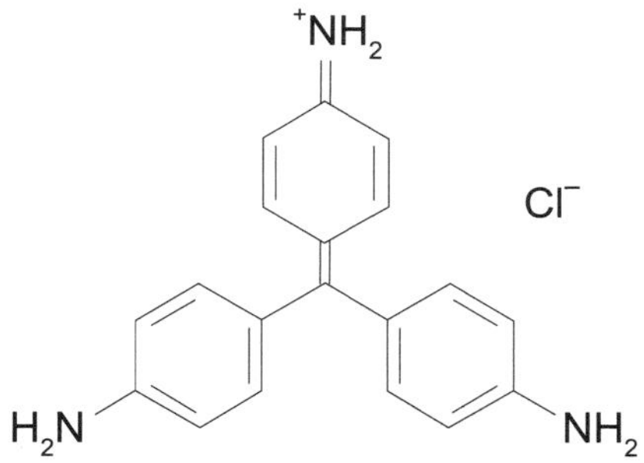

品红碱（basic fuchsin，$C_{20}H_{20}ClN_3$，CAS#632－99－5）的分子结构式为：

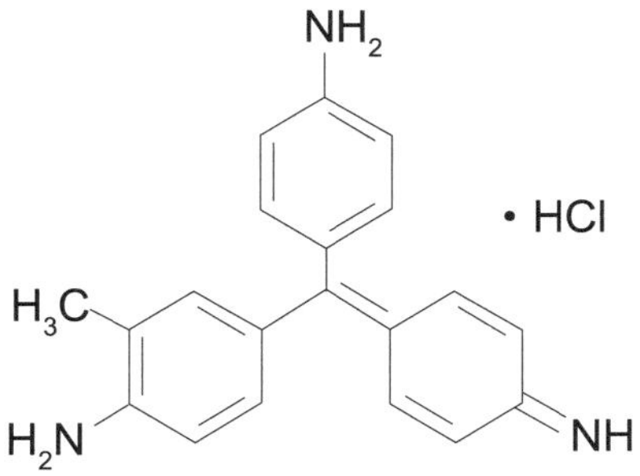

②新品红（new fuchsin，$C_{22}H_{24}N_3Cl$，CAS#3248－91－7）：又名三号碱性品红或三甲基品红，碱性染料，性质和用途与碱性品红相似，其分子结构式为：

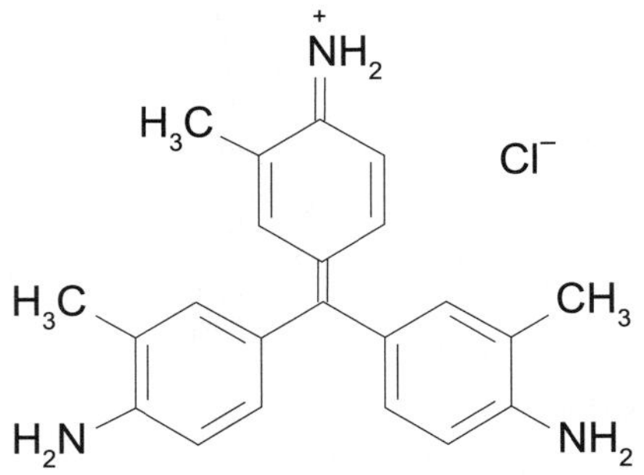

③酸性品红（acid fuchsin，$C_{20}H_{17}N_3Na_2O_9S_3$，CAS#3244－88－0）：又名酸性复红，酸性染料，是碱性品红的磺化衍生物。酸性品红可用于细胞质染色，细胞核也常被着色。酸性品红还可用于 Van Gieson 和 Malloy 结缔组织染色。但酸性品红染色不易长久保存。酸性品红的分子结构式为：

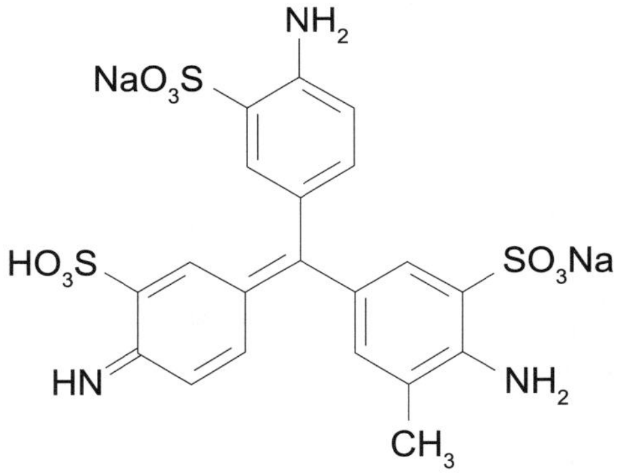

④甲基紫：碱性染料，由五甲基副品红碱、六甲基副品红碱和少量的四甲基副品红碱组成。甲基紫可用于细胞核和尼氏体染色。

五甲基副品红碱（basic violet 1，$C_{24}H_{28}ClN_3$，CAS#8004－87－3）的分子结构式为：

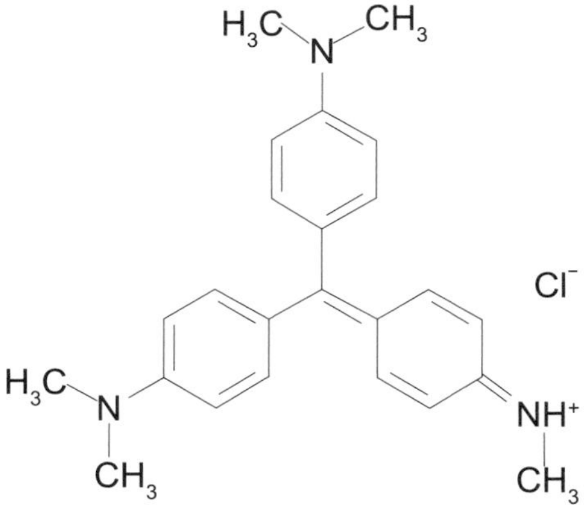

六甲基副品红碱(crystal violet，$C_{25}H_{30}ClN_3$，CAS#548 - 62 - 9)的分子结构式为:

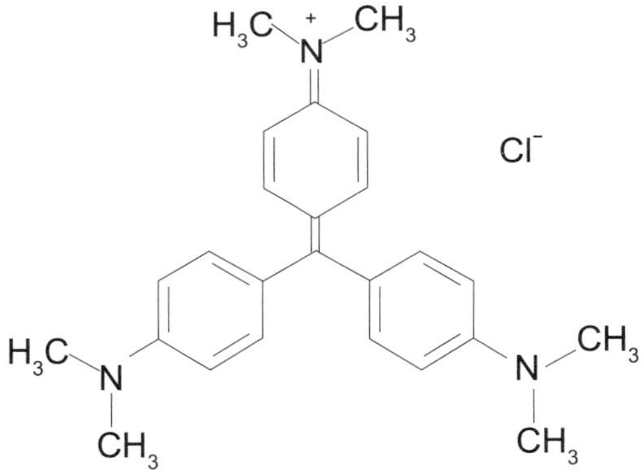

⑤结晶紫（crystal violet，$C_{25}H_{30}ClN_3$，CAS#548 - 62 - 9）：即六甲基副品红碱，又名龙胆紫，性质与甲基紫相似。因成分恒定，用途较甲基紫广泛。

⑥甲基绿（methyl green，$C_{27}H_{35}BrClN_3 \cdot xZnCl_2$，CAS#7114 - 03 - 6）：又名烷绿或光绿，碱性染料，可用于细胞核染色。甲基绿中常混有少量甲基紫，在用甲基绿 - 派洛宁法显示 DNA 或 RNA 时，需先用氯仿除去甲基紫。甲基绿的分子结构式为：

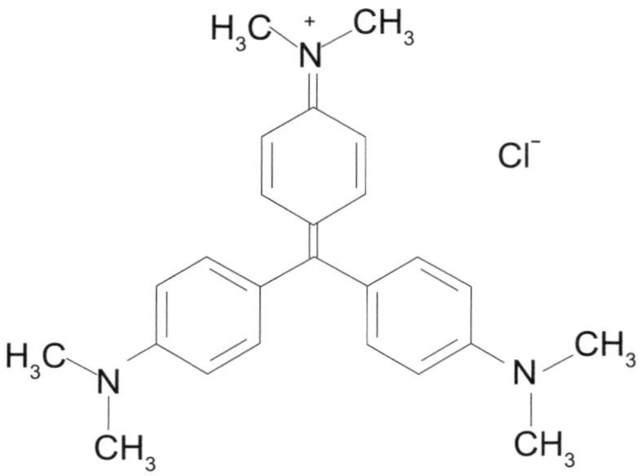

⑦甲基蓝（methyl blue，$C_{37}H_{27}N_3Na_2O_9S_3$，CAS#28983－56－4）：又名棉蓝，强酸性染料，可用于细胞质染色，并常与红色核染色剂配伍做对比染色，其分子结构式为：

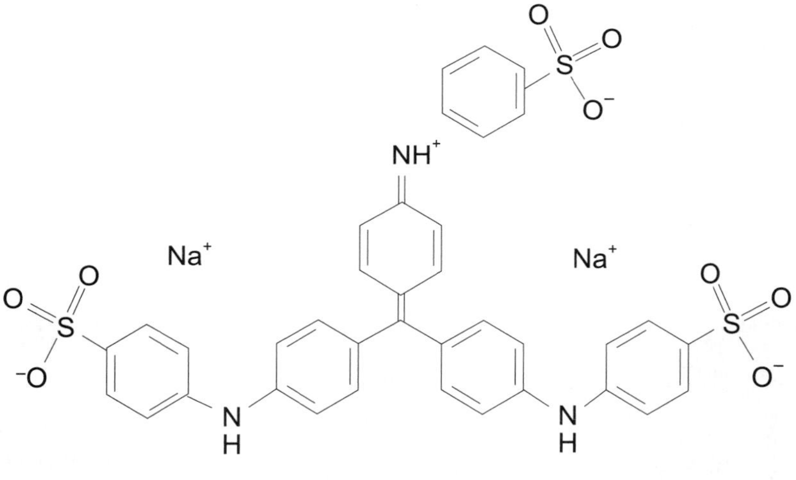

⑧水溶性苯胺蓝：酸性染料，可用于细胞质染色，但由于染料含多种混合物且含量不一，多用甲基蓝代替水溶性苯胺蓝。

6. 氧杂蒽染料　这类染料是氧杂蒽的衍生物，主要有派洛宁类和荧光酚酞衍生物。氧杂蒽（xanthene，$C_{13}H_{10}O$，CAS#92－83－1）的分子结构式为：

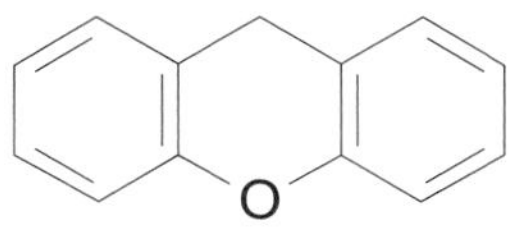

（1）派洛宁类：派洛宁 B（pyronin B，$C_{42}H_{54}C_{18}Fe_2N_4O_2$，CAS#2150－48－3）：碱性染料，可用于 RNA 染色，其分子结构式为：

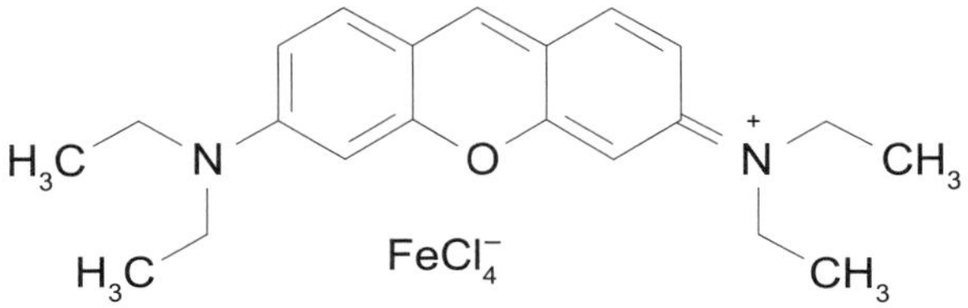

（2）曙红类：酸性染料，为荧光酚酞的衍生物，主要有伊红 Y、乙基曙红、伊红 B、藻红 B、焰红 B、孟加拉红等。这几种染料的颜色依次加深，酸性以伊红 B 最强，伊红 Y 次之，藻红 B、焰红 B、孟加拉红依次减弱。荧光酚酞（fluorescein，$C_{20}H_{12}O_5$，CAS#2321－07－5）的分子结构式为：

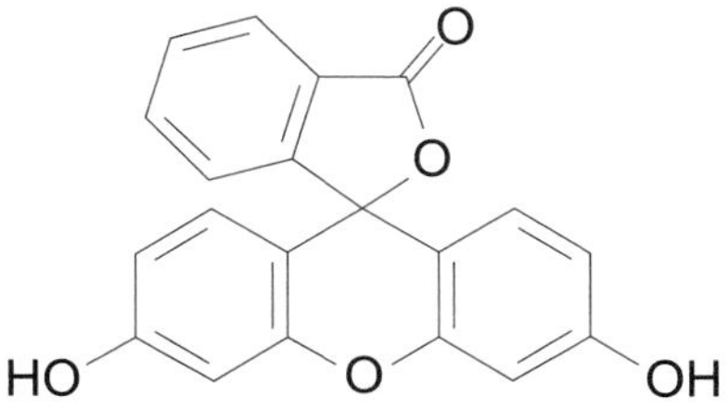

在组织学染色中，可先用碱性染料染色后，用曙红类染料（乙醇溶液）做对比染色，如先用亚甲蓝或苏木精染细胞质，再用伊红 Y、乙基曙红或伊红 B 染细胞核；也可先用曙红类染料（水溶液），如焰红或孟加拉红染细胞质，再用亚甲蓝或甲苯胺蓝染细胞核。两种染色方法均能得到较好的染色效果。

①伊红 Y（eosin Y，$C_{20}H_6Br_4Na_2O_5$，CAS#17372－87－1）：又名曙红 Y 或伊红黄，酸性染料，是组织学染色中最常用的细胞质染料，其分子结构式为：

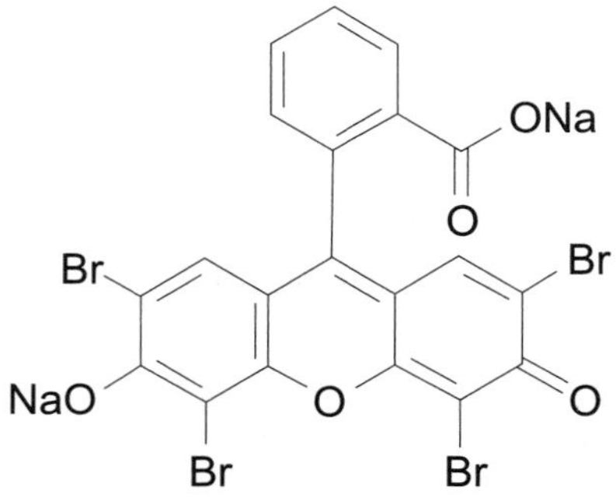

②乙基曙红（ethyl eosin，$C_{22}H_{11}Br_4KO_5$，CAS#6359－05－3）：又名醇溶曙红，酸性染料，用于细胞质染色，其分子结构式为：

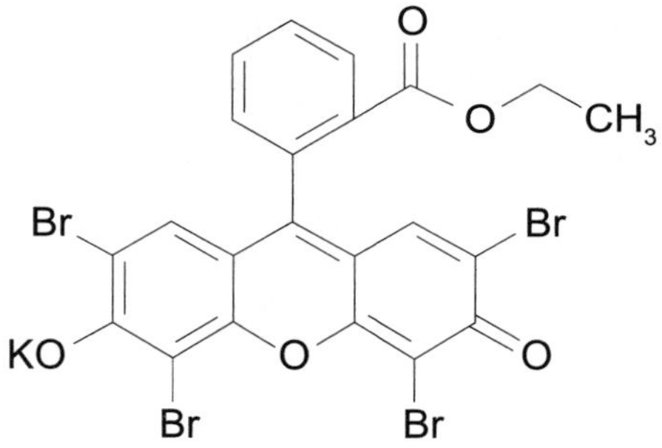

③伊红 B（eosin B，$C_{20}H_6N_2O_9Br_2Na_2$，CAS#548－24－3）：又名曙红 B、伊红蓝、蓝光曙红，酸性染料，偶尔用于组织学染色中做对比染色，其分子结构式为：

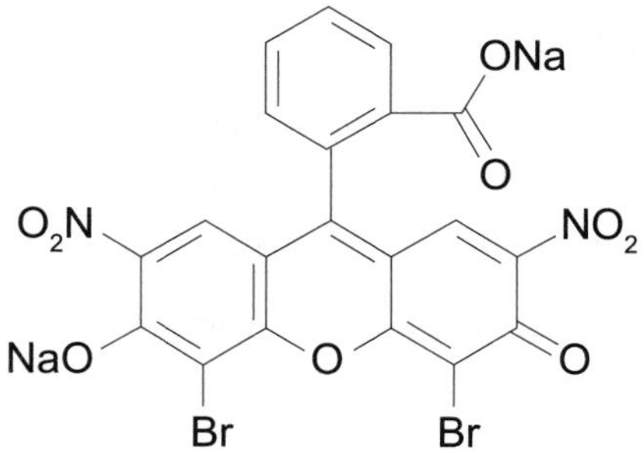

④藻红 B（erythrosin B，$C_{20}H_8I_4O_5$，CAS#15905－32－5）：酸性染料，常用于对比染色，其分子结构式为：

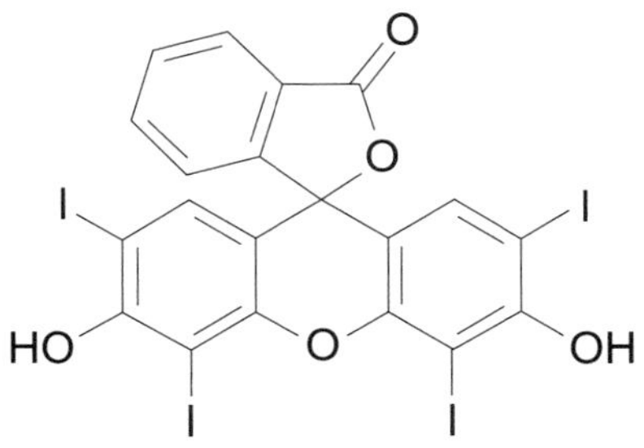

⑤焰红 B（phloxine B，$C_{20}H_2Br_4Cl_4Na_2O_5$，CAS#18472－87－2）：酸性染料，可用于对比染色，其分子结构式为：

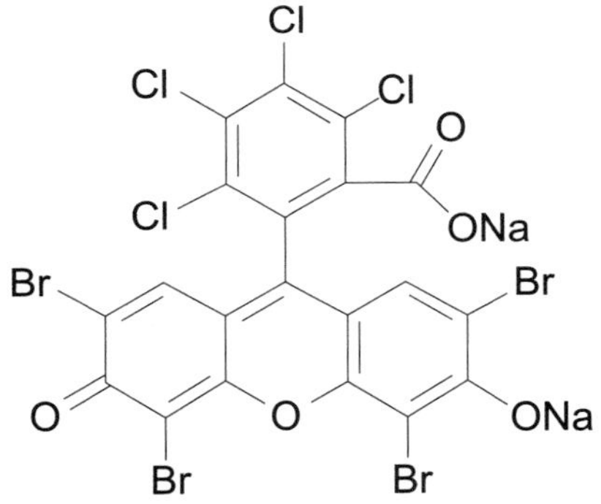

⑥孟加拉红（rose bengal，$C_{20}H_2Cl_4I_4Na_2O_5$，CAS#632－69－9）：又名虎红，酸性染料，呈深桃红色，可用于细胞质染色，用于苏木精染色之后或甲苯胺蓝染色之前，其分子结构式为：

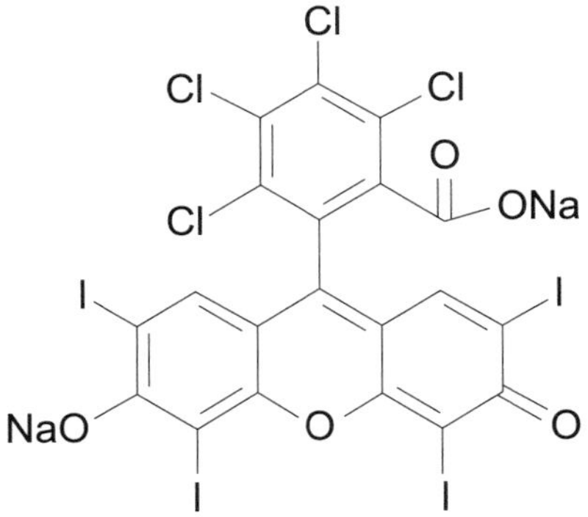

7. 蒽醌染料　这类染料是蒽醌的衍生物，蒽醌（anthraquinone，$C_{14}H_8O_2$，

CAS#84－65－1）的分子结构式为：

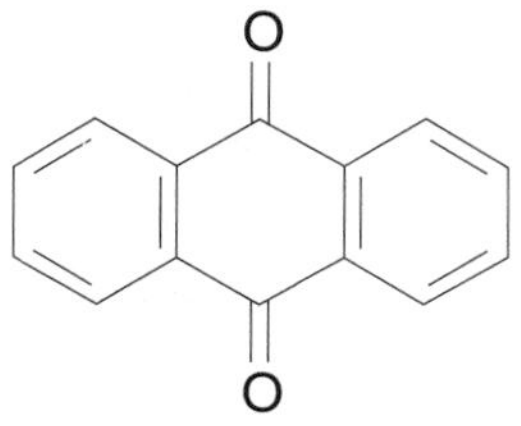

（1）茜素红 S（alizarin red S，$C_{14}H_7NaO_7S$，CAS#130－22－3）：又名茜素红或茜红 S，酸性染料，常用于脊椎动物胚胎染色，研究胚胎的骨化过程，其分子结构式为：

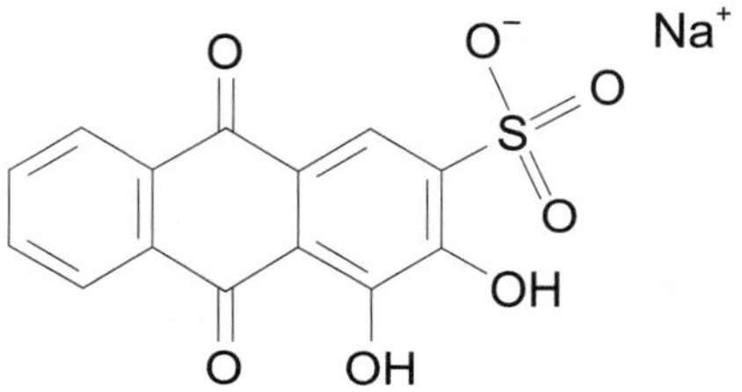

（2）酸性茜素蓝 BB（acid alizarine blue BB，$C_{16}H_9ClN_2Na_2O_9S_2$）：又名酸性茜蓝 2B，酸性染料，在改良的 Mallory 苯胺蓝胶原纤维染色法中用作对比染色剂，其分子结构式为：

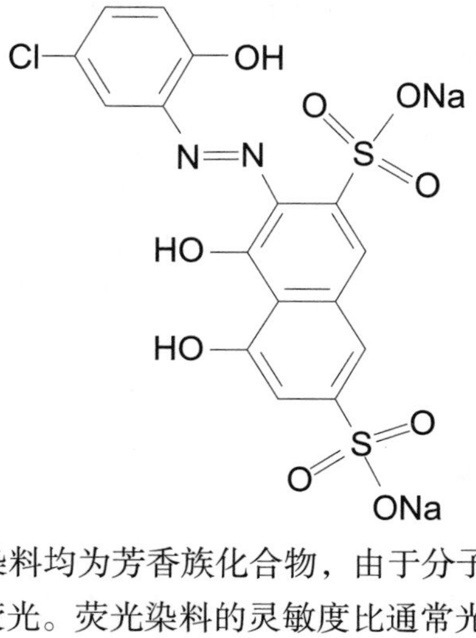

8. 荧光染料　这类染料均为芳香族化合物，由于分子内含共轭双键，可被紫外光激发后产生可见的荧光。荧光染料的灵敏度比通常光学显微镜观察使用的染

料高得多，可用以区分细胞的细微结构，常用于细胞化学染色。

（1）吖啶类：这类染料是吖啶的衍生物，如吖啶黄、吖啶橙、吖啶黄素等。吖啶（acridine，$C_{13}H_9N$，CAS#260－94－6）的分子结构式为：

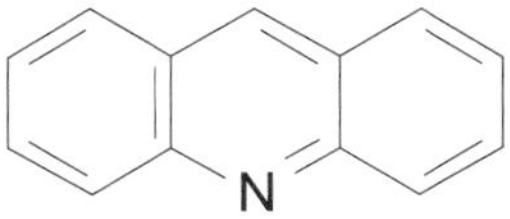

N

①吖啶黄（acriflavine hydrochloride，CAS#8063－24－9）：碱性染料，由3,6－二氨基－10－甲基吖啶（吖啶黄）和3,6－二胺吖啶（原黄素）组成，可用于核酸鉴别，其分子结构式为：

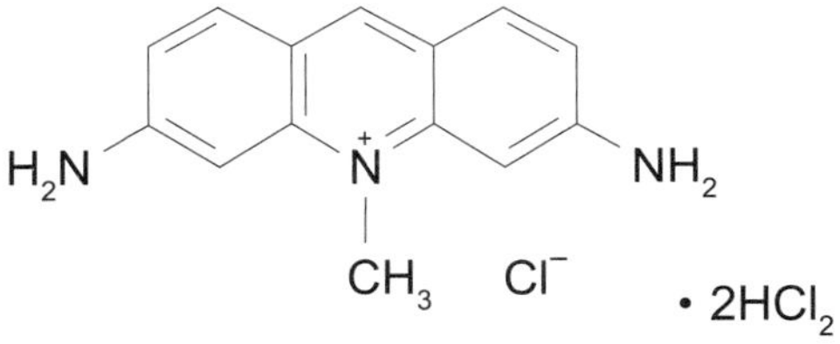

H_2N　$\overset{+}{N}$　NH_2

CH_3　Cl^-　$\cdot\ 2HCl_2$

H_2N　N　NH_2

②吖啶橙（acridine orange hemi(zinc chloride) salt，$C_{17}H_{20}ClN_3 \cdot HCl \cdot 1/2ZnCl_2$，CAS#10127－02－3）：碱性染料，可用于核酸鉴别，区分正常细胞和变性、死亡的细胞，其分子结构式为：

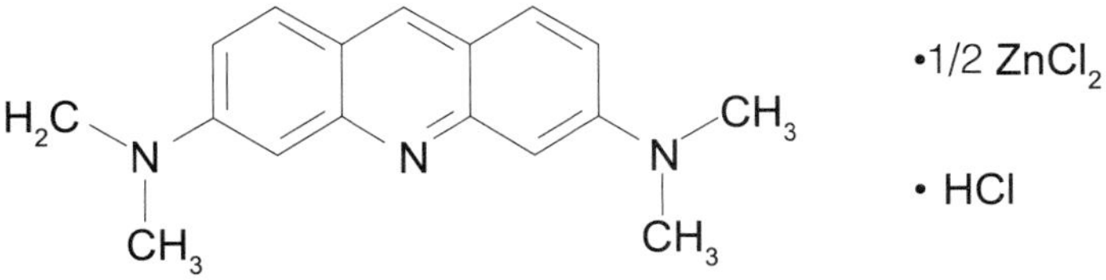

H_2C　N　N　N　CH_3　$\cdot 1/2\ ZnCl_2$

CH_3　CH_3　$\cdot\ HCl$

③吖啶黄素（acriflavine，$C_{14}H_{14}ClN_3$，CAS#8048－52－0）：碱性染料，可用于DNA的定位、显示PAS阳性物质，其分子结构式为：

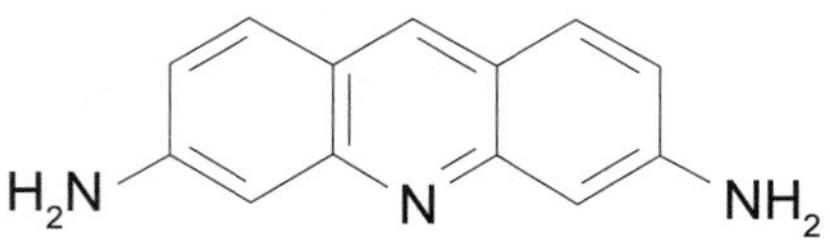

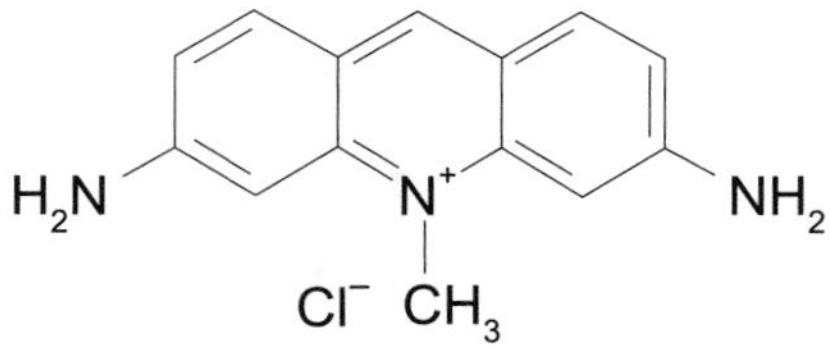

（2）噻唑类：含噻唑环的化合物，如硫代黄素T、硫代黄素S等。噻唑（thiazole，C_3H_3NS，CAS#288－47－1）的分子结构式为：

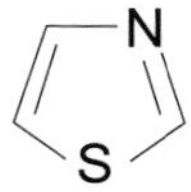

①硫代黄素T（thioflavine T，$C_{17}H_{19}ClN_2S$，CAS#2390－54－7）：碱性染料，可用于核酸鉴别，其分子结构式为：

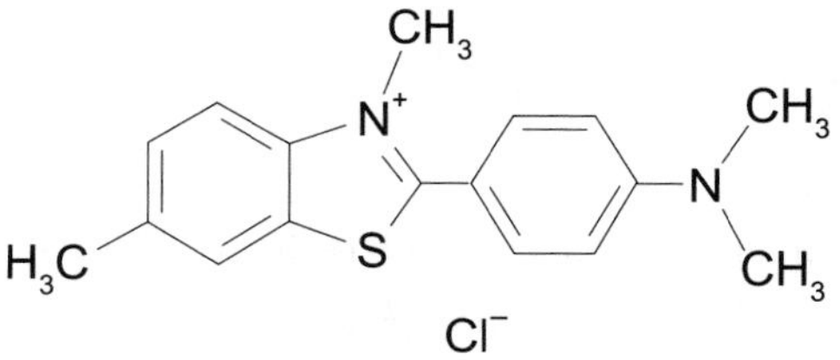

②硫代黄素S（thioflavine S，CAS#1326－12－1）：酸性染料，可用于核酸鉴别。

（3）氧杂蒽类：

①派洛宁Y（pyronin Y，$C_{17}H_{19}ClN_2O$，CAS#92－32－0）：碱性染料，可用于核酸鉴别，其分子结构式为：

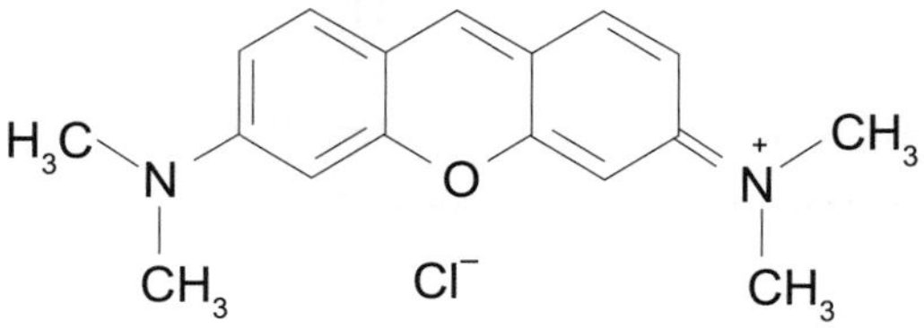

②若丹明 B（rhodamine B，$C_{28}H_{31}ClN_2O_3$，CAS#81－88－9）：又名蕊香红 B，碱性染料，可用于核酸鉴别，其分子结构式为：

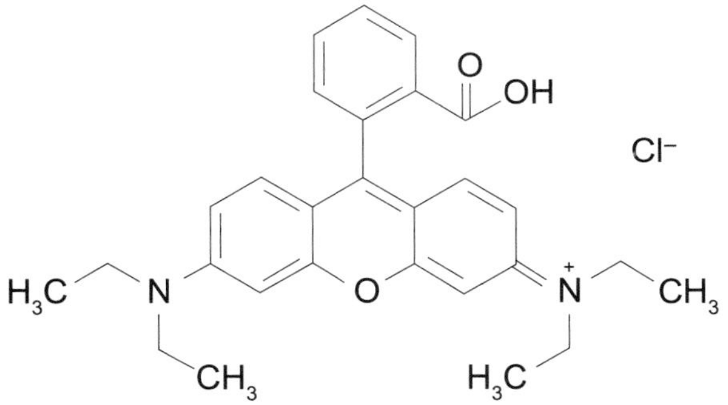

③若丹明 6G（rhodamine 6G，$C_{28}H_{31}N_2O_3Cl$，CAS#989－38－8）：又名蕊香红 6G，碱性染料，可用于核酸鉴别，其分子结构式为：

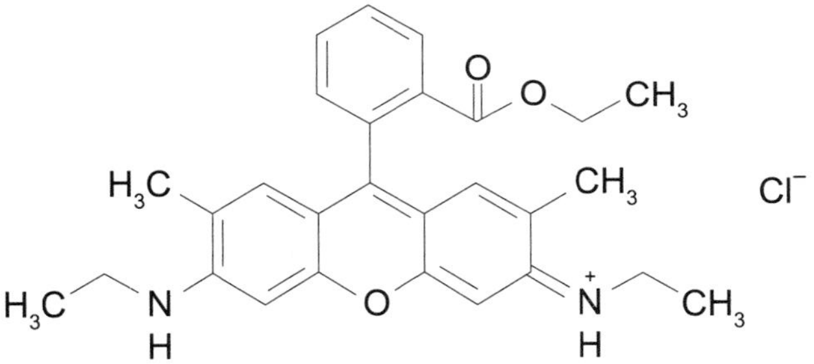

附：几种常用荧光染料的染色特性

染料名称	细胞质	细胞核	核仁
吖啶黄	蓝色	黄绿色	亮黄色
吖啶橙	黄绿色	亮绿色	黄橙色
吖啶黄素	蓝色	黄绿色	黄绿色
硫代黄素T	蓝色	亮蓝色	黄色
硫代黄素S	蓝色	浅蓝色	黄色
派罗宁Y	蓝色	蓝色	红色
若丹明B	蓝色	蓝色	红橙色
若丹明6G	蓝色	浅蓝色	黄色

注：观察时用BG12激发滤片及无色的阻挡滤片 。

三、各种常用染料按主要用途归类

核染料（碱性染料）

中文名称	英文名称	CAS登录号	类别（化学性质）
棓酸菁蓝	gallocyanine	1562-85-2	醌亚胺染料-噁嗪类
俾斯麦棕Y	bismarck brown Y	10114-58-6	偶氮染料
地衣红	orcein	1400-62-0	天然染料
甲苯胺蓝O	toluidine blue O	92-31-9	醌亚胺染料-噻嗪类
甲基绿	methyl green	7114-03-6	苯甲烷染料-三氨基三苯甲烷类
甲基紫	methyl violet	—	苯甲烷染料-三氨基三苯甲烷类
碱性品红	basic fuchsin	—	苯甲烷染料-三氨基三苯甲烷类
结晶紫	crystal violet	548-62-9	苯甲烷染料-三氨基三苯甲烷类
硫堇	thionin acetate	78338-22-4	醌亚胺染料-噻嗪类
派洛宁B	pyronin B	2150-48-3	氧杂蒽染料-派洛宁类
沙黄O	safranin O	477-73-6	醌亚胺染料-嗪类
天青Ⅰ	azure Ⅰ	—	醌亚胺染料-噻嗪类
天青Ⅱ	azure Ⅱ	37247-10-2	醌亚胺染料-噻嗪类
天青石蓝B	celestine blue	1562-90-9	醌亚胺染料-噁嗪类
新品红	new fuchsin	3248-91-7	苯甲烷染料-三氨基三苯甲烷类
亚甲蓝	methylene blue	61-73-4	醌亚胺染料-噻嗪类
胭脂红酸	carminic acid	1260-17-9	天然染料
中性红	neutral red	553-24-2	醌亚胺染料-嗪类

胞质染料（酸性染料）

中文名称	英文名称	CAS登录号	类别（化学性质）
橙黄G	orange G	1936-15-8	偶氮染料
靛蓝胭脂红	indigo carmine	860-22-0	天然染料
刚果红	congo red	573-58-0	偶氮染料
甲基蓝	methyl blue	28983-56-4	苯甲烷染料-三氨基三苯甲烷类
苦味酸	picric acid	88-89-1	硝基染料
快绿FCF	fast green FCF	2353-45-9	苯甲烷染料-二氨基三苯甲烷类

中文名称	英文名称	CAS登录号	类别（化学性质）
丽春红BS	ponceau BS	4196-99-0	偶氮染料
丽春红S	ponceau S	6226-79-5	偶氮染料
孟加拉红	rose bengal	632-69-9	氧杂蒽染料-曙红类
萘酚绿B	naphthol green B	19381-50-1	亚硝基染料
偶氮胭脂红G	azocarmine G	25641-18-3	醌亚胺染料-嗪类
茜素红S	alizarin red S	130-22-3	蒽醌染料
水溶性苯胺蓝	anilin blue water soluble	—	苯甲烷染料-三氨基三苯甲烷类
酸性品红	acid fuchsin	3244-88-0	苯甲烷染料-三氨基三苯甲烷类
酸性茜素蓝BB	acid alizarine blue BB	—	蒽醌染料
焰红B	phloxine B	18472-87-2	氧杂蒽染料-曙红类
伊红B	eosin B	548-24-3	氧杂蒽染料-曙红类
伊红Y	eosin Y	17372-87-1	氧杂蒽染料-曙红类
乙基曙红	ethyl eosin	6359-53-0	氧杂蒽染料-曙红类
藻红B	erythrosin B	15905-32-5	氧杂蒽染料-曙红类

脂肪染料

中文名称	英文名称	CAS登录号	类别（化学性质）
硫酸尼罗蓝	nile blue A	3625-57-8	醌亚胺染料-噁嗪类
苏丹Ⅲ	sudan Ⅲ	85-86-9	偶氮染料
苏丹Ⅳ	sudan Ⅳ	85-83-6	偶氮染料

活体染料

中文名称	英文名称	CAS登录号	类别（化学性质）
活性红	vital red	—	偶氮染料
台盼蓝	trypan blue	72-57-1	偶氮染料
伊文思蓝	evans blue	314-13-6	偶氮染料

血管铸型颜料

中文名称	英文名称	CAS登录号	类别（化学性质）
墨汁	Chinese ink	—	天然染料-矿物颜料
普鲁士蓝	prussian blue	14038-43-8	天然染料-矿物颜料
苏丹Ⅲ	sudan Ⅲ	85-86-9	偶氮染料
苏丹Ⅳ	sudan Ⅳ	85-83-6	偶氮染料
朱砂	mercuric sulfide red	1344-48-5	天然染料-矿物颜料

荧光染料

中文名称	英文名称	CAS登录号	类别（化学性质）
吖啶橙	acridine orange hemi(zinc chloride) salt	10127-02-3	荧光染料-吖啶类
吖啶黄	acriflavine hydrochloride	8063-24-9	荧光染料-吖啶类
吖啶黄素	acriflavine	8048-52-0	荧光染料-吖啶类
硫代黄素S	thioflavine S	1326-12-1	荧光染料-噻唑类
硫代黄素T	thioflavine T	2390-54-7	荧光染料-噻唑类
派洛宁Y	pyronin Y	92-32-0	荧光染料-氧杂蒽类
若丹明6G	rhodamine 6G	989-38-8	荧光染料-氧杂蒽类
若丹明B	rhodamine B	81-88-9	荧光染料-氧杂蒽类

第二节　染　　色

一、染色原理

组织学的染色方法很多，染料的理化性质各异。染色的基本原理是染料与组织细胞之间在一定的温度、时间等条件下发生理化作用而使组织细胞的不同成分呈现出对比鲜明，便于观察的颜色。

1. 物理作用　染料与组织细胞之间的物理作用主要表现为毛细作用和吸附

作用。

由于组织细胞之间和内部存在很多细小空隙，染料可因毛细作用进入这些空隙中而使组织细胞着色，有些染料还可与组织牢固结合而形成“固溶体”；不同的细胞成分吸附表面不同，因而能选择吸附不同的染料而呈现出不同的颜色。

2. 化学作用　组织细胞的不同成分所带的电荷不同。带正电荷的部分易与酸性染料结合而呈现嗜酸性染色，带负电荷的部分易与碱性染料结合而呈现嗜碱性染色。

二、染色方法

1. 整块染色法　小块组织经固定、冲洗后直接进行染色的方法。如鸡胚的整染和教学切片的块染。

2. 蜡带染色法　直接将蜡带浸入染液染色的方法。如可将经苏木精块染后制成的蜡带用伊红水溶液展片而使对比染色简便易行。

3. 切片染色法　将组织制成切片后进行染色的方法，是组织学中最常用的染色方法。

（1）根据染料种类数的不同可分为单一染色法、对比染色法和多色染色法。

单一染色法：只用一种染料进行染色的方法，如铁苏木精着染睾丸生精细胞。

对比染色法：用两种不同性质的染料进行染色的方法，又称复染法，如苏木精－伊红染色法（HE 染色），该方法是组织学染色中最常用的方法。

多色染色法：用两种以上染料进行染色的方法，如 Mallory 三色染色法。

（2）根据染色程度不同可分为渐进法和后退法。

渐进法：组织染色时只是受染部分着色而其他部分不着色，受染部分染至所需程度即终止染色的方法。

后退法：先将组织经浓染液染色，之后使用分色剂保留嗜染部位，除去其他部位浮色的染色方法。该法在切片染色中较为常用。

（3）根据是否使用媒染剂可分为直接法和间接法。

直接法：染料可直接使组织着色，染色时不需使用媒染剂的染色方法。

间接法：有些染料需借助媒染剂才可使组织着色。染色时需加入媒染剂的染色方法称为间接法。

4. 活体染色法　将无毒或低毒的稀染液注入活体动物体内使染料被细胞吞噬而着色的方法称为活体内染色法；将无毒或低毒的稀染液加入细胞、组织或器官的培养液内而使细胞着色的方法称为活体外染色法。

5. 金属沉淀法　用重金属盐浸润小块组织或切片，使金属还原后沉淀于组织结构表面而显示其细微结构的方法。常用的金属盐有硝酸银（$AgNO_3$）、氯化金（$AuCl_3 \cdot HCl \cdot 3H_2O$）和锇酸（$OsO_4$）。金属沉淀法根据染色时是否使用还原剂可分为直接法和间接法。

直接法：金属盐与组织细胞接触后可直接被还原为金属沉淀，染色时不需使用还原剂的染色方法，如 Golgi 染色法。

间接法：金属盐与组织细胞接触后需加入甲酸、乙酸、草酸、福尔马林等还原剂才可使金属沉淀的染色方法，多数金属沉淀法均属此类。

6. 血管灌注法　用于显示机体血管分布的染色方法。主要操作方法为：采用动脉插管,用生理盐水将血管中的血液冲洗干净之后用含有染料的明胶溶液填充,灌注结束后结扎血管。为区别动脉与静脉，可分别选用不同颜色的染料。操作时可从动静脉分别注入两种不同颜色的明胶染液，也可只用动脉插管，先注入一种可通过毛细血管进入静脉的铸型剂填充静脉，再注入另一种颜色不同、不易通过毛细血管的铸型剂填充动脉。

血管灌注法适用于整体或单个器官灌注，灌注后的器官可按常规方法固定、包埋、制片。

三、媒染剂、促染剂和分色剂

1. 媒染剂　有些染料在染色时不能直接与组织细胞结合，需借助其他化合物才能发生显色反应，这类染料常被称为媒染染料，所加入的化合物被称为媒染剂，媒染剂多为可溶性金属盐。例如氧化苏木精是一种媒染染料，在不同的苏木精染液配方中的明矾（钾矾、铵矾、铁矾）、硫酸铝、氧化铝、三氯化铁、乙酸铁等是媒染剂。同一媒染染料使用不同的媒染剂会呈现不同的颜色，如茜素是一种媒染染料，呈淡橘红色，在茜素溶液中加入媒染剂后可使之与组织的亲和力增强。如媒染剂中含铬离子，则染液呈棕紫色；媒染剂中含铝离子，则染液呈深红色；如媒染剂中含铁离子，则染液呈蓝紫色。

2. 促染剂　促染剂的作用是增强染料对组织细胞的亲和力。与媒染剂不同的是，促染剂只起到催化作用，而本身不参与显色反应。如胭脂红染液中的硼砂、Loeffier 碱性亚甲基蓝染液中的氢氧化钾和碳酸硫堇染液中的碳酸都是促染剂。

3. 分色剂　分色剂是使用后退染色法时，在组织染色后用于褪去组织中过染的颜色，使被染组织结构显色均匀清晰的试剂。酸、自来水（弱碱）、低浓度乙醇、媒染剂和氧化剂是组织学染色中常用的分色剂。

酸常用于褪去过染的碱性染料着染的颜色。如苏木精染色后常使用稀盐酸或乙酸作为分色剂。稀盐酸或乙酸能与碱性的苏木精或媒染剂中的金属离子结合，使显色反应生成的沉淀转化为可溶性盐，且分色作用易从染料与组织亲和力较弱的部位开始。在分色时控制好分色剂的作用时间即可使组织过染的部位颜色褪去而受染部位显色清晰。

自来水或低浓度乙醇常用于褪去过染的酸性染料着染的颜色。

媒染剂常用于褪去过染的媒染染料着染的颜色。媒染剂既能与组织结合又能与媒染染料结合，过量的媒染剂与媒染染料结合时，就会使组织褪去部分颜色而起到分色作用。如铁矾苏木精染色后可用铁矾来分色。

氧化剂因具有漂白能力而被用作分色剂。氧化剂能把组织上的染料无选择的氧化为无色物质。分色时可使与组织亲和力较弱的部位先被漂白，而与组织亲和力紧密的部位保留合适的颜色。如Weigert's髓鞘染色法中用高铁氰化钾作分色剂，此外高锰酸钾、铬酸、重铅酸钾等也为常用的分色剂。

附录三　常用染色程序

染色程序是指染色的具体操作过程。本章主要介绍最常用的石蜡切片的 HE 染色以及血液和骨髓涂片的几种常用染色程序。需特别强调的是，染色程序并非一成不变，各实验室可根据实际条件选择最适合的染色程序，还可对原有染色程序进行改良。

现代组织学技术对组织成分的显示方法很多，组织化学法，免疫组化法，原位杂交法便是经常用于组织学研究的实验方法。因此，该章也将这些技术的实验步骤当作一种特殊的染色程序举例介绍。

第一节　石蜡切片的HE染色

组织学标本的普通染色法指苏木精 －伊红（HE）染色法。这种染色方法能把细胞核染成深蓝色，细胞质染成红色，是目前组织学染色最常用的方法，适用于大多数组织。

一、苏木精染液的配制

苏木精染液的配方较多，一类是将苏木精与电解质配成混合液后使其自然成熟后使用，另一类是将苏木精、电解质、氧化剂配成混合液后即可使用，但这样的染液久存易失效。目前常用的几种苏木精染液的配制方法如下：

1. Ehrlich 酸性苏木精

苏木精	2 g
硫酸铝钾（钾矾）	3 g
95%乙醇	100 mL
乙酸	10 mL
甘油	100 mL
蒸馏水	100 mL

先将苏木精用95%乙醇溶解于广口瓶中，待完全溶解后加入蒸馏水、甘油、钾矾、乙酸充分混匀，此时混合液呈酒红色。用纱布封住瓶口，置于光线充足处，经常摇动，3~4个月后即可自然成熟，成熟的染液呈紫红色。若用0.25~0.5 g的苏木红代替苏木精效果更佳，且可不经氧化成熟过程。切片用此液染色需数分钟，染至细胞核呈红色后自来水流水冲洗至核呈鲜蓝色即可。染液能长期保存达数年以上。

2. Delafield 苏木精

苏木精	4 g
硫酸铝铵（铵矾）	40 g
无水乙醇	25 L
甲醇	100 mL
甘油	100 mL
蒸馏水	400 mL

先将苏木精溶于无水乙醇，铵矾用蒸馏水加热（45~55℃）溶解。将两液混合，置于光线充足处1周后过滤。加入甘油和甲醇，使其自然成熟1~2个月，成熟的染液呈黑紫色。染色时将染液用蒸馏水稀释50~100倍，染色4~24 h，自来水流水充分冲洗。该液对细胞核和嗜碱性颗粒染色效果较好，染液可保存数年以上。

3. Harris 苏木精

苏木精	1 g
硫酸铝钾（铵)	20 g
氧化汞	0.6 g
无水乙醇	10 mL
乙酸	8 mL
蒸馏水	200 mL

将苏木精溶于无水乙醇，钾矾（或铵矾）用蒸馏水加热溶解，两液混合后继续加热至沸腾。向煮沸的混合液中加入氧化汞，为防止产生的大量气体从容器中喷出，此时应停止加热，且配制染液的容器应尽量大些。用玻璃棒搅拌染液，加速氧化，冷却后染液呈深紫色。2 d后过滤，加入乙酸即可使用。染色后细胞核

呈棕红色，经分色后呈浅红色，流水冲洗或碱化后呈蓝色。若切片染色后未经水洗或碱化即呈蓝色，表明染液已氧化过度或因使用过久已失效，应更换新染液。

4. P. Mayer 酸性苏木精

苏木精	0.5 g
硫酸铝钾	25 g
碘酸钠	0.1 g
柠檬酸	0.5 g
水合三氯乙醛	25 g
蒸馏水	500 mL

将苏木精、硫酸铝钾、碘酸钠用蒸馏水加热溶解，此时溶液呈蓝紫色，再加入水合三氯乙醛和柠檬酸，此时溶液呈紫红色。切片染色需 4~6 min，流水充分洗涤后细胞核呈鲜蓝色。此液不宜长期保存，至多可保存数月。

二、伊红染液的配制

组织学染色常用的伊红为伊红 Y。伊红能溶于乙醇和水，溶液呈酸性，不溶于二甲苯。高浓度水溶液呈暗紫色，稀溶液呈红黄色，有黄绿色荧光。乙醇溶液根据需要用 60%~90% 乙醇配制，浓乙醇溶液呈红黄色，稀溶液呈红色。伊红染液中的伊红浓度为 0.1%~1%。伊红着色力较差，可加入少量乙酸增强着色力。经伊红染色的标本经水、乙醇漂洗或长期保存均易褪色。

三、石蜡切片 HE 染色程序

（1）二甲苯Ⅰ：10~15 min。

（2）二甲苯Ⅱ：1~2 min。

（3）二甲苯 – 无水乙醇（1∶1）溶液：1~2 min。

（4）无水乙醇：1~2 min。

（5）逐级移入 95%，85%，70%，50% 梯度乙醇，每级 1~2 min。

（6）蒸馏水浸洗 1~2 min。

（7）苏木精染液染色 10~15 min。

（8）用蒸馏水洗去多余染液。

（9）0.1%~0.5% 盐酸 – 70% 乙醇溶液分色 30~60 s。分色的目的是使不应着色的部位如细胞质褪去浮色，使应着色的部位如细胞核颜色深浅适宜，分色后切片应呈浅红色。

（10）自来水冲洗 15~20 min，其间可用饱和碳酸锂溶液短时浸泡促进蓝化。

（11）逐级入蒸馏水，50%，70%，85% 梯度乙醇，每级 1~2 min。

（12）伊红染液染色 2~3 min，细胞质呈红色，但不宜太深。

（13）经 70%，85%，95% 梯度乙醇及无水乙醇逐级脱水，每级 1~2 min。

（14）二甲苯Ⅰ、二甲苯Ⅱ透明，共约 15 min。

（15）擦去切片周围的二甲苯，但不要使组织干燥，滴加适量中性树胶，加盖玻片封固。中性树胶的用量应既充满盖玻片与载玻片之间的空间，又不会溢出。

染色结果：细胞核、嗜碱性基质或颗粒呈蓝色或蓝紫色，细胞质、嗜酸性颗粒呈红色，红细胞呈红色。

注：

（1）若染液由乙醇溶液配制，可将切片由相近浓度的乙醇直接移入染液。

（2）固定剂中如含有升汞，切片在染色前应用碘酒脱去组织内的汞盐沉淀，并用 2.5% 硫代硫酸钠除去碘的颜色，再以流水冲洗 15~20 min。染色前应用显微镜检查切片中是否含有黑色的汞盐结晶。彻底脱汞后才可进行染色。

（3）伊红染色后的切片用乙醇脱水时应注意控制时间，以免使伊红染色褪去过多。

（4）染色过程中不能使切片长时间暴露在空气中，否则切片一旦干燥，细胞核会充满空气，再浸入液体中，空气不能排出，在最后封片观察时，细胞核呈现不透明的黑色。遇此情况时，可将切片退回至二甲苯，然后置于 50 mL 注射器内，灌入稍高于载玻片长度的二甲苯，插入顶管，排除空气，用力抽拉，使空气由细胞核内排出。

（5）染色过程中镜检时可将切片由水或低浓度乙醇中取出，擦去组织周围液体，在标本上滴一滴甘油，用盖玻片封片。但应注意，甘油与二甲苯或中性树胶折光率不同，颜色约浅 30%，经二甲苯透明后深浅程度才合适。

第二节　血液和骨髓涂片的染色

一、染色前的准备

血液和骨髓涂片多使用滴染法。为防止染色时染色液向周围扩散，通常用蜡烛或石蜡切片的包埋蜡在载玻片上划出染色范围。

二、固定

通常选用甲醇（优级纯）作为固定剂。

若用 Wright 染色法染色可不经固定，直接染色即可。使用 Giemsa 染色法染色则要在染色前用甲醇固定。如血涂片要保存一段时间再染色，也要先用甲醇固定。这样可以较长时间存放，有时可达数年之久。

三、染色液配制

1. Wright 染液

Wright染色粉	0.1 g
甲醇	60 mL

由于 Wright 染色粉不易溶于甲醇，通常将染色粉放入洁净的乳钵内，先加入少量甲醇，研磨成糊状后再加入剩余甲醇，使之充分溶解，然后装入密闭的棕色瓶内，自然成熟数月后才可使用。如成熟度不够，会影响染色效果。通常 1 年以上效果最佳，并可保存十几年。

2. Wright - Giemsa 染液

Wright 染色粉	0.25 g
Giemsa 染色粉	0.25 g
甲醇	250 mL

配制方法、熟化及保存与 Wright 染液相同。

3. Giemsa 染液

G iemsa 染色粉	0.25 g
甘油	50 mL
甲醇	50 mL

将 Giemsa 染色粉与甘油、甲醇混合，并在装染色液的容器内放入几十粒洁净玻璃球，时常摇动，经数天便可充分溶解。此液称为原液或干液，使用前用蒸

馏水或 PBS（1/15 mol/L，pH 6.8）稀释 50 倍。

四、Wright 染色程序

（1）将涂片置于染色架上，划出染色范围。

（2）在涂片上滴加 10~15 滴染液，固定、染色 1~3 min。

（3）滴加与染液等量的蒸馏水或缓冲液，边加边摇动玻片使之快速混匀。时间 2~4 min，不得超过 6 min。

（4）用蒸馏水或缓冲液冲去染液，将滤纸放在涂片上用手轻压，吸去水分，甩干即可。

（5）中性树胶封片，也可不加胶封盖。

五、Giemsa 染色程序

（1）涂片用甲醇或乙醚 - 乙醇混合液固定 3~5 min。

（2）Giemsa 稀释液染色 15~30 min 或更久，如标本数量较多可用染色缸浸染。

（3）蒸馏水速洗，缓冲液或蒸馏水分色。

（4）用滤纸压吸水分后甩干。

（5）用油镜镜检后加中性树胶及盖片封片。

染色结果：红细胞呈橘红色；中性粒细胞颗粒呈浅紫红色，细胞核呈深蓝色；嗜酸性粒细胞颗粒呈红色至橘红色，细胞核呈蓝色；嗜碱性细胞颗粒呈深紫色，细胞核呈红紫色或深蓝色；淋巴细胞细胞质呈天蓝色，细胞核呈深紫蓝色；单核细胞细胞质呈灰蓝色，细胞核呈紫蓝色；血小板颗粒呈紫色至红紫色。

不同动物细胞的形态和染色特性存在差异，应在观察时注意识别。

第三节　PAS染色

一、PAS 染色方法原理

PAS 染色（过碘酸 - 希夫反应，periodic acid–Schiff reaction，简称 PAS 反应）是一种组织化学染色，它是显示细胞内糖原或多糖的一种方法，其化学反应的基本过程是通过过碘酸的氧化作用，使多糖释放出醛基，醛基与无色碱性品红结合反应，与多糖存在的部位形成紫红色沉淀物，从而证明细胞内含有糖原或黏多糖成分。

二、染色液的配制

Schiff 氏试剂：

碱性品红	0.5 g
偏重亚硫酸钠	0.5 g
1 mol/L 盐酸	10 mL

将碱性品红加入 100 mL 煮沸的蒸馏水中，使其彻底溶解，待冷却至 50℃左右时，过滤，加入 1 mol/L 的盐酸，冷却至 25 ℃左右，加入偏重亚硫酸钠，避光放置 24 h。加入 0.5 g 活性炭混匀后静置 1 h，再过滤，此时溶液无色。将其置于棕色瓶内 4℃保存，备用。若溶液变红，则不能使用。

三、PAS 反应显示多糖的染色程序

（1）切片脱蜡下行入蒸馏水（阴性对照以该脱蜡切片先入 1% 淀粉酶中 0.5~1 h，其余步骤下同）；

（2）入 0.5%~1% 高碘酸水液氧化 5 min；

（3）蒸馏水速洗 1 次；

（4）Schiff 氏试剂染色 30~60 min，此步骤在 37℃温箱中进行，反应体系需避光密封；

（5）经 Schiff 氏试剂后，以 0.5% 偏重亚硫酸水洗 2~3 次，每次约 1 min；

（6）蒸馏水速洗 2 次；

（7）苏木精或 1% 甲基绿复染细胞核；

（8）苏木精复染后，经 0.5% 盐酸酒精溶液分色，以镜检为准，自来水蓝化（复染效果因染液及复染时间等不同对切片质量影响较大，操作时视具体情况而定）；

（9）经 95% 酒精及无水酒精脱水（各 1~2 min），二甲苯透明；

（10）中性树胶封片。

染色结果：糖原颗粒呈紫红色，糖蛋白呈粉红色，黏蛋白和黏多糖呈红色。肝组织切片中肝糖原染色结果，见图 12-26。

第四节　甲苯胺蓝染色

一、甲苯胺蓝染色法原理

甲苯胺蓝是碱性染料，属于醌亚胺染料类。甲苯胺蓝中的阳离子有染色作用，组织细胞的酸性物质与其中的阳离子相结合而被染色，故使细胞核呈蓝色。肥大细胞胞质内由于含有肝素和组织胺等异色性物质，遇到甲苯胺蓝可呈现异染性，因此肥大细胞经甲苯胺蓝染色后，胞质呈紫红色。

二、染色液的配制

A 液：甲苯胺蓝 0.8 g 溶于 80 mL 蒸馏水中；B 液：高锰酸钾 0.6 g 溶于 20 mL 蒸馏水中；将已溶解的 A 液煮沸 10 min，再将已溶解的 B 液逐滴加入 A 液中，再煮沸 10 min（使甲苯胺蓝充分氧化），用蒸馏水补足 100 mL，待自然冷却后过滤备用。一般使用期为 2 周。

三、染色程序

（1）石碏切片常规脱蜡至蒸馏水；

（2）切片从蒸馏水中取出，置入甲苯胺蓝染色液中染色 30 s 或 1~10 min；

（3）蒸馏水浸洗两次，每次 2~3 s；

（4）95% 酒精分色 2~3 s，可在镜下观察控制分色效果；

（5）100% 酒精脱水 1~2 min；

（6）二甲苯透明 3~5 min；

（7）中性树胶封片。

染色结果：肥大细胞胞浆可见紫红色颗粒，细胞核呈蓝色，见图 3–5。

第五节　尼氏染色

一、尼氏染色法原理

尼氏染色常用于显示脑或脊髓的基本组织结构，神经元胞体和树突中含有大量尼氏体，其物质结构基础是粗面内质网和游离核糖体，经尼氏染色后呈深蓝色。

尼氏染色法常用的染料为结晶紫（或称焦油紫、克紫），结晶紫为一种碱性染料，将尼氏体染色的同时，也将细胞核染成蓝色。

二、染色液的配制

0.2% 结晶紫染色液：称取结晶紫 0.2 g，加蒸馏水 100 mL，再加冰醋酸 1~2 滴，避光保存，可保存 1~2 年。

三、染色程序

（1）石碏切片常规脱蜡至蒸馏水；

（2）冰冻切片，则先经梯度酒精脱水、二甲苯脱脂，再经过梯度酒精至蒸馏水；

（3）上述石蜡切片或冰冻切片，在蒸馏水中洗 1~2 min；

（4）0.2% 结晶紫染色液中染色 5~10 min；

（5）95% 酒精与 2% 冰醋酸混合溶液分色 1~2 s；

（6）95% 酒精分色 2~3 s；

（5）100% 酒精脱水 1~2 min；

（8）二甲苯透明 3~5 min；

（9）中性树胶封片。

染色结果：神经元的尼氏体呈现深蓝色，细胞核呈蓝色，见图 6–3。

第六节　免疫组织化学染色

一、免疫组织化学方法原理

免疫组织化学（immunohistochemistry），简称免疫组化，主要是利用抗原–抗体特异性结合的原理，检知细胞中某种多肽、蛋白质等大分子的分布。该方法先将这种蛋白质（多肽）作为抗原，注入某种动物体内，使其体内产生与所注入抗原相应的抗体；而后从血清中提取该抗体，并以荧光染料或铁蛋白或辣根过氧化物酶等标记，用标记后的抗体来处理组织切片。标记抗体与切片上相应抗原特异性结合，使切片中抗原部位有标记物呈现，从而显示该物质在组织中的分布。抗体若用荧光染料标记，则可在荧光显微镜下观察。

二、免疫组化的实验方法

1. 直接法　标记“一抗”直接与抗原结合的方法。

2. 间接法　将分离的抗体（第一抗体，简称一抗）再作为抗原免疫另一种动物，制备该抗体（抗原）的抗体（第二抗体，简称二抗），再以标记物标记二抗。先后以一抗和标记二抗处理样品，最终形成抗原－一抗－标记二抗的复合物。间接法中一个抗原分子通过“一抗”与多个“标记二抗”相结合，使抗体清晰地显示，因此它的灵敏度较高。

3. PAP 法　HRP– 抗 HRP 复合物技术。

4. ABC 法　亲和素－生物素－过氧化物酶复合物技术。

三、免疫组化试剂的准备

本节以鸡法氏囊层粘连蛋白免疫组化为例，主要试剂如下：胃蛋白酶消化液、兔抗层粘连蛋白多克隆抗体、生物素标记山羊抗兔 IgG、辣根酶标记链霉卵白素、DAB 显色液。

四、免疫组化的染色程序

（1）切片脱蜡下行入蒸馏水；

（2）H_2O_2 室温孵育 20 min 清除内源性过氧化物酶，PBS 洗涤 3 次，每次 5 min；

（3）胃蛋白酶液 37℃消化 15 min，PBS 同上洗涤；

（4）滴加封闭用正常山羊血清工作液，室温封闭 30 min；

（5）倾去血清，滴加兔抗层粘连蛋白多克隆抗体（阴性对照以 PBS 代替一抗），37 ℃孵育 2 h，PBS 同上洗涤；

（6）滴加生物素标记山羊抗兔 IgG，室温孵育 30 min，PBS 同上洗涤；

（7）滴加辣根酶标记链霉卵白素工作液，室温孵育 30 min，PBS 同上洗涤；

（8）滴加 DAB 显色液，显色 5~10 min，镜检控制显色程度，蒸馏水冲洗以终止反应；

（9）切片于 Ehrlich 酸性苏木精液轻度复染；

（10）盐酸乙醇溶液分色，镜检控制分色程度；

（11）自来水蓝化，常规脱水、透明、中性树胶封固。

染色结果：阳性反应呈棕黄色，效果见图 9–8。

注意事项：

（1）染色过程中各抗体工作液液滴边缘需超出组织边界 1 mm，且整个孵育过程需在湿盒内进行，孵育过程中液滴不能干燥，否则易引起边缘效应及假阳性。

（2）PBS 洗涤过程需充分进行，不充分的洗涤容易引起假阳性或明显的背景色。

（3）不同的免疫组化染色的抗原修复过程不同，常见的修复方法有热修复、酶消化修复等，根据目标抗原不同选择恰当的修复方法。

（4）免疫组化操作程序复杂，组织切片在不同溶液内反复浸泡，未经处理的出厂载玻片看似干净，但其表面常附着一层油脂样的物质，如果不加以处理，对切片的附贴是极为不利的。我们的做法是：新的载玻片，置于玻璃清洗液中浸泡过夜；取出经自来水和蒸馏水彻底冲洗后，浸入酒精中过夜；取出擦干，然后再将载玻片涂抹多聚赖氨酸后晾干使用。

（5）染色过程中需使用 H_2O_2 水消除内源性过氧化物酶以降低背景色，在各种组织中都含有很多的内源性过氧化物酶，含有这种酶的各细胞和组织如果在染色前不对其进行处理和抑制，它们将会在 DAB 底物的显色时生成与阳性物一样的棕黄色，造成混乱。为此，在免疫组化染色前，都必须对内源性过氧化物酶进行抑制。

（6）在免疫组化中，为了减少背景产生的非特异性染色，在免疫组化染色的过程中，在加入一抗孵育前，常常加入非免疫动物血清，以减少背景的染色。有学者分析：抗体是高电荷分子，可能会与带有相应电荷的组织成分非特异性地结合（如胶原）。由于这种非特异性结合，将导致标记的部分区域化（轭合物）和胶原的假阳性染色。若用一种不相干的抗体预先处理，可以减少和标记抗体的非特异性结合。

第七节　原位杂交技术

一、原位杂交的概念及原理

原位杂交组织化学（*In situ* hybridization histochemistry）简称原位杂交（*In situ* hybridization, ISH），属于固相核酸分子杂交的范畴，是将分子杂交与组织化学相结合的一项技术，用以在原位检测组织、细胞中的特定核酸序列。其基本原理是应用已知碱基顺序并带有标记物的探针与组织、细胞中待测的核酸按碱基配对的原则进行特异性结合，通过碱基对之间非共价键的形成，出现稳定的双链区，形成杂交体，再应用与标记物相应的检测系统，采用组织化学或免疫组织化学方法显示标记探针在组织细胞中的分布，从而在显微水平检测出目标基因或转录产物在细胞内的定位及数量。这一技术使生命科学的研究从器官、组织和细胞水平走向分子水平，为研究单一细胞中编码各种蛋白质、多肽的相应基因的定位、表达及有关因素的调控提供了有效的工具。

二、原位杂交的方法

（一）按标记物分类

根据探针标记物是否为放射性物质，将原位杂交分为以下两种：

1. 放射性原位杂交　常用的同位素标记物有 ^{3}H、^{35}S、^{125}I 和 ^{32}P。同位素标记物虽然有灵敏性高、标记过程简单、背景底较为清晰等优点，但是由于放射性同位素对人和环境均会造成伤害，近年来有被非同位素取代的趋势。

2. 非放射性原位杂交　目前最常用的标记物有地高辛（DIG）、荧光素（FITC）和生物素（biotin）。

（二）按标记方式分类

根据探针标记方式，即标记物能否被直接检测到，将原位杂交分为以下两种：

1. 直接法　使用在显微镜下可见的标记物直接与探针相结合，杂交后在显微镜下直接检测标记物。标记物为放射性同位素、酶或荧光物质，检测方法分别采用放射自显影、底物直接显色或荧光显微镜观察。

2. 间接法　使用在显微镜下不可见的标记物来标记探针，然后使用免疫组化或亲和细胞化学技术来检测标记物。标记物为半抗原，如地高辛（Digoxigenin, DIG）、生物素或异硫氰酸荧光素（fluorescein isothiocyanate, FITC）。

探针的种类按核酸性质不同又可分为 DNA 探针、cDNA 探针、cRNA 探针和寡核苷酸探针。目前研究中，多采用地高新（DIG）或荧光素（FITC）标记的 cRNA 探针。

虽然核酸探针的种类和标记物不同，但原位杂交技术的基本方法大致相同，可分为：

（1）探针制备；

（2）杂交前准备，包括固定、取材、玻片和组织的处理等；

（3）预杂交及杂交反应；

（4）杂交后处理；

（5）显示：包括放射性自显影和非放射性标记的显色。

三、原位杂交试剂的准备

本节以大鼠脑组织中囊泡谷氨酸转运体 -1（vesicular glutamate transporter-1, VGLUT1）mRNA 信号显示为例，主要试剂如下：DIG-RNA 标记试剂，PCI 核酸提取试剂、Triton X-100、甲酰胺、枸橼酸钠、月桂酰肌氨酸、十二烷基硫酸钠、RNase A 酶、DEPC 水、乙酰化缓冲液、Tris-HCL 缓冲液、碱性磷酸酶标记的抗 DIG 的抗体、NBT/BCIP 显色液或 Fast Red/HNPP 显色试剂盒等。

DEPC 水的配置：DDW 中加入 0.1% (1/1 000) DEPC (焦碳酸二乙酯)，充分搅拌混匀后过夜，再高压 40 min 后即可使用。

乙酰化缓冲液的配置： 167 mL DDW 中加入 2.26 mL 三乙醇胺和 0.3 mL 浓盐酸，混合后室温保存备用，在使用前加少许无水醋酸。

四、原位杂交技术的基本程序

1. cRNA 探针的制备

（1）急性处死成年大鼠，低温条件下取脑组织，组织匀浆；

（2）提取总 RNA, 利用反转录获取 cDNA；

（3）依据 VGLUT1 开放读码框序列设计引物，利用 PCR 反应扩增特定基因片段序列；

（4）回收 PCR 片段与载体进行连接反应，感受态细胞转化，涂板，摇菌；

（5）提取质粒，进行 DNA 测序。

最后以该质粒载体作为合成探针的模板，再经体外转录合成 DIG 标记的 cRNA 探针。

2. 杂交前准备

（1）动物麻醉、灌流固定、取材及后固定 1~2 d；

（2）脑组织块防冻保护，于 30% 蔗糖溶液中浸泡过夜，冰冻切片（切片厚 16~20 μm）；

（3）切片分别经 0.1 mol/L PB 液、0.3% Triton X-100 洗涤 20 min；

（4）加入乙酰化缓冲液，室温反应 10 min，PB 液漂洗 10 min。

3. 预杂交及杂交反应　切片在预杂交液（不含探针）中先孵育 1 h，再加入

cRNA 探针（0.5 mg/mL）孵育 18~20 h，均在 60℃杂交箱内进行；

4. 杂交后洗涤　先用 RNase A 酶处理切片 30 min，再用 2×SSC/0.2×SSC 洗涤切片各 2 次，每次 20 min，37℃孵育箱内进行；

5. 显色　用碱性磷酸酶标记的抗 DIG 的抗体（1∶2 000），4℃孵育切片过夜，TBS–T 缓冲液（0.1 mol/L Tris–HCL, pH7.5, 含 0.15 mol/L NaCl 和 0.1% Tween 20）漂洗 3 次，每次 10 min，用 NBT/BCIP 或 Fast Red/HNPP 室温下进行呈色反应(分别按说明书指示进行)。

6. 干燥脱水处理　本实验中进行的是浮游飘片法显色，将显色后的切片铺于预先经多聚赖氨酸处理的载玻片上，NBT/BCIP 显色的片子室温干燥后，经 95% 酒精及无水酒精脱水（各 1~2 min），二甲苯透明，中性树胶封片，显微镜下观察杂交信号，阳性信号呈深蓝色，效果见图 6–11。

注意事项：

（1）由于在手指皮肤及实验用玻璃器皿上均可能含有 RNA 酶，为防止其污染影响实验结果，在整个杂交前处理过程都需戴消毒手套。所有实验用玻璃器皿及镊子都应于实验前一日置高温（180℃）烘烤以达到消除 RNA 酶的目的。要破坏 RNA 酶，其最低温度必须在 150℃左右。杂交前及杂交时所应用的溶液均需经高压消毒处理。

（2）固定的目的是保持细胞形态结构，最大限度地保存细胞内的 DNA 或 RNA 的水平。最常用 4% 甲醛或多聚甲醛固定组织(醛类固定液不会与蛋白质产生广泛的交叉连接，不会影响探针穿透细胞或组织)。

（3）杂交前的洗涤可增强组织的通透性和核酸探针的穿透性，提高杂交信号强度，但是要注意在增强组织通透性的同时也会降低 RNA 的保存量和影响组织结构的形态，因此在用量及孵育时间上应谨慎掌握。

（4）预杂交是减低背景染色的一种有效手段。预杂交液和杂交液的区别在于前者不含探针，将组织切片浸入预杂交液中可达到封闭非特异性杂交点的目的，从而减低背景染色。此外，杂交后的酶处理和杂交后的洗涤均有助于减低背景染色。

（5）甲酰胺可使 DNA 或 RNA 的 Tm 值降低，因此杂交液中加入适量的甲酰胺，可避免因杂交温度过高而引起的组织形态结构的破坏以及标本的脱落。

（6）由于同义 RNA 探针和组织内 mRNA 序列顺序是相同的，应用其进行原位杂交，结果应为阴性。因此可采用同义 RNA 探针做阴性对照实验。

参考文献

蔡文琴，王伯沄．实用免疫细胞化学与核酸分子杂交技术．成都：四川科学技术出版社，1994.

曹雪涛．生命科学实验指南系列：免疫学技术及其应用．北京：科学出版社，2010.

董常生．家畜组织学与胚胎学实验指导．2 版．北京：中国农业出版社，2006.

李和，李继承．组织学与胚胎学．3 版．北京：人民卫生出版社，2015.

韩秋生，徐国成，穆长征，等．组织胚胎学彩色图谱．3 版．沈阳：辽宁科学技术出版社，2013.

林菊生，冯作化．现代细胞分子生物学技术．北京：科学出版社，2004.

马云飞．动物组织学与胚胎学．北京：中国农业大学出版社，2020.

倪灿荣，马大烈，戴益民．免疫组织化学实验技术及应用．北京：化学工业出版社，2006.

唐军民，李英，卫兰．组织学与胚胎学彩色图谱（实习用书）．2 版．北京：北京大学医学出版社，2012.

庾庆华，杨倩．动物组织学胚胎学实验教程．2 版．北京：中国农业大学出版社，2018.

张原，滕可导，张晗，等．仔猪小肠肌间神经丛 NDP 阳性神经元形态的定量研究．畜牧兽医学报，2004，35(6):705-710.

Ma H, Zhao S, Ma Y, et al. Susceptibility of chicken Kupffer cells to Chinese virulent infectious bursal disease virus. Veterinary Microbiology. 2013,164:270-280.

Ma Y, Hioki H, Konno M, et al. Expression of gap junction protein connexin36 in multiple subtypes of GABAergic neurons in adult rat somatosensory cortex. Cereb Cortex, 2011, 21: 2639-2649.

Zhang H, Zhang T, Wang L, et al. Immunohistochemical location of serotonin and serotonin 2B receptor in the small intestine of pigs. Acta histochemica, 2009, 111:35-41.